猫の精神生活がわかる本

トーマス・マクナミー
プレシ南日子＋安納令奈［訳］

X-Knowledge

the Inner Life of Cats

by Thomas McNamee

This edition published by arrangement with
Hachette Books, New York, USA
through The English Agency (Japan) Ltd.

ブックデザイン｜アルビレオ

カバー写真｜清水奈緒

翻訳協力｜株式会社トランネット

イザベルへ

Contents

※本文中の［］内は訳注を表す

1 雪の日に現れた子猫

猫の生態とイエネコの歴史

その小さな黒い子猫が雪に触れるのは、これが初めてだった。降ったばかりの粉雪に、ひと組の深い轍《わだち》が農場の門から建物まで続いている。子猫は母猫を呼んで鳴いた。なんとか雪の壁を登って上に出ようとしても、足をかけたとたんに雪が崩れて轍の底に落ちてしまう。まだ足取りもおぼつかない。それでも子猫は一歩一歩母猫を求めて鳴きながら、よちよち歩きで進んでいった。間もなく日が暮れようとしていた。

建物の近くへ来ると食べもののにおいがした。中には人もいるようだ。けれども犬が吠える声も聞こえる。諦めて子猫は轍を歩き続けると、橋にたどり着いた。下をごうごうと流れる川の勢いが伝わって、怖くなった。しばらく躊躇《ためら》ってから、子猫は一気に橋を渡りきった。再び静寂が訪れる。

さらに轍を進んでいくと木の壁のところで道が途絶えていた。もう先へは進めない。仕方なく、カチカチに凍った草や尖った雪の塊と格闘しながら、壁沿いを行くことにした。子猫は怯えてまた母猫を呼び続けた。すると壁に小さな穴が空いているのに気づいた。ちょうどひげが触れるか触れないかという程度の大きさだ。子猫はその穴をすり抜けて中に入った。建物の中は嗅いだことのないにおいでいっぱいだったが、多少は寒さをしのげた。

ぼろきれの山を見つけた子猫は、足についた雪を舐めて落とすと、そこで眠りについた。

❀

翌朝は冷え込み、あたりはしんとしていた。私が物置小屋に行くと、ごちゃごちゃと置かれたがらくたの間を、小さな黒いものがさっと横切るのが目に入った。子猫だった。それから数分間、ドタバタと子猫を追いかけ回し、なんとか捕まえた。子猫は、私が片手でつかんで上着の胸のところに押し込むと、すぐに大人しくなったが、ぶるぶると小刻みに震えていた。

エリザベスと私は、唯一の隣人である年老いたノルウェー人の農場主に電話をした。このふわふわの子猫が姿を現した経緯を知っていそうなのは、彼だけだったからだ。誰も電話に出なかったので、外へ出て轍がないか探したが、隣人の家からこちらへ続くものは見あたらない。

その時、私は子猫の足跡を見つけた。10セントコインよりも小さいその足跡は、雪の中にまだはっきり残っていて、郡道から我が家へと続く私道に沿って、400メートル以上にわたり点々と続いている。この郡道に残っていたタイヤの跡から、1台の車両がここで引き返したことが分かった。誰かが暴風雨の夜中にここで子猫を捨てたのだ。誰がどんな理由で？　そんなことができるのは一体どんな人間だろう？　1番近い町、モンタナ州のリビングストンからでも、凍結した道を30キロメートルも走らなければ、ここまでたどり着かないというのに。

ツナと残りものの鶏肉をあげると、子猫は食べている間中、一度も顔を上げることなく無心で平らげた。それから、お腹がぽっこり飛び出して硬くなるまで、ペロペロと牛乳を飲み続けた。お腹の真ん中には小さな白い星のような模様があり、胸骨のところにある白い蝶ネクタイのような上品な模様とよく合っていた。この2カ所を除くと全身真っ黒だった。ワイン箱を切り、そこにトウヒの葉や朽ちかけた落ち葉を敷きつめて、即席のトイレを作ってやった。子猫は早速、この箱を使い、目を大きく見開いてこちらを見ながら用を足すと、せっせと葉をかいて自分の出したものを隠した。そんな子猫を私たちも誇らしく嬉しい気持ちで見守っていた。

もっとも、これは私たちのお手柄ではなかった。ネコ科の動物は、祖先である野生種にいたるまで、「縄張り」を主張するために、においづけ行動を行うものだが、猫用トイレはそうしたマーキングの場所によく似ている。そのため、どんな猫でも気分が落ち着いていて、自分の居場所だと感じれば、たとえ初めて見る猫用トイレでも自然に使うようになるからだ。

1

雪の日に現れた子猫

その夜、寝室から閉めだされた子猫は、翌朝、冷蔵庫の前で私たちを待っていた。黒くて太いしっぽをピンと立てて小刻みに振っている。これは歓迎と自信を表す行為で、あらゆる猫に見られるものだ。子猫は室内の生活を理解していて、手や腕に抱かれてあやしてもらうことにも慣れていたことから、農場に住み着いた野良猫の子でもなければ、虐待を受けた経験もないことは明らかだった。町の獣医師は生後3カ月程の健康な雌で「活発なタイプ」だと断言した。また、上機嫌なのは、おそらく乳児期に優しく育てられたことと、持って生まれた明るい性格、つまり遺伝的な運からだろうとのことだった。

生後3カ月なら8月生まれということになる。そこで、幸運の神様からいただいたこのプレゼントに「オーガスタ」という名前をつけた。

オーガスタにとって最優先の仕事は、「メンタルマップづくり」つまり、新しい住み家の地図を頭にたたき込むことだった。ここへやって来てから数日間は雪に閉ざされて外には出られなかったため、オーガスタは何時間もかけて、家中の椅子やテーブル、本棚、電話、カーペットの端、窓枠、ペン立てなどの輪郭をたどっていた。しかも、ものの場所を覚えるだけではない。ネズミの通り道や虫の痕跡、外から入ってくる何百ものにおいなど、人には見えないものの位置も確認するのだ。

これらはおもに嗅覚《きゅうかく》記憶のための活動だ。それぞれのにおいの印象は海馬の奥深くに記録されてはじめて、大脳皮質上の視覚野にある視覚像と結びつく。その後、この結びつきはより深く記憶に刻まれていく。猫は見慣れた周りの環境が少しでも変わっていると驚いた様子を見せるため、優れた記憶力を持っていることは明らかだ。猫の鼻内の表面積は人間の5倍あり、その表面に並んだ受容体の数は、単位面積当たりでは人間の3倍に及ぶ。受容体は外部の刺激を電気信号に変換して細胞内部に伝える役割を果たしていて、何百もの種類があるため、知覚できるにおいの組み合わせは無数に存在する。

猫は聴覚も非常に鋭い。実のところ、コウモリ以外の哺乳類の中で、最も広範囲の音を聞くことができるのだ。また、音源を特定する能力も同じくらい優れている。猫はどの方向から音が聞こえてくるか正確に位置を確かめようと、両耳をバラバラにピクッと動かしたり、耳の向きをクルッと変えたりする。網戸にあたるごく微かなそよ風や、雪を舞い上げるつむじ風の音、遠くで鳴くワタリガラスの声が聞こえれば、オーガスタはすぐその音に注意を向ける。まるで全身で音を聴いているかのようだった。

そんなオーガスタだが、探索中は声をかけても無反応だった。自分の名前はすぐに覚えたが、返事をするのは気が向いた時だけだ。メンタルマップづくりの最中は、終わるまで待たされる。オーガスタは疲れ果てるまで探索を続けるので、クッションや部屋の隅にたどり着く前に夢の国に行ってしまうこともあった。そして、人間の子どもと同じように、抱き上げてベッドに運んでも目を覚まさなかった。私たちを心から信用し、満ち足りた気持ちだったのだろう。

オーガスタはまるでぬいぐるみのようにぐったり何時間も眠った後で、突然夢にうなされ、歯をカチカチいわせたり、足をピクピクさせたり、目を見開いたりすることもあった。もっとも、目を見開くといっても、この時、露《あら》わになるのは瞳ではなく真珠のような光沢のあるピンク色の「瞬膜《しゅんまく》」だ。瞬膜とは眼の内側にある一種のまぶたのようなもので、常に眼の表面に涙を行きわたらせて、自動車のワイパーのように眼に入った細かいごみやほこりを取り除き、感染症や傷から守る役割を果たしている。成猫の眼球は成人の眼球と同じくらいの大きさだが、瞳孔は人間の3倍大きく開き、網膜の裏にある澄んだ鏡のような輝板《きばん》（タペータム）は眼に入ってくる光を、40％も増幅させられる。よく猫が暗がりで懐中電灯などの光を浴びると、眼が緑がかった金色に光るのはこのためだ。

こうして光が増幅されるため、猫はほとんど真っ暗な中でも、ものを見ることができる。これは素晴らしい能力だが、弊害がないわけではない。そのいくつかは見た目にもよく分かる。例えば、まぶしい光を浴びた時に瞳孔が細い線のようになることからも分かるように、猫は目もくらむような過剰な光に弱い。

また、色覚はあまり発達していない。これは一見不利に思えるが、実際のところ、猫にとっては大して問題にならないようだ。一方、近くのものに焦点を合わせられないという重大な欠点もある。猫が何か良い行動をした時、ご褒美の餌を2、3個手のひらにのせて鼻先に近づけると、一瞬ためらってからにおいを嗅ぐことに気づくだろう。猫は視覚ではなく嗅覚で餌を見つけるのだ。

オーガスタは店で買ったおもちゃには目もくれず、リボンに結んだ羽根を好んだ。羽根を飛び出させたり、椅子から椅子へ飛び移らせたり、猛スピードで逃げていくような動きをしたり、お気に入りの動かし方さえしてやれば夢中になった。ところが羽根が自分に向かってきたり、飛び方が低すぎたり、高すぎたり、遅すぎたり、速すぎたりすると一切追いかけようとしない。オーガスタはルールを自分で決めて、私たちに自分との遊び方を教えた。おもちゃの動きはすべて野生の獲物の動きに似ていなければならず、この点は徹底していた。

猫の知覚の中でも最も優れている知覚の1つは運動知覚だ。猫の脳はものの動きのごくわずかな違いも察知できる。この能力は獲物の飛び方を正確に測定でき、さらに獲物の周りのものの動きから、獲物が飛び立とうとしているかを判断できるまでに進化してきた。猫の視覚野は昔の映画撮影機のように、映像を次々に変化する何コマもの連続する静止画として記録する（ただし、記録されるコマ数は撮影機よりも多い）。そのおかげでスピードを正確に測定できるのだ。飛んでいるボール（あるいはハチドリ）を完ぺきなタイミングで捕らえられるのも、獲物の動きに似た飛び方をしている時にしか、ボールに興味を示さないのも、このためである。

オーガスタが我が家にやって来てから数日後、地元で「チヌーク」と呼ばれる風が吹いた。チヌークは吹雪が山脈を越える際、フェーン現象により暖かく乾いた突風となって吹きおろすもので、この風により、午前中にはすっかり雪が溶けてなくなった。オーガスタは尾をピンと立てて、恐れることもなく外に飛び出すと、新しい世界のメンタルマップづくりを始めた。さ

1

雪の日に現れた子猫

ぞや広々とした場所に見えたことだろう。それでもオーガスタはちっともひるまなかった。牧場には牛もうろうろしているので、子猫には危険すぎるのではないかという不安があった。それにウォルターとペニーというやっかいな先輩猫もいる。

ウォルターとペニーは納屋に住み着いた大柄の愛想のない猫で、完全な野生ではなかったが、膝に乗ってくるほど人に懐いてもいなかった。納屋にある馬具の収納部屋に農場の支配人が猫用の給餌器を置いていて、特に冷え込みの厳しい冬の夜には、小さいストーブをつけてやっていたため、飼い猫並みの快適な生活をしていた。そうかと思えば、2匹は野性的なたくましさも備えていた。農場はそれまで何度も夜行性のコヨーテの襲撃に遭い、アヒルは全滅、その後、どう猛だったガチョウも二羽殺された。さらに子猫も……。ところが、ウォルターとペニーはコヨーテが襲撃にやって来ても、ただ柵の支柱に跳び乗るだけで、そこからいかめしい顔で様子をうかがうだけだった。コヨーテの方も、この2匹を敵にまわすほど愚かではなかった。

オーガスタが鼻をクンクンさせながら、ウォルターとペニーが日中展望台として使っている柵の支柱に近づいた時、私たちは何かあったら、すぐ動けるように身構えた。古参の2匹が自分たちの縄張りを守ろうとする可能性が十分考えられたからだ。オーガスタはまだ小さく、襲われたらひとたまりもないだろう。ところがオーガスタはウォルターとペニーがいるのを一向に気に留めていない様子で支柱に向かい、とうとう2匹の真下を通り過ぎた。大きい猫たちもそれに応えて、薄目を開けたままじっとしている。両者ともお互いの存在を強く意識していたことは間違いないが、それが分かるような素振りは一切見せなかったのだ。それ以来ウォルターとペニー、オーガスタは良き隣人となった。決して親しくはならなかったが、常に礼節を欠かすことはなかった。

　牧場にある丸太でできた柵の先は、片側が農場、反対側が馬の牧草地になっていて、私たちはそこでオーガスタが馬に踏みつぶされてしまうのではないかと心配していた。馬たちはこのふわふわした小さな探検者に興味津々だ。周りに集まりクンクンにおいを嗅いでいる。しかし、馬たちは私たちのほうを見てからオーガスタに目をやり、またこちらの様子をうかがっていて、オーガスタを大事に扱うべきだと認識しているようだった。馬は相手を信用できると分かれば、ルールを理解し、このようにほとんど目に止まらないやりとりだけで、意思の疎通を図れる。それに馬と猫ははるか昔から「良い友人」だった。競走馬の遊び相手として馬小屋で猫を飼うことも珍しくなかったのだ。

　オーガスタは時々、窓辺や柵の上に腰かけて大きな動物たちが遊ぶ様子を眺めていたが、決して牧草地には踏み入らなかった。馬は柵沿いギリギリまで草を食べるため、縄張りの境界線がはっきりしている。わざわざ双方に言って聞かせる必要もなかった。もっとも、たとえオーガスタがうっかり牧草地に迷い込んでも、馬に怪我を負わされることはなかっただろう。

　家の裏には囲いがあり、昔は家畜を入れていたが、今ではうっそうと雑草がはびこり、あちこちにネズミなどの齧歯《げっし》動物の巣穴ができていた。ここでオーガスタは初めから見事に獲物を

the Inner Life of Cats

1 雪の日に現れた子猫

探し当てて捕らえていた。オーガスタは鼻を頼りに、熟達した捕食者にしか嗅ぎ分けられないマーキングや乾いた尿、糞、抜け毛など、小動物が残すあらゆる手掛かりを見つけてたどることができた。そして、さらに便利なことに、人間には聞こえないような地面に掘った穴の中にいる齧歯動物の声も聞くことができた。猫は陸上で生活するほかのどの哺乳類よりも高い周波数の音を知覚でき、犬と比べてもかなり高い、10万ヘルツ（サイクル毎秒）まで聞こえるのだ。ちなみに人間は最高で約4万ヘルツまで聞こえるが、これはロックコンサートや耳をつんざくようなにぎやかなバーに通いすぎていない人に限られる（つまり、アメリカに住む成人の半数は該当しない可能性が高いということだ）。

オーガスタは雪があると狩りの腕前を発揮できなかったが、私たちの住む谷には情け容赦のない強風が吹きつけるため、冬でも時々地面が見えることがあった。よそから訪れた人や不慣れな新参者は、一向に弱まる様子のない突風にうんざりしていたが、この風は雪を吹き飛ばし、そのおかげで、草原で狩りができるようになるのだ。ただし、オーガスタは箱入り娘になりつつあったので、狩りに出るのはあまり寒くない時だけだった。

ところが、成長したオーガスタは単なる箱入り娘には納まらず、恐ろしい殺し屋の顔も持つようになった。オーガスタは岩のようにじっと待ち（といってもこれは見せかけだけで、実は微かに震えていたのだが）、チャンスが訪れるとバレリーナのように優雅に弧を描きながらジャンプして獲物の脊髄《せきずい》に噛みつき、一撃で仕留める。30グラム程度のシカネズミは2口で平らげる。7グラム程度のトガリネズミなら1口だ。ハタネズミは60グラム程度あるため、オーガスタの手には負えないだろうと思ったが、どうやら間違いだったようで、ひと噛みで仕留めた。ホリネズミやジリス、モリネズミは少なくとも当時のオーガスタには捕まえられなかったが、それでもモリネズミを見つけると低く身をかがめ、尾をゆっくり左右に振った。これは襲いかかりたいという衝動が高まっていることを示す紛れもない証拠だ。

また、逆にオーガスタ自身が周辺に住む数々の動物たちの獲物になる恐れもあった。何といっても、コヨーテは1年中近くをうろついていたし、チョークチェリー［アメリカ中部などに分布する植物。夏に実をつける］の季節になると現れるキツネや、ことによってはアライグマやクロクマに襲われるかもしれない。それに鳥類の天敵も多かった。例えば鷹《たか》やフクロウ、場合によってはワタリガラス、そしてイヌワシにも要注意だ。私たちはオーガスタが危険な目に遭わないよう、日暮れから夜明けまでは外に出さないことにした。もちろん日中は安全だと思っていたわけではない。例えばガラガラヘビは、オーガスタをつかまえて食べることはないとしても、好奇心でいっぱいの子猫が近づいてくれば殺しかねない。それでも、オーガスタに狩猟場への出入りを禁じることなど想像できなかったのだ。

雪が積もっている時は、それがどの程度であれ、オーガスタに望みはなかった。雪に対処する手段を1つも持っていなかったのだ。手足は小さすぎて雪の上を歩くには適さないし、雪を掘る方法も知らない。それにたとえ雪がなくても、オーガスタは寒さにめっぽう弱かった。最

the Inner Life of Cats

1 雪の日に現れた子猫

初の冬、風に吹き飛ばされて裏庭から雪がなくなったので、ドアを開けてやると、オーガスタはポーチの隅まで歩いていって、再び狩りができないかあれこれ調べていた。ところがポーチの下のにおいをクンクン嗅いでいたところへそよ風が吹き、それをひと嗅ぎするやいなや、オーガスタは一目散に家に帰ってきた。オーガスタが雪にどう反応するかを観察するため、試しに2、3回雪の中に放り出してみたこともある。オーガスタはなす術もなく、辛そうな声で鳴きながら、雪をかき分けてまっすぐ戸口まで戻ってくると、まるでライオンが足の裏に刺さったとげを抜くかのように、脚を伸ばして足の裏についた氷を取っていた。

モンタナの冬は、時には5月まで続く。その冬の間中、家に閉じ込められていたオーガスタは、水の観察が大好きになった。ただし、水に触れなくて済めばの話だが。水がいっぱい溜まった流し台に興味津々で、水があふれて滴り落ちていると、さらに喜んだ。トイレに溜まった水を何時間でも飽きずに眺め、その水を飲むのも大好きだった。とにかく流れ落ちる水が一番のお気に入りで、それがどんな種類のものでもかまわなかった。最初は閉まりきっていない蛇口から細く漏れる水を特に好んだが、冬が深まるにつれてこだわりがもっとはっきりしてきた。オーガスタが求めていたのは、滴り落ちる水だった。速すぎても遅すぎてもいけない。滴を横からはたくようにして、指先についた水を舐めるのだった。時には1時間以上ひたすら滴を眺めて満足していることもあった。これは祖先から伝わるあるイメージを表している。さながら蛇口から滴が落ちるように、湧き出た水が鉱物の壁からぽとぽと滴り落ちる、オアシスのイメージだ。オーガスタは「砂漠の猫」だった。

実際、オーガスタは北アフリカに生息しているリビアヤマネコの子孫で、祖先と枝分かれしてから数千年しか経っていない。かつてイエネコ〔一般的に猫と呼ばれる種は、正式にはイエネコという〕とリビアヤマネコは別の種と見なされていたが、現在ではいずれも「ヨーロッパヤマネコ」の亜種と考えられている（＊1）。ほかの野生のネコと違い、リビアヤマネコの子は、イエネコの子と同じくらいよく人間に懐き、見た目もあまり変わらない。大きな違いといえば、イエネコは今や世界中に生息しているということくらいだろう。人間の膝に乗ってくつろいでいるイエネコもいれば、今にも飢え死にしそうになっているイエネコもいる。

では、現代に近いかたちで猫が飼われるようになったのはいつなのか。ごく最近まで、猫が飼われていたことを示す一番古い証拠は、中国北部で見つかったものだと考えられていた。中国科学院の胡耀武《こようぶ》らが、陝西省《せんせい》泉護村にある古代の農村の遺跡から出土した数々の猫の骨を研究した。骨に含まれるコラーゲンの分析と生体測定を行い、これらは間違いなくイエネコのものであるという見解を２０１３年に発表したのだ（＊2）。さらに、ネズミなどを寄せつけないように設計された陶器の穀物入れを発見した。これは人々がネズミに手を焼いていて、猫を必要としていた証拠と考えられた。村人たちの主食は雑穀で、猫は体質上１００％肉食だが、骨の分析結果から、この村の猫はあまりにも食糧が不足していたため、雑穀も食べていたことも分かった。そのうちの１匹はたくさんの雑穀を食べていた。この猫はおそらくペットとして飼われていたか、体が悪かったと考えられ、人間の手から餌を与えられていたと見られる。

放射性炭素年代測定という方法で調べたところ、この遺跡は今から5280～5560年前のものだった。つまり、必然的にアフリカ北部や中東では、これよりずっと以前から猫が飼育されていたということになる。中国で飼われていた猫たちは、おそらく交易によって、原産地から6000キロメートル以上も離れた土地へやって来たのだと考えられた。ところが、その後、この骨を分析しなおした結果、リビアヤマネコとはまったく別の種で、地元に生息するベンガルヤマネコの親戚だということが分かった（ちなみに20世紀後半にこのベンガルヤマネコとイエネコを交配してできた品種が、あの美しいベンガルだ）。ベンガルヤマネコの飼育は長く続かなかったらしく、現在中国にいるのは野生種だけで、もうペットとして飼われてはいない。中国で今飼われている猫は、すべて私たちがペットにしているのと同じイエネコだ（＊3）。

一方、先史時代の猫研究家の間ではよく知られていることだが、以前キプロスで出土した約7500年前のものと見られる人間の骸骨の横に1匹の猫が埋められていた。この猫は飼い猫だったのかもしれないし、アフリカ北部からキプロス島に連れて来られたヤマネコだった可能性もある。この遺跡からはほかに猫を埋葬する習慣を示す証拠が見つからず、1つの事例だけでは猫の飼育を証明するには不十分だった。その後、キプロス島で新たに発掘を行ったところ、さらに数々の猫の骨が出土した。そのうち1匹は放射性炭素年代測定によると1万年前のもので、この猫も人間の横に埋められていた。猫を一緒に埋葬したという事実から、猫と人間が単なる片利共生［ネズミを捕らえるという利益のために、猫を人間のそばに住まわせたこと］以上に重要な関係にあったことがうかがえる。また、考古学的な研究により、約5000年前の古代メソポタミア遺跡でも猫が人間の近くに埋葬されているのが発見され（＊4）、古代エジプト王朝が誕生する以前に、上流階級の人々が遺体を埋葬していたヒエラコンポリス墓地からも、猫の遺骨が見つかっている（＊5）。猫はペットだったのだろうか？　それとも家畜だったのだろうか？　少なくとも現時点で、その答えは分かっていない。

ペットと断定できる猫の姿が描かれた最古の絵は、紀元前2500〜2350年頃のエジプトの墓で見つかったもので、この猫はひもにつながれていた。その後、何世紀にもわたりエジプト芸術には、猫がよく登場するようになる。古代エジプト人は猫を愛していたのだろう。猫の神も崇拝していた。そして猫が死ぬと、人間の遺体を扱うのと同じように敬意を持って黄泉《よみ》国《のくに》へと送り出す支度を整えたようだ。1888年に発見されたある墓には、10万体以上もの猫のミイラが安置されていた。神聖なる猫が神殿をうろうろ歩き回り、エジプト人のベッドの足元では飼い猫が喉を鳴らしていたのだ。

エジプト人に飼われるようになった猫は、それ以来文明の中で生きてきた。とはいえ、常に人間と密月関係にあったわけではない。黒猫にまつわるさまざまな迷信を思い浮かべてみれば分かるだろう。疫病の流行が猫のせいにされることもしばしばだった。それに昔から魔術とも結びつけられ、いまだに猫に対する嫌悪感に取りつかれている人々もいる。それでも猫は、人間の家や心の中に入り込む余地を見つけ続け、文明の中で快適に暮らしてきたのだ。では、猫自身は文明化していると言えるのだろうか？

オーガスタはすぐに猫用トイレを使って排せつ物を隠す方法を習得し、全神経を集中させて住み家の詳細なメンタルマップを作り、私たちに自分のルールで遊ぶ方法を教え、農場の猫や馬と協定を結び、獲物をとらえ、殺し、むさぼり食い、蛇口から滴り落ちる水を催眠術にでもかかったかのように見つめていた。実はオーガスタのこれらの行動はすべて、野生の本能によって植えつけられたパターンに従っていただけだ。その後、さらに多くのこうした行動を目にすることになるが、いずれも飼い慣らされたためにするようになったものではなかった。

❀

祖先からどれだけ野生の本能を引き継いでいたにせよ、オーガスタが私たちを頼り、愛してくれていたことも事実であり、これは間違いなく「飼い猫」の特性だった。イエネコには愛する能力があり、そのために生じる欲求もある。こうした能力や欲求は進化の過程でごく最近現れてきたものだ。人間に飼われていない猫の多くは、潜在的にこうした特性を持っているが、それが呼び覚まされていない。実際、人間の愛を知らずに育った子猫は、たいてい大人になっても人間に愛情を示すようにはならない。ところが、たとえ過酷な環境に置かれている子猫でも、優しく撫でてもらったり、温かい膝に乗せてもらったり、心地よく穏やかな声に癒やされたりする経験を少しでもしていれば、人間と友人になるという、持って生まれた能力が花開く。そして、人間を慕うようになり、人間の愛を求めるようになるのだ。

エリザベスも私もオーガスタが持つ感情的欲求の深さを過小評価していたが、そういう飼い主があまりにも多い。猫は人よりも縄張りに愛着を持ち、野生種だった祖先同様、本質的に孤独を好むものだと昔から広く信じられてきた。もしこれが本当なら、オーガスタが布団に潜り込み、エリザベスの脚の間で丸くなったのは、ただ温まりたかったからなのだろうか？　朝私の胸の上で伸びをして喉を鳴らしたのは、ただ餌が欲しかったからなのだろうか？

1週間ほどメキシコへバードウォッチングに出かけた時、オーガスタはまだ生後6カ月だったが、私たちは、自分たちにオーガスタは大丈夫だと言い聞かせて出かけた。もっとひどかったのは、ニューヨークで結婚式を挙げ、その後イタリアに行った時だ。オーガスタは家に残り、農場の支配人の姪が世話をしてくれることになっていた。この姪は支配人の息子に1日2回うちに来て、当時9カ月だったオーガスタのために餌を置いて帰るように言い残し、わずか数日で姿を消してしまった。支配人の息子は当時まだ10代で、典型的な責任感のないタイプだった。餌をあげた後、しばらくオーガスタのそばにいて遊んでくれたのか尋ねると、この少年は悪びれもせずに「そんなことはしなかった」と答えた。

家に帰るとオーガスタは嬉しさのあまりピンと立てた尾を震わせ、大きく喉を鳴らしながら私たちの脚の間をくねくね歩き回った。私たちは、こんなに嬉しそうにしているのだから、留守中も問題なかったのだろうと解釈した。知り合いの女性は殺風景な小さいワンルームマンションに住んでいて、連休にはよくボーイフレンドと旅行に出かけていたが、帰ってくるたび、彼女の猫は大喜びで腕に飛び込んできたという。こうした様子から、友人はこの猫1匹だけで留守番させても、辛い思いはしていないと思い込んでいた。この猫に関して言えば、トイレに糞の山ができても気にならないようだったが、ほかの猫なら飼い主の枕に糞やおしっこをしたかもしれない。餌は給餌器から出てくるドライキャットフードを食べていた。試しに留守中の様子を撮影したビデオを見ると、猫は窓から外を見たり、いつもよりも長く毛繕いをしたりしていたが、ほとんどの時間は眠っていたという。これはどんなことを意味するのか？　その答えをこれから考えていきたいと思う。

まずは100年前、あるいはいまだに猫をペットにしていない地域のことを考えてみよう。歴史的に見ると猫が飼われるようになったのはごく最近で、今でも世界の多くの地域では飼われていない。オーガスタが私たちに注いでくれる、あふれんばかりの愛情はどこから来ているのだろう？　これは何世代もの間、祖先の猫の心の奥に眠っていた特性が、最近になって表に現れたものかもしれない。昔どこかの農場で猫と人間が初めて協力し合い、人間の子どもたちが猫と遊んだり、ことによっては一緒に眠ったりするようになった時に、この特性が現れたのだろう。そしてこの特性は、何世代にもわたり多くの家庭で育まれ、やがて繁殖に有利な条件になった。愛情の深い猫ほどよく人間に守られ、たくさん餌をもらえるため、子孫を多く残すことができる。つまり、さらにその子孫もうまく生き延びられるというわけだ。

おそらくこうした愛情は、さほど具体的なコミュニケーションをしなくても、十分得られたはずだ。それがやがて、人間が愛情を持って猫の細かいところまで注目するようになったことで、猫もそれに応えて自分たちのニーズを具体的に（「かゆいのはそこじゃなくて、こっちなの。そう、そこそこ！」といった具合に）伝えるようになり、人間と猫が互いにシンパシーを感じるようになったのだろう。

猫の精神的欲求が科学的に解明されるにつれて、飼い主の猫に対する行動の多くが間違いであることが分かってきた。私たちは、オーガスタから誠意を期待する資格などないのかもしれない。それにもかかわらず、オーガスタは私たちを愛してくれている。あなたはどうだろう？間違った行動をしていたことを知ったら、心から申し訳ないと思うだろうか？

キャシー・ブルーメンストックの著書『うっかり猫の気分を害してしまう10のパターン（*Ten Ways to Unknowingly Crush Your Cat's Spirit*）』（**＊6**）に記されている事例のほんの一部を紹介しよう。

叫ぶ：大きな声を出すと猫は怯えてしまいます。

お仕置きする：猫がトイレ以外のところで用を足したり、ソファーで爪を研いだりしたからといって、怒鳴ったり、ものを投げつけたり、怒りにまかせて行動したり、叱ったりすると、猫はたとえ飼い主が怒っている理由がさっぱり分からなくても、相手が不機嫌だということは理解します。猫が悪さをした場所に連れて行って、そこに顔を押しつけたりしたら、猫は恐怖のあまり身動きもできなくなるでしょう。（中略）これでは猫に恐怖心を植えつけるだけです。

傷つける：叩いたり、蹴ったりして、身体に危害を加える行為は、「軽く叩く」にしても力一杯平手打ちするにしても、非人道的であり、残酷で道徳的にも間違っています。こうした行為をされると、どんな猫でも恐怖心を抱き、心に傷を負います。

それでは、ミーガン・カプランの著書『飼い主が犯す過ちトップ10（*Top 10 Pet-Owner Mistakes*）』（＊7）はどうだろう？　この本は犬についても触れていて、より広範囲の問題を指摘している。

過ち1：ペットを衝動買いすること。
過ち3：ルールをころころ変えること。
過ち4：何もしないのにご褒美を与えすぎること。（中略）理由もなくペットにご褒美を与えていると、しつけをする時のご褒美の効果がなくなります。

過ち9：家をペットに優しい環境にできないこと。（中略）猫用トイレは家の静かなところに置きます。

私たちみんな、と言うと語弊があるなら、私たちの大半あるいは一部が、実はどれだけひどい飼い主であるか記したリストをもう1つ紹介しよう。ケリー・B・グラント著『猫が飼い主に言わない10のこと（*Ten Things Cats Won't Tell You*）』（**＊8**）に掲載されたものだ。ショックが大きすぎるといけないので、ここでもほんの一部だけ引用する。

2：元気じゃない時も平気なふりをしています。（中略）気持ちがいい時、猫は何をしますか？　寝ます。気持ちが悪い時、猫は何をしますか？　寝ます。
3：猫のお行儀が悪いのは、飼い主のお行儀が悪かったからです。
10：猫は人間が思っているほど滑稽ではありません。

私たちもオーガスタは滑稽だと思っていた。ある時オーガスタが、お気に入りだった毛むくじゃらのクモのおもちゃについていた8本の脚を全部引き抜いてしまったので、その脚を体の中に入れてクモのボールを作ってやった。オーガスタがベッドに飛び乗ると、私たちはこのボールを部屋の隅に投げてやった。するとオーガスタは大喜びしてボールに飛びかかった。あまりにも激しく飛びかかるので、でんぐり返しをしてしまうこともあったほどだ。それから前脚でボールをつかみ、後脚でウサギのように何度もボールをキックしながら中身を出そうとしていた。もちろんこの行動は、獲物を捕らえて殺すという本能に従っただけだ。それでも、グラントの説には反するが、この様子は「滑稽」に見えた。

では、私たちはルールをころころ変えているだろうか？　何もしないのにご褒美を与えすぎているだろうか？　ベッドカバーをずたずたに引き裂かれた時、怒鳴って、オーガスタを怖がらせただろうか？　3つとも心当たりがある。では、オーガスタを叩いたり、蹴ったり、身体に危害を加えたことはあっただろうか？　確かに私は何度か叩いてしまったが、そのほかは当てはまらない。しかしその時、私は怒りを抑えて、良い母親のように振る舞えただろうか？

答えは「ノー」だ。

それでも、私たちが猫たちを愛する限り、猫たちも私たちに愛を返してくれる。これは本当に人間と同じなのだ。あなたの愛が猫にどれだけ伝わっているか理解しようと努力している限り、どれだけ過ちを犯してもかまわない。ただし、それには注意深く猫を観察する必要がある。

これまで、まるで犬にするようにあなたの猫の頭を「よしよし」と軽く叩こうとした人はいなかっただろうか？　これをされて逃げだしたり、身をかがめたり、噛みついたりしない猫はめったにいない。注意深く観察していれば、猫がどこをどのくらい強く、どの方向で、指先や手のひら、あるいは鼻の先で撫でてもらいたがっているかは、比較的すぐに分かる。ところが、地理的限界（「そこじゃないよ！」）あるいは時間的限界（「もう十分だよ！」）がどの程度なのかは、なかなか分からない。

猫が好きではない人が、猫に対して我慢ならないと感じる理由の1つは、猫が猫らしく行動するからだ。犬は相手が自分のどんな姿を見て、どんな声を聞きたいのかを理解しようと努力し、行動する。まさに「いい子」だ。一方、猫は人間から愛されたいから人間を愛するが、しっぽを振ったり、ごちそうを見てよだれを垂らしたり、嬉しいとワンワン鳴いたりするようには生まれつきできていない。では、実際のところ、猫は私たちに何を伝えようとしているのだろうか？　最近の発見によると、猫も人間も情動をつかさどる脳の部位が非常によく似ていて、猫の場合、どんな鳴き声を出すかは、この部位が決めているのだという。だとすると、猫の鳴き声を聞いた人間は、たとえ意識のレベルではその意味が分からなくても、脳はその声に込められた感情を認識できるということだろうか？　この疑問を解明した研究を紹介しよう。

グラスゴー大学のパスカル・ベリンらは、チャールズ・ダーウィンが提唱した、人間も動物も感情表現の根底にある一連のメカニズムは共通だという仮説に注目した（＊9）。機能的磁気共鳴画像法（ｆＭＲＩ）を使い、人間と猫を含むいくつかの動物を対象に、感情と関連したさまざまな声（満足、性的快楽、空腹などを表す肯定的な声と警戒を呼びかける声や苦しみを表す声、痛みに苦しむ鳴き声などの否定的な声）を聞いた時に、脳がどう反応するか調べた。第1の目的は、人間がこうした声を聞いた時に刺激される脳の領域が、動物たちがこうした声を出している時に活動する脳の領域と同じか調べることにあったのだが、研究の結果、これらの領域は同じであることが判明した（＊10）。

しかし、人間は猫と親しい関係にあるため、猫の言葉は理解しやすく、こうした結果になった可能性もある。そこで、実験に参加した人も猫も聞いたことのない、アカゲザルの声でも試してみた。すると人間の脳は、猫の感情表現にも猿の感情表現にも、それが肯定的感情か否定的感情かにかかわらず、研究者たちの予想通り反応し、また、その感情が肯定的か否定的かによって異なる反応を示した（この結果は、少なくとも仮説として、哺乳類の進化においてヒト科の祖先たちが実際に言葉を話し始めるよりも前から、一連の感情的言語が発達していたことを証明するものだ）。

ところが、人間は猫や猿の感情的「発話」が自分たちの感情的発話と呼応しているのに気づいていないことも分かった。猫と接した経験から、猫が何を伝えようとしているのか多少（それほどたくさんではないが）理解することはあっても、猿が何を話しているのかは、さっぱり理解できなかったのだ。つまり、脳は正しく反応しているのに、脳の持ち主である人間は、その意味を理解できなかったと言えるだろう。いつの日か、意識の奥深くまでが明かされ、脳が既に処理している物事を、私たち自身も理解できるようになるかもしれない。今でも、私たちが猫の言葉に十分耳を傾ければ、かなりたくさんのことを理解できる。また、年を追うごとにさらに多くの事柄が科学的に解明されていくはずだ。

猫に関するさまざまな情報やインターネット上のアドバイスは、信頼できるのか誰にも確証が持てないものも多いが、愛猫の生活の質を高めるために何ができるのかを示す（あるいは飼い主たちがこれまでしてきたことが間違っていないと証明する）、きちんと検証された確かな科学的根拠もある。ところが、その大部分はまだ一般に知られていないか、偽の情報と区別しにくい。偽の情報は、著者たちが真偽のほどをよく確認もせずに別の本から引用したものが多い。ようやく1988年に科学論文や随筆をきちんとまとめた初の大著『ドメスティック・キャット：行動の生物学（*The Domestic Cat: The Biology of Its Behaviour*）』（＊11）が上梓されたが、猫の飼い主の大半は、いまだに同書に記されている発見の多くを知らない。

同書に収められた随筆の1つ、クラウディア・マーテンズとローズマリー・シェア著「猫研究の実用的側面」では、科学者たちが自分たちの研究に対して抱いているフラストレーションについて触れられている。

獣医師は、通常の猫の行動や猫にとって最低限必要な生活条件、問題行動を起こす原因、人間が猫に対して期待すること、その期待に応える猫の能力に関して、十分な科学的知識を持っていない場合も少なくない。（中略）イエネコと人間の関係に関する動物行動学的、生態学的、社会学的、さらには心理学的知識の科学的基礎は限られており、本稿で要約した既存の研究結果の多くは、獣医師や関心を持った一般の人々が容易に入手できるものではない。

一方、よく売れている猫関連の一般書は、科学者が書いたものではなく、大半は（控えめに言っても）最新の情報を扱っているとは言いがたい。

最後の部分は残念ながら現在でも当てはまる。そして、いまだに猫の多種多様な欲求に対応できるよう十分な教育を受けていない獣医師があまりにも多いことも事実だ。しかし、やっとここ数年で状況がだいぶ変わってきた。獣医師の団体が画期的な論文を発表したからだ（＊12）。その論文はこう始まる。「猫がそれぞれの環境でどれだけ快適に過ごしているか、そのレベルは本質的に猫の身体的健康や精神的安定、行動と切っても切れない関係にある」飼い主の多くは、そんなことは猫を見ていれば分かる、当然のことだと思うだろう。しかし、これはわずか1、2世代前の獣医師が考えていた優先順位とはだいぶ異なり、いまだに猫の欲求について、これとは異なる考えを持っている飼い主も少なくないのだ。彼らは、猫の世話といえばただ餌をやり、住み家を提供し、脚を折ったら動物病院に連れて行くことだと思っている。何といっても猫なのだから、そのほかについては自分でなんとかできると思い込んでいるのだ。猫は散歩に連れて行かなくてもいいし、人の上によだれを垂らすこともない。猫砂で用を足してくれるし、餌さえあればいつでも1匹で留守番させられる。

こうした一連の飼い主たちのひどい姿勢は、大げさに言っているわけではない。ある入念に行われた研究から、犬は猫よりもずっとよく獣医師に診てもらっていること、そして、かなりの数の飼い主が、猫は病気にならないと思い込んでいることが分かったのだ（＊13）。

※

スイスに拠点を置くアメリカ人心理学者、デニス・C・ターナーは、猫との交わりが人間の情動に及ぼす影響を研究した。科学的には、一般に動物の精神生活は人間の精神生活のように豊かではないとされている。もちろん、この説は受け入れがたいと思う飼い主も多いだろう。犬や猫の飼い主は、ペットの行動や感情、意図を理解できていると思い込んでいる。だが、果たしてそれは本当なのか。ターナーと共同研究者のザナ・バリグ＝ピエレンは、この広く信じられている考えを検証することにした（＊14）。この実験には、犬または猫を飼ったことのある人と、両方を飼ったことのある人と、どちらも飼ったことのない人がほぼ同数参加した。動物が写った写真やビデオを見た後で、いくつかの選択式の質問に答えるものだ。それぞれの回答に対しては、動物学者が動物の感情に「とても適切」「適切」「不適切」のどれに該当するか評価していた。

犬とも猫とも暮らした経験がある人たちは、それぞれの場面に対する動物行動学的な理解度が最も高かった。犬だけ飼ったことのある人々は猫だけ飼ったことのある人よりも犬の行動を擬人化して語る傾向が強かったが、両者とも理解のレベルは高く、犬も猫も飼ったことのない人ですら、動物をとてもよく理解していることが分かった。

ジョン・S・ケネディは１９９２年の論文「新しい擬人化（*The New Anthropomorphism*）」の中で、科学者によるあらゆる擬人化を激しく非難している。ただし、ターナーとバリグ＝ピエレンによれば、ケネディは「擬人的に思考することはおそらく自然淘汰の結果であり、人間の祖先たちが動物の行動を予想し、コントロールするのに便利だったからだろう」とも主張していたという。

いずれにしても現在では、私たちがオーガスタを理解できていると感じることの少なくとも一部は、単に「そうあって欲しい」という思い込みではないということが、科学的根拠に基づき、かなり明らかになってきたようだ。

とはいえ、まだ理解できていないことも山ほどある。オーガスタの最初の冬はとても寒く、ある晩はマイナス37℃を記録した。そのためオーガスタはもっぱら屋内で生活せざるをえなくなった。オーガスタは誰かが玄関から入ってくるやいなや逃げ出していたのに、身長は２メートルを超え、サイズ32センチメートルのブーツを履いた大男の友人がやって来ると、飛んでいって出迎えたのはなぜなのか？　人間の膝には断固として乗ろうとしなかったのに、曲げた腕の中にそっと収まってくつろいだり、枕に頭を乗せてできた首のカーブの上で丸くなったりしたのはなぜなのか？

長年あらゆる動物の行動を詳しく観察してきた動物学者の友人は、「『持ってこい』を教えてみたら?」と提案した。猫に持ってこいができるのだろうか? 朝、私たちは板張りの細長いベッドルームで、よく毛むくじゃらのクモのボールを投げて遊んでやっていた。オーガスタは猫らしくボールを追いかけた。そして私たちのどちらかがボールを取りに行き、ベッドに戻り、オーガスタをベッドに呼び戻した。それから、オーガスタが呼ばれたことに気づくのを待ち、ベッドに戻るのを待ってから、またクモのボールを投げるのだ。

そんなある日、ついに奇跡が起きた。オーガスタがボールを持って帰ってきたのだ。少なくともベッドの足元まで。私たちは拍手喝采し、万歳し、「いい子! いい子!」と褒め、ご褒美に餌を1つ与えた。それ以降、持ってこいができる「レトリーバー猫」オーガスタは徐々に成功率を上げ、ついに60%に達した。ところがその時点でオーガスタ、あるいは私たち、もしくは双方が飽きてしまい、それまで上昇を続けていた成功率は頭打ちになった。もしかしたら、これは一時的なもので、それまでと同じ調子で頑張っていれば成功率はさらに上がったかもしれないが、正直なところ、オーガスタも私たちもクモのボールには飽き飽きしていたのだ。こうしてオーガスタに芸を仕込む道は閉ざされた。

モンタナの春は雪解けと泥、空を覆う雲、雷雨で始まり、そしてある日突然、世界が緑色に変わって、野花が丘を飾る。ある日、オーガスタはリスの住む芝地を飛び跳ね、その黒い影がくねくねしながらトウヒの木によじ登っていったら、そのまま姿を消した。鷹につかまってしまったのだろうか？　まだ寒いのでガラガラヘビはいないだろう。明るすぎてコヨーテも来ないはずだ。牛に踏みつぶされる可能性は低かった。馬はオーガスタと友人だし、農場のパートナーが飼っている犬たちは無害なラブラドール・レトリーバーだ。だとすると熊に襲われたのだろうか？　古参の住民は、暑い夏、チョークチェリーが熟する時期にならなければ、熊は姿を現さないと断言した。私たちの家は通りから離れていて、まったくといっていいほど車は来ない。猫にとっては都合の良い安全な場所だった。そして結局、丸一日帰らなかった。

生態系は渦にでも巻き込まれたかのように一斉に分刻みで変化し、秩序を取り戻す。川岸の冷たい岩にその年最初の藻が生え、冬の間地面を覆っていた枯れ草を突き抜けて新しい葉が顔を出し、池では蛙の卵から1匹目のオタマジャクシが飛び出す。そして、あらゆるところに卵が産み落とされる。くるりと丸まった若葉の内側には、ネバネバした毛を持つ小さな緑色の卵が産みつけられている。真珠のように輝く蝶の卵からアオムシが飛び出し、まだ羽も生えそろわず、目も見えない黒いカササギの雛が卵を内側からひっきりなしにつついて割る。若草色の柳の若枝は、黄色く長細い花の芽をたわわにぶら下げている。何百匹ものシカネズミが所帯を構え、支配力のある雄たちが縄張りを主張し、ほかのシカネズミたちは、その縄張りにうっかり侵入していないかよく確認しながら、せわしなく走り回る。オーガスタは誰が教えたわけでもないのに、ネズミ社会が構築されていくのを注意深く観察していた。この才能は進化がもたらしたものだ。

猫の嗅覚は独特で、この種の信号にチューニングを合わせられる。2014年にイエネコのゲノムがすべて公開された時、特に注目された発見の1つは、犬と猫の持つ遺伝子のレパートリーが著しく異なる進化を遂げてきたことだった。よく知られているように犬は素晴らしく鼻が利き、専門用語で「臭気物質」と呼ばれる物質に対して非常に敏感だ。一方、猫の場合、同じ遺伝子領域には、特に「フェロモン」に対して犬並みに敏感に反応する遺伝子がある。「これらの結果から、猫が化学物質を介した社会的コミュニケーションにおいて、フェロモンにかなり依存していることを裏づける証拠がさらに増えた」(＊15)とその研究者たちは記している。

猫がぽかんと口を開け、上唇を引き上げて、当惑したような、夢を見ているような顔であなたを見ていたら、それは嗅覚をパワーアップさせるもう1つの器官を使っている証拠だ。この「鋤鼻器《じょびき》」あるいは「ヤコブソン器官」と呼ばれる器官を使うには、「フレーメン（反応）」というドイツ語から来た名称で呼ばれる、この一風変わった表情をして、口を開けなければならない。上の前歯の裏側には2本の細い管があり、それぞれ鋤鼻器につながっている。鋤鼻器は袋状になっており、非常に敏感な受容体が30個以上ずらりと並んでいる（＊16）。通常、猫がフレーメン反応を見せるのは、ほかの猫が残した微かなにおいを読み取ろうとしている時であり、その間の猫たちは催眠術にかかったように、においを読み取るのに没頭している。

フェロモンを介して会話をしているのは、猫同士だけではない。オーガスタは指揮者のレナード・バーンスタインがベートーベンの楽譜を読むように、シカネズミが暮らすコミュニティーの地図を読むことができる。そうしてオーガスタは私たちとは異なる方法で春を感じていた。私たちは周りの世界に目をやり、数々の不思議な出来事に胸躍らせる。一方、猫は獲物を仕留めるように作られていて、目に見えないクモの巣のように広がるこうした獲物のにおいに神経を集中させるのだ。

モンタナの夏は大急ぎでやって来る。太陽が真夜中まで北の空を赤く染めていることもあり、オーガスタが初めて迎えた夏至の日は、1日中暗くならなかったほどだ。これは三日月が煌々《こうこう》と輝いていたからでもあるが、たとえ新月の夜でも、雲が厚く垂れこめていない限り、モンタナの空には道を照らすのに十分な星が輝いている。そして午前2時52分には微かに空が白みはじめる。

谷に霧が立ちこめ、糸のような雨がポツポツと屋根を打つ日、オーガスタは沈んだ面持ちで窓台に座っていた。雨が大嫌いだったのだ。

外を見渡すと、目に入る動物はいずれも雨を嫌っているようだった。カササギはずぶ濡れで凍えながら、身を縮めてトウヒの枝に止まっている。羽根の乱れた2羽のイヌワシが獲物に目を光らせているというより、もの思いにふけっているかのように柵に止まっている。空が広いことで知られるモンタナだが、今日の空には雲が垂れこめ、あたりは静まりかえっている。馬は数珠つなぎになり、頭を下げて立っている。まぶたは閉じられ、雨に濡れたまつげが光っている。牛たちは風下にある坂を見つけると風に背を向け、草を食《は》んでいる。牛はたいていどんな天候でも草を食べているものだ。葉や根は喜びに満ちている。日が長くなり、土にはまだ昨日の太陽の温もりが残っている。草はぐんぐん伸び、泥まみれになって駆け回る子牛たちも、目を見張る勢いで成長していく。つぼみが開き始め、花びらが光を浴びながら顔を出す。川辺の草を裏返せば、卵から孵《かえ》ったばかりの蜻蛉《かげろう》が、ちょこんとくっついている。日中、風が雲を吹き飛ばすと、自然のオーケストラは嵐のように激しいペースで、一斉に主旋律を奏で始める。その頃、山では黒い雲が立ち込め、怖いもの知らずのモンスターのように雷鳴を轟《とどろ》かせている。オーガスタは飛び跳ねながら、背の高い濡れた草の間を通り抜け、我が家の裏手にある、家と同じくらい大きな岩の陰に姿を消した。オーガスタは、1人で自由を満喫していた。

呼ぶとずぶ濡れになってぶるぶる震えながら帰ってきたオーガスタは、ごしごしタオルで拭いてもらうのが大好きだった。正真正銘の砂漠の猫だけに、下毛があまり多くないこともあって、乾くと柔らかくてふわふわなぬいぐるみのようになった。背骨に沿ってしっぽまで撫でてやると、オーガスタはそれに応えてしっぽを高く上げ、お互い相手にすごく関心があることを確認し合った。当時は知らなかったのだが、猫が撫でられると喜ぶしっぽの少し上の部分には、体臭腺がある（ただし、このにおいは人間には分からない）。爪を立ててそこを撫でると指ににおいがつくのだが、この時、猫はキスされたような感覚になるという。オーガスタは目を閉じ、またゆっくり開くと黒い唇の間から薄いピンク色の舌を下に向けてペロっと出した。これは猫流の愛情表現だ。オーガスタは良いにおいがしたので、その毛に思わず顔を埋めた。オーガスタにもこれが愛情のこもった挨拶だということが分かったらしく、お返しに私のズボンの裾や靴の裏を舐めてくれた。そして、満足するとオーガスタは座った状態で後ろ足を1本高く突き上げ、入念な毛繕いに取りかかった。股《もも》の裏側を何度か舐めるとお腹を噛み、舐めた前足で顔をきれいにする。こうした毛繕いの順序は決まっているのだろうか？　人間は物事のパターンを見つけようとするため、一定の順序があると思いがちだが、実際には順不同だった。

モンタナの天気は夕方には、グランドフィナーレを迎える。太陽が黒い雲に飲みこまれると、大地を引き裂き、腸《はらわた》をえぐるような大音量の嵐がやって来るのだ。滝のように雨が降り、雹《ひょう》が地面に叩きつけられ、牧草が風に波打つ。そして、突然静寂が訪れたかと思うと、草原の北の彼方から不意に雷鳴が聞こえる。するとマキバドリが再び美しいアリアをさえずり、東の空には虹が出る。しかも二重の虹だ。しかし、このグランドフィナーレの間、オーガスタはずっと眠っていた。

急に晴天の日が増えると、オーガスタはどんどん自分だけで行動するようになっていった。そして、前よりも長い時間、岩やヤマヨモギの茂みの間を探検するようになった。体もだいぶ大きくなり、爪で引っかけるようにもなったので、もうアカオノスリ（日中最もよく見かける猛禽類）に捕まることはないだろうと私たちは高をくくっていた。ワシならオーガスタを仕留められるだろうが、人間の家や納屋のすぐそばで襲うとは考えにくかった。狐やボブキャット［中型のネコ科の動物。イエネコの2倍ほどの大きさがある］やフクロウといった危険な捕食者は、いずれも夕暮れ時にならなければやって来ないはずだ。仮に意表を突いて、例えばコヨーテなどが姿を現したとしても、オーガスタは一目散に柳やポプラの木や、コヨーテには登れないような大きな岩に登って難を逃れるだろう。実際、私たちはオーガスタがいとも簡単にこうした場所に登るのを目にしていた（まだ高い木の上から下りる技術は身につけていなかったが、聞いた話によれば、どんな猫でもある程度長い時間高いところにいれば、そこから下りる方法を考え出せるということだったので、私たちはその説が真実であることを願っていた。というのも、地元の消防署までは30キロメートルほど離れている上に、消防士は全員ボランティアだったので、木から下りられなくなった猫を助けるために喜んで出動するとは思えなかったのだ）。

オーガスタは小さなハンターとして、自信をつけてきていた。そして、ほかの猫同様、仕留めた獲物を家に持ち帰った。時にはまだ生きていることもあり、冷蔵庫の下に逃げ込んだ獲物を私たちが木製スプーンやほうきの柄、まっすぐ伸ばしたハンガーなどで追い立てると、オーガスタはそれを追いかけたり、捕まえて椅子の上から落としたり、ランプの笠に叩きつけたりするのを大いに楽しんだ。獲物は少し出血するだけで済むこともあれば、完全に死んでしまうこともあった。オーガスタは私たちの足元に戦利品のシカネズミを落とし、真ん中から2つに噛み切ると、もぐもぐゴクっと、ものの2口で平らげた。

この頃になると、オーガスタは名前を呼んでも戻って来ないことがあった。影が長くなり、肌寒くなり、秋の兆しが見えても外にいるままだった。オーガスタは「狩りをしているのだから、邪魔しないで！」といった様子だ。だが、夕暮れが近づくと危険が現実のものとなるのを私たちは知っていた。ひたすら名前を呼び続けると、オーガスタは70、80センチメートルまで伸びた雑草の間を飛び跳ねながら戻って来た。キラキラ光る目をした黒い影が一瞬姿を現したかと思うと、また緑の草むらの中に消える。そして、真剣な顔をした、疲れ知らずのオーガスタが再び姿を現し、「夕ご飯はどこ？」とでも言うように大喜びで明るいキッチンに飛び込んで行くのだ。

そんなある日、ついにオーガスタは帰ってこなかった。しかもまさに不吉なタイミングだった。多くの岩の足元には雨水が貯まり、そこにチョークチェリーの木が茂るのだが、ちょうど実がなり、クロクマが実を食べに山から下りて来る時期だったのだ。チョークチェリーにはあまり食べるところがなく、皮はごわごわしているし、果実も絞るとわずかに果汁が出る程度でかなり酸っぱい。それでもこの実に目がない熊たちは、普段なら近づかないようなところへもやって来る。日が傾くやいなや、熊たちは川辺に立つ柳の木の間をのそのそ歩いてやって来ると、牧場の囲いに沿って進み、納屋と納屋の間を通り、私たち人間が夕食を食べ、音楽を聴き、ビデオを見て笑っているというのに、明かりの灯った窓のすぐ下を通り過ぎていった。不意に沈黙が訪れた時、地面を掘って作った食料貯蔵庫のブリキの屋根に熊の爪が当たる音や、枝の先についた実を取ろうと熊が枝をへし折る音、そして時には子熊を叱る母熊の声が聞こえたものだ。子連れの母熊は本当に危険な存在だ。熊の親子が来ていたら、決して外へ出てはならない。だが、この時オーガスタはまだ外にいた。

日は完全に暮れていなかったが、それも時間の問題だ。私たちはひたすらオーガスタを呼んだ。そして、勇気を出して外にある柵まで行き、懐中電灯を照らしながら呼び続けた。グリズリーベアに関する著書もある私は、クロクマはある程度大きな声を出せば、怖がって逃げ出すことを知っていた。ところが、かつてアイダホのトレイルで子どもを連れたクロクマの母親に遭遇した時、私のメッセージは伝わらなかった。母熊は子熊を木に登らせると私のほうを振り返り、歯をガチガチいわせた。これは危険なサインだ。さらに前足を踏みならしている。これも危険なサインだった。幸い私の後方、さほど遠くないところに歩道橋があった。そこで、私はごく小さな声で「熊さん、今私は君に対してとても穏やかな気持ちでいるんだよ」と言いながら、ゆっくりゆっくり1歩ずつ後ろへ下がっていった。母熊は私に向かって荒々しく鼻を鳴らすと、木に登っている子熊たちを呼んだ。そして、子熊たちが急いで木から下りてきて、家族がそろうと、熊たちは一目散に逃げていった。

チョークチェリーを食べに来た熊たちは、気持ちが高ぶっているということも忘れてはいけない。だからこそ心配だったのだ。オーガスタが熊の餌食になるような事態だけは、何としても避けたかった。

それゆえ、私はオーガスタを助けるため、懐中電灯を手に進んで行った（銃は持っていなかった）。今度は小さい声で「オーガスタ、オーガスタ！」と呼んだ。あたりはもう真っ暗になっていた。その時、懐中電灯の光が動物の目に反射した。すべては一瞬の出来事だったが、高さと両目の間隔から言って、間違いなく熊の目だ。のっしのっしと落ち着いた歩調で、こちらに向かって来るわけでもなく、離れて行くわけでもなく、私と平行して歩いていた。その後ろには、こともあろうに子熊が1匹、もう1匹、そして遠く離れているわけではないが、2匹目の子熊から少し遅れて、もっと小さい動物が歩いていた――それは猫だった。

オーガスタはクロクマの親子と一緒に歩いていたのだ。

私はどうしていいか分からず、結局何もできなかった。長い時間ただ闇の中に立ち尽くしていたのだ。そして家に戻った。その少し後に、オーガスタは帰ってきた。

2

猫と人との関わり合い

愛猫を人懐こい性格に育てるには？

多くの猫は何らかの精神的な問題を抱えている。オーガスタも例外ではなかった。突然大きな音がすると一目散に布の下に潜り込む。知らない人に自分から近づいて行くのは、相手が長年猫を飼っていて、床に座り込み、優しい声で話しかけ、猫が反応するのをじっと待っていられる物静かで忍耐強い奇特な女性の時だけだった。そんな時でさえ、隠れている場所から姿を現して、女性が伸ばした人さし指のにおいを嗅ぐまで、ずいぶん時間がかかることもあった。そして、やっと出てきても、指が少しでも動けば、脱兎《だっと》の如く逃げてしまう。男性はほぼ全員苦手だった。例外は私と前章で紹介した巨大な足を持つ身長2メートル超の友人だけだ。

そして、生涯誰かの膝に乗ることはなかった。近くに腰を下ろして喉を鳴らし、くつろぐことはあっても、膝の上は断固拒否した。危険地帯と見なされていたのだ。寝る時はベッドに横になった私たちの足元に潜り込んだ。やがてエリザベスの脚の間、それも寒くなるに従って上の方に陣取るようになり、時には頭のすぐ上で眠ったが、私たちが体を起こすやいなや、怖くなるようだった。

それでも私たちはまだ運が良かった。オーガスタは確かに神経質だったが、ほかの猫に比べれば大したことはなかったからだ。例えば猫用トイレで用を足さず、壁や家具におしっこをかける猫はごまんといる（しかも猫の尿のにおいはなかなか消えない）。家具を引っかいたり噛んだりする猫も数知れない。なかにはズタズタにしてしまう強者もいる。夜中ずっと悲しそうに鳴き続ける猫もいれば、毛玉を飲み混んでしまう猫も、鉢植えの植物を食べてしまう猫もいる。毒のある植物でもお構いなしだ。それに餌を食べようとしない猫もいれば、肥満の猫、脱走癖のある猫、喧嘩っ早い猫、よく吐く猫、取りつかれたように毛繕いばかりしている猫もいる。知覚過敏症の猫（てんかんの一種で、猫は自分自身を攻撃するようになる）もいれば、誰彼かまわず人間に対して凶暴になる猫や人間を怖がる猫もいる。

こうした問題の多くは、猫の本質的な野生の本能が家に閉じ込められた生活に合わないために起こるとか、猫は謎めいた動物で、飼い主ですらよく理解できないせいだとか、私たちが知らず知らずのうちに猫を無視したり、間違った扱いをしたりしたのが原因だとつい考えたくなる。しかし、問題はずっと昔、飼い主がペットの猫と出会う以前に始まっていることが多い。

子猫の時代に適切な扱いを受けていれば、たとえ環境に恵まれなくても、まず間違いなく社交的で情緒の安定した、気立てのいい猫に育つ。では、「適切な扱い」とはどんな扱いなのか？不思議なことに、猫の飼育には長い歴史があるにもかかわらず、この問いに対する科学的な回答が得られたのは、20世紀後半になってからだった。俗説は数多く、正しい説もあれば間違った説もある。猫の育て方について書かれた本も、何十冊もあるが、正確に書かれている本ばかりではない。アドバイスの多くは定義が不明瞭で、十分な実験を行って信頼できる裏づけを得ていなかった。例えば猫をもらい受けるのに適した年齢といった単純な質問についてさえ、獣医学の学派ごとに回答が異なっている。

実は、飼い猫が理想的な子猫期を送れるようにするために、知っておくべきことをすべて網羅した研究結果は、30年近く埋もれたままだった。研究内容の一部は昔ながらの常識をただ裏づけるものだったが、この研究は革命的とも言える重要な発見をしている。

この科学論文「人と猫の関係」（アイリーン・B・カーシュ、デニス・C・ターナー著）の本文はインターネット上に公開されておらず、かろうじてほかの論文の参考文献リストでタイトルを目にするだけだ。唯一、この論文を読めるのは、１９８６年９月にスイスのチューリッヒ大学アーヘルキャンパスで開かれたシンポジウム「猫１９８６年：飼い猫の行動と生物学」で発表された研究を集めた論文集の中だけである。この論文集は１９８８年にケンブリッジ大学出版局から書籍『ドメスティック・キャット：行動の生物学（*The Domestic Cat: The Biology of Its Behaviour*）』として出版された。この本はベストセラーにはならず、私が確認した限りでは、特に同論文にその後追随するような重要な研究が行われた様子もない。

これは残念な話である。「人と猫の関係」は、飼い猫に関するあらゆる科学文献の中で、ほぼ間違いなく最も重要なテーマだからだ。この論文に書かれている情報を活用すれば、もっと多くの子猫たちが、気立てが良く順応性の高い猫に育ち、ひいては多くの飼い主たちの生活に多大な影響を及ぼすことになるだろう。

科学論文の著者アイリーン・カーシュと連絡がとれるまでは、何カ月もかかった。かつて在籍していたテンプル大学心理学部に問い合わせても、彼女を覚えている人はいなかったのだ。メールアドレスも電話番号も分からない。インターネット上にも手掛かりはない。それでもついにフィラデルフィアにある慈善団体の寄付者名簿に「アイリーン・Kとリン・ハモンド」という名前を見つけ、リン・ハモンド博士はかつてテンプル大学心理学部に勤務していたことが分かった。この名簿にはテンプル大学のある名誉教授の名前もあり、その名誉教授と連絡がとれた。彼の話によると、リン・ハモンド博士は男性で、アイリーン・Kというのは彼の妻であり、おそらくアイリーン・カーシュと同一人物だという。しかし、元同僚のハモンド博士とはもう30年も会っておらず、現在どこにいるのか見当もつかないという。そこで私はフィラデルフィア周辺の電話帳でリン・ハモンドという名前を片っぱしから探した。そしてついにペンシルベニア州ウェイン郊外に1人住んでいることを発見した。電話すると女性が出た。昔ながらのニューヨークなまりがあった。そう、この女性こそアイリーン・カーシュ本人だったのだ。

とはいえ、見ず知らずの私に話をしてくれるだろうか？　そんな不安もあったが、ぜひ直接会って彼女の研究内容とキャリア全般について、話を聞きたいと伝えると、「喜んで」と答えてくれた。そこで私はニューヨークから列車を乗り継いで、ウェインに向かった。

ウェイン駅で待っていると、駐車場に大型の青いBMWがゴトゴト入ってきた。カーシュは私が彼女の論文を見つけたことに驚きつつ、喜んでくれていた。ぜひ読んでもらいたいと思う人たちの目に触れていないのを彼女も知っていたのだ。

アイリーン・バーバラ・カーシュは1932年7月6日にニューヨーク市で生まれ、緑の多いブロンクス区リバーデールで育った。私立のフィールドストン・スクールを優秀な成績で卒業すると有名女子大スミス・カレッジに進んだ。ところが、彼女が合格したのは、ユダヤ人の女子学生のために5％の枠が設けられていたからだということが、後から分かったという。大学は2年で退学して結婚したが、3年後に離婚。その後、バーナード・カレッジに入学し、やがて心理学に興味を持つようになった。医師である父親は、娘にも医学部に進んでもらいたがっていた。しかし、アイリーンは心理学を専攻したいと思っていた。当時医学部といえば、女子学生などほとんどいなかったが、心理学部は医学部に輪をかけて女子が少なかった。コロンビア大学にもハーバード大学にもエール大学にも合格したアイリーンは、エール大学を選んだ。心理学部は教員も学生も彼女以外全員男性だった。授業助手としてわずかでも収入を得られることを期待していたが、エール大学の方針として、女性の授業助手は採用していなかった。紅一点のアイリーンにとって、心理学部は決して居心地の良いところではなかったのだ。それでも彼女はエール大学で粘り強く動物の学習能力を研究し続けた。そして、当時主流だったネズミを使った実験により、1951年に「報酬と罰の持つ性質」に関する論文を発表し、見事に博士号を手にした。博士研究員（ポスドク）として勤務したペンシルベニア大学も、彼女にとって決して働きやすい環境ではなかったが、それでもなんとか2年間研究を行い、アメリカ国立精神衛生研究所から、ネズミの摂食行動をつかさどる脳領域を研究するための助成金が得られた。そして、ネズミを無理やり泳がせるとストレスが生じ、それが原因で脳の一部が損傷を受けることを発見した。

幼少期以来、久しぶりにアイリーンは猫を飼った。茶トラのその猫を「サイラス」と名づけた。とはいえ、研究対象は引き続きネズミだった。1961〜63年はスワースモア大学で働き、1963〜67年はドレキセル大学で統計を専門とする医用生体工学の助教を務めた。そして、ついに学者としての永住の地を見つける。フィラデルフィアのテンプル大学だ。この時、初めて教授として正規採用された。「博士号を取得してから、大学の心理学部に正規雇用されるまで、実に8年もかかったのです」とアイリーンは言う。たとえどんなに優秀でも、女性が学問の世界で生きていくのは大変な時代だったのだ。

1968年、カーシュは同僚である心理学部教授リン・ハモンドと結婚した。ネズミよりも猫を研究するほうが合っているのではないかと提案したのは、ほかでもない夫だった。本人も「彼は正しかったと思います。もうネズミに電気ショックを与えたりしたくなかったからです」と振り返っている。

「少額の助成金をもらって、猫を相手にパブロフの犬のような実験をしようとしていました。徐々に餌を与えないようにして、実験的に神経症を起こさせるのです。この実験は成功しませんでした。子猫が育ちすぎていたからです。それから私は多くの親猫が、自分で乳首までたどり着けない生まれたばかりの子猫を助けず、見殺しにしてしまうのはなぜか考え始めました。そうして、初期の親子関係や愛着に関心を持つようになったのです。私は猫たちをとても可愛がりました。とても小さい子猫たちはケージの中で飼わなければならないので例外でしたが、ほかの子猫たちは研究室内を好きなように歩き回らせてあげました。子猫たちもそれが大好きだったようで、子猫同士、また私とも仲良くやっていました」とカーシュは言った。

「当時、動物を使って残酷な実験を行うのはごく普通のことでした。実験が終わって必要がなくなった動物たちは医科大学に送られ、屠殺《とさつ》よりもひどい扱いを受けていました。本当にひどい扱いです。残酷な実験をしていたのは事実ですが、もはやサディズムと呼んだほうが良いようなことまで行われていました」

さらにこう続けた。「現在の実験動物はとても恵まれています。動物園で飼われている動物たちよりも間違いなく幸せでしょう。研究者たちと良好な関係を築き、日々のタスクにも慣れていきます。こう言っても、信じてもらえないことが多いのですが。私は扱う猫の数を増やしていきましたが、猫たちはいつもとても幸せそうにしていました。それなのに外部の人々からは非難されました。私はテレビに出演したこともありますが、良心的な紹介のされ方ではありませんでした。私は敵役にされたのです。同じ学部の中には、私が『猫と遊んでいる』と思っている人もいました。ケージに入れていなかったからです。誰かが研究室のドアを開けると、猫が飛びだしてしまうこともありました。そのため、猫はひどい扱いを受けているので逃げ出そうとしているのだという誤解を招きました。多少でも猫に関する知識のある人なら、ドアを開けた時、中にいた猫が不意に飛び出そうとすることくらい知っているでしょう。猫をケージに入れたままで、人間に対する猫の『愛着』について調べることなどできません」

初期の愛着に注目したおかげで、カーシュは次々に謎を解いて行った。そんなカーシュの目に留まったのが、郭任遠という生物学者が1930年に発表した研究だ。この研究によると「ネズミと共に育てられた子猫は、大きくなっても同じケージの中にいるネズミを殺すことはなく、通常はネズミに似たほかの動物を殺すこともなかった」（＊1）という。その後の研究で、郭は子猫を子犬やウサギ、鳥、ネズミ、ほかの子猫など、さまざまな組み合わせで一緒に飼育した。子猫1匹を残して、ほかの動物たちを実験用のケージから離すことで、一緒に暮らしていた動物に対する子猫の愛着の度合を測定した。「子猫は落ち着きがなくなり、鳴き声を上げ、大きな苦痛を味わっているように見えた。5匹の子犬と暮らしていた子猫の場合、子犬を1匹ケージに入れてやるとすぐに落ち着いた。子犬1匹とほかの子猫4匹と一緒に暮らしていた子猫は、子犬を入れただけでは落ち着かず、さらに子猫を1匹入れるまでストレスを感じ続けた」という。

マイケル・W・フォックスが1969年に行った実験では、一部の子猫たちは生後4週から、別の子猫たちは生後12週から子犬たちと一緒に生活させた。早くから子犬と一緒に暮らし始めた子猫たちは、子犬とすぐ仲良く遊ぶようになり、犬をまったく恐れなかった。一方、12週まで子犬を一切見たことがなかった子猫たちは、子犬を怖がり、決して恐怖心を克服できなかったという。

また、もっと古い研究の中には、人間との触れ合いが幼い動物（子ネズミと子猫）に与える影響を調べたものもある。当初は子ネズミも子猫も人間に触れられると苦痛そうな反応を示したが、両者とも身体的発達のペースが通常よりも速くなることが分かった。ある実験では、シャム猫の子猫が生後30日まで毎日20分間人間と接するようにしたところ、「目は1日早く開き、巣箱から2・6日早く外に出るようになり、シャム猫特有の毛色が現れるのも早かった」という。その後の分析の結果、発達が速くなったのは、赤ちゃんが助けを求めて泣くと、母猫がその子猫にもっと注意を払うようになることが要因である可能性が指摘された。ほかの研究で、母猫がよく注意を払うと子猫の発達が早まることが確認されていたのだ。

別の研究では、1日わずか5分程度のとても短い接触であっても、子猫は人間により頻繁に喜んで近づくようになることが分かった。さらに別の実験では、ただ人間と触れ合うだけでなく、遊びも行ったり、複数の人間と接触したりするようにした。すると、人間5人と遊んだ子猫は、知らない人を恐れることが最も少なく、人間と一対一で遊んだ子猫は、最も愛情が深くなったという。

猫の研究を始めた当初、カーシュは雑然とした一貫性のないデータしか手に入らなかった。初期の実験では、過去の研究結果のうち、特に人間との接触が子猫に与える影響に関する結果の再確認に専念した。そして、「人間に近づいていくまでの時間は、毎日人間と5分間触れ合った8匹の子猫（32秒）のほうが、人間と一切触れ合わなかった7匹の子猫（128秒）よりも早い」ことを発見した。

当初カーシュは、動物の子どもを親から引き離し、一切接触を断つという恐ろしい研究も行った。その1つは子猫を生後10カ月まで完全に1匹だけで育て、その後、犬やウサギ、ネズミ、モルモット、カナリア、オウム、スズメ、ほかの猫に会わせるというものだった。いずれの場合も、（驚くことではないが）この可哀想な子猫たちは「もっぱら敵意を持った、攻撃的な」反応を見せたという。別のまた過酷な実験では、子猫を3つのグループに分け、それぞれ生後2週、6週、12週で母猫から引き離し、生後9カ月の時点での状況を確認した。これも驚くことではないが、生後2週で母親から引き離された子猫たちは、「目的の無い活動や無秩序な行動、新しい状況に対する恐怖、給餌時間の遅れに対する忍耐力の低さが過剰に見られた。（中略）餌を得るために競争しなければならない場合、ほかの2つのグループの子猫たちは協力し合ったが、生後2週間で引き離された子猫たちは攻撃的で、非協力的だった」という。

実験のデータが集まってくるにつれて、カーシュはあるパターンに気づいた。子猫期には、その猫の社交性に大きく影響を与える時期が、とても短い期間だけあり、初めは母猫、次に兄弟、それから人間と交わるようになるのだ。それまでも、こうした時期があるのではないかと推論されてはいたが、科学的にその期間や性質を定義する試みは行われていなかった。

人間と交流できるようになる時期は、従来考えられてきたよりも早く始まり、広く信じられているよりもずっと遅くまで続くのかもしれない。そう考えたカーシュは、ある実験を考案した。テンプル大学の研究室で生まれたブリティッシュ・ショートヘアの子猫たちを3つのグループに分け、1番目のグループは生後3週から、2番目のグループは生後7週から、3番目のグループは生後14週から、1日15分ずつ人間と接触させるようにした。2番目のグループを生後7週からにしたのは、それが「ほとんどの猫の飼い方の本に、人間と触れ合い始めるのに最適」と記されている時期だからだ。

単に「接触した」というと粗野な響きもあるが、実際のところ、カーシュたちは子猫を膝に乗せ、優しく撫でてやってから、母猫や兄弟たちの元に戻してやっていた。接触する人間は1

匹につき4人以上。生後8週までは母猫や兄弟と一緒に大きいケージで暮らし、その後は研究室の中を自由に歩き回れるようにした。

そして、生後14週から1年まで2〜4週間に一度、テストを行い「友好性あるいは愛着」の度合を調べた。その際、カーシュは2つの方法を用いている。1つ目のテストでは、1人が子猫を膝に乗せ、猫がその人の膝から飛び降りるまでの時間を測定。2つ目のテストでは、1人が部屋の隅の床に座り、その人を囲むように15センチメートル離した位置にチョークで線を引く。そして、猫を放し、その人に近づくまでの時間を記録。また、3分間の実験時間中に猫がチョークで引いた円の中で過ごした時間や、頭や脇腹を人間に擦りつけてきたり、喉を鳴らしたり、甲高い声で鳴いたりといった、友好的な反応を見せた時間を計測した。

1つめのテストで猫が人間の膝の上に留まっていた時間は、生後3週から人間と触れ合っていた子猫たちが平均41秒、生後7週から接触するようになった子猫たちは24秒、生後14週まで人間に接したことのなかった子猫たちはわずか15秒だった。

一方、2つめの座っている人間に近づくテストはこれとは異なり、驚く結果となった。生後3週から人間と接触した子猫たちは11秒以内に人間に近づいていったが、2番目と3番目のグループはそれぞれ39秒と42秒かかり、ほとんど差が無かったのだ。この結果は明らかに、生後7週では臆病さを克服するには遅すぎるということだろう。これは大きな発見だった。

決して人間の膝に乗らず、知らない人に対してはとても臆病だったオーガスタのことが、鮮明に思い出された。

カーシュは生後3週で人間と接した子猫の反応に驚き、次の実験には生後1週のグループも加えた。生後1週の子猫といえばかなり小さい。通常はやっと目が開いたばかりで、まだ焦点を絞ることができず、この時点ではどの子猫も青い目をしている。垂れていた耳が立ち上がり始めるのもこの頃だ。体重はわずか200グラム程度。周りの状況もよく分かっておらず、子猫にとっては、母猫と兄弟が世界のすべてだ。ところが、この生まれたばかりの時期に人間と接すると、その後の生活に大きな影響をもたらす。生後14週になってテストを始めると、これらの子猫たちは生後3週で人間に接したグループよりも、長く人間の膝に留まり、人に近づいていくのも早かったのだ。

そこで、カーシュはさらに正確な結果を得たいと考えた。それまでの研究では、子猫たちが人間と接していた期間がまちまちだったため、それが結果をゆがめた可能性があったからだ。新たな研究では、さらに多くの子猫（総数75匹）を使い、それぞれ生後2～6週、3～7週、4～8週まで、ちょうど4週間ずつ人間と接触させることにした。

カーシュは正確を期すようにしていたが、ある時、実験結果を左右しかねない重大な要素があるのに気づいた。パブロフの実験について考えていたカーシュは、1927年にパブロフが犬たちを観察する際、その犬が持って生まれた性格によって大まかに「興奮しやすいタイプ」と「内気なタイプ」の2つのカテゴリーに分けていたのを思い出したのだ。興奮しやすいタイプは、なかなか条件づけ［動物を訓練して特定の条件反射や反応を起こさせるようにすること］されなかったという。犬の性格については既に研究が行われ、犬種ごとに分類されている。猫の性格についてもいくつかの俗説があり、「シャムは外向的で、注目されたがってよく鳴くが、ペルシャは無気力で控えめかつ消極的で、接触を好まないと言われている」とカーシュは記している。そこで、人間同様、生まれつき臆病な猫もいれば、外向的な猫もいるという仮説に基づき、カーシュはテストする際、その猫がどの程度臆病あるいは外向的かも考慮することにした。

一方、共著者であり、スイスで研究していたデニス・ターナーは、別の方法を使って子猫の内気さと友好性を測定した。こうした特性は、生来のものかどうかはともかくとして、生まれたばかりの頃から一生変わらないように見えた。猫は複数の雄の子どもを同時に出産することもあるため、同時に生まれた兄弟でも臆病な子猫もいれば自信に満ちた子猫もいるのは、父親からの遺伝である可能性が高かった。カーシュは3人のアシスタントたちの分析に従い、すべての子猫について臆病か臆病でないかを考慮しながらデータを分析し直した。すると案の定、臆病な猫を除いた研究結果は、よりはっきりした傾向を示していた。「猫が人間に懐く敏感期は、生後2〜7週である」ということが分かったのだ。

これは本当に価値のある発見だった。従来考えられていたよりもずっと早い時期から、子猫を優しく撫でたり、抱いたり、話しかけたり、人間の姿やにおいを覚えさせる必要があり、また、人間との接触が効果をもたらす期間はずっと早く終わってしまうことが明らかになったからだ。ブリーダーや保護施設《シェルター》の職員、獣医師、自称猫専門家は間違っていたことになる。そして、今でも彼らのほとんどは間違ったままだ。

カーシュの研究には膨大な数の子猫が必要だったが、大人になってしまうと、もう実験には使えない。こうしてとても幼い頃から人間に育てられた子猫は、非常に人懐こく、友好的で自信にあふれ、人間を恐れなかった。臆病なタイプに分類された猫ですら、保護施設に収用されている猫やペットショップで売られている猫よりも、当然ながらずっと懐きやすかった。また、生後14週まで人間から撫でてもらったり、一緒に遊んでもらったりしなかった猫について、カーシュはこう語っている。「もちろん懐かせるのは少し大変ですが、だからといって、欠陥があるわけではありません。少し優しく接してあげるだけで、近づいて来るようになります。ほとんどの猫は新しい家族が見つかるまで、私やアシスタントたちがいる研究室の中を自由に走り回っていました。猫としてはかなり良い生活をしていたと言えるでしょう。当初は1匹300ドルするような血統の良いブリティッシュ・ショートヘアでも、無料で譲渡していました。ところが、どうも軽い気持ちで引き取る人々がいるのに気づいたので、去勢手術の費用として35ドルだけもらうことにしたのです。もちろん私も何匹か引き取りました」

フィラデルフィアの『デイリー・ニュース』紙に掲載された「猫の鳴き声が彼女の仕事」と題した記事は、テンプル大学のカーシュの研究室をこう紹介していた。「猫たちは自由気ままに歩き回り、開いたケージの上でうたた寝し、いくつものキャットタワーやキャットウォーク、おもちゃなどで楽しんでいた。（中略）ここは『研究室』というよりも、猫用の娯楽施設とホテルを組み合わせたようだった」そして、「多くの場合、研究室で目にする猫は頭に電極をつけられているものです」（＊2）というカーシュの言葉を引用している。

子猫たちを引き取ってもらったことで、カーシュは猫の友好性や愛着についてさらに研究するための、またとない機会も得られた。スイスで研究していたデニス・ターナーは、既に母猫の存在が人間と猫の初期の接触において、いかに重要な影響を及ぼすかを研究し、ごく幼い子猫でも母猫が近くにいると、いくぶん大胆になって囲いの外の実験室に出て行くことを発見していた。ただし最初のうちは、こういう子猫は実験者に駆け寄ることはなく、母猫の元に戻って行った。数週間後になると、母猫がいると子猫たちは自信を持てるようになるらしく、同じ部屋に母猫がいない子猫よりも喜んで実験者に近づいて行った。

ターナーもカーシュも、人間の家庭で育てられた子猫たちは、実験室で最もよく人間に接していた子猫たちよりも人懐こく、人間を信用しやすくなるのに気づいた。家庭で子猫たちが何時間、人間と一緒に過ごしているか測定するのは不可能であり、何人の人間と接触するか数えるのも同じくらい難しい。それでも家庭は実験室よりも恵まれた環境であることは間違いないようだ。より多くの人間とより多くの時間を過ごした子猫ほど、気立てが良く、堂々としていて、優しい猫に育つ可能性が高くなる。

猫が人間に対して愛着を抱く上で重要な要素は、餌を与えるという行為だけなのだろうか？ ターナーはこの問いに答えるべく手の込んだ実験を行ったが、結論は至ってシンプル、「餌を与えるという行為が、猫と人間が関係を築くのに一役買っている可能性はあるが、それだけでは関係を維持するのに十分とは言えない。新しく築かれた関係を確かなものにするには、その他の交流（優しく撫でる、遊ぶ、話しかけるなど）が不可欠である」のだった。思いやりと良識のある現代の飼い主であれば、そんなことは当たり前だと思うだろう。しかし、餌さえ与えていれば言うことを聞くと思い込み、自分の猫は「お高くとまっている」「なかなか懐かない」タイプだと思っている飼い主がたくさんいることも事実だ。

人はどうやって飼いたい猫を選んだのか、さらには、どうすればより相性の良い飼い主と猫の組み合わせができるかに関心を持って研究をさらに進めたカーシュは、人はほとんど見た目だけで猫を選んでいることに、すぐに気づいた。なかには以前飼っていた猫の代わりとして、容姿の似た猫を探す人もいる。「ある女性は、猫の性格だけを重視すると言っていました。ところが、何匹か見た後で、真っ白な猫や真っ黒な猫には親しみがわかないことが分かりました。グレーや縞模様の猫のほうが親しみを感じやすかったのだそうです」

人々がどうやって猫を選んだか解説するだけでは、とても満足のいく研究結果は得られないという結論に達するのに、それほど時間はかからなかった。カーシュは飼い主も猫も、より幸せになれるように、飼い主の猫選びに何らかの良い影響を与える研究ができないかと思うようになっていた。それまでの長年にわたる研究から、特に飼い主が年配の場合、猫と飼い主の組み合わせがうまくいくと、飼い主に大きなメリットをもたらすことは既に分かっていた。

猫を飼うメリットに関するある研究では、はじめに、平均年齢約60歳の人々20人に現在感じている孤独感、不安感、憂うつ感のレベルを答えてもらった(＊3)。この時点では、どの回答も似たり寄ったりだった。その後、20人中17人に猫を飼ってもらい、そのうち11人が1年以上猫を飼い続けた。それから長期間猫を飼った人と短期間だけ猫を飼った人、まったく飼わなかった人に対して、繰り返し面談を行ったところ、1年目の終わりの時点で、長期間猫を飼った人々は、孤独感、不安感、憂うつ感のレベルが目に見えて低下していた。2年目の終わりには、長期間猫を飼った人で、実験開始時に深刻な高血圧だった4人の血圧が大幅に下がり、そのうち1人はもはや服薬の必要がないレベルまで下がっていた。糖尿病だった2人も血糖値が下がった。一方、猫を飼わなかった人々の間では、そのような変化は一切見られなかった。

ペットを飼うことは人間の健康にどのような影響を与えるのか。後年、より幅広く研究されるようになったが、結論はまちまちで、科学者の間でも意見が分かれている。多くの科学者は、身体的、精神的、社会的に大いに良い影響を及ぼすことを発見した(＊4)。デニス・ターナーはこう記している。「臨床的なうつ病を患う人々にとって、猫は理想的なセラピストになりえる。

精神科医ダニエル・ヘルは人間同士の関係において、うつ病患者は、誰かがたびたび手を差し伸べようとしていても、相手が自分のことを分かっていないと感じれば感じるほどその人から離れようとすることを発見した。猫はうつ病の飼い主が求める、ちょうど良いレベルの『対話』を受け入れる。飼い主が交流したいと思った時にいつも傍らにいるが、自分からしつこく飼い主に絡んだりしない。（中略）ある意味で、猫はうつ病の人にとって人間よりも一緒にいて居心地の良い相手になりえると言えるだろう」（＊5）

その一方で、健康への良い影響を発見したとする研究はその研究方法に問題があり、患者の自己申告による幸福度は上がったかもしれないが、その他の効果は幻想に過ぎないと主張する科学者もいる（＊6）。ある研究によると、ペットの飼い主とペットを飼っていない人との測定可能な差異は、ペットの飼い主のほうが太っていることだけだったという（＊7）。しかし、オックスフォード大学のリチャード・メイオン＝ホワイトが記しているように、測定可能な要素があろうとなかろうと「健康には病気ではないという以上の意味がある」（＊8）のだ。

私が最も信頼できると思うのは、ヒューマン・アニマル・ボンド・リサーチ・イニシアティブ財団が行ったメタ分析（複数の研究結果を総合的に分析したもの）だ。「ペットを飼うことによる医療費節約」と題するこの論文によると、ますます多くの「学術的、専門的研究によって、ペットを飼う健康上のメリット」が証明されているが、同時に人間の「医療費総額」が劇的に減っていることも証明されたという（＊9）。

カーシュの実験で猫を飼い始めた17人のうち、猫を飼い続けることにしたのは11人だけだった。では、残りの6人はどうして猫を手放すことにしたのだろう？　単に相性が悪かったのだろうか？　そうして、ただ気に入った容姿の猫を選ぶよりも良い選び方があるはずだとカーシュは考えた。そこで、猫の里親候補と面接して一定の質問をする「コンパニオン・キャット」というプログラムを臨床心理学者カーメン・バーケットと開発した。まず実際の猫について、容姿はもちろん性格や気性など、さまざまな説明を聞いた上で、里親候補はどのような猫を望むか項目ごとに回答していく。飼い主にとって重要な項目の1つは、「活動」レベルだった。よくソファーでまどろんでいるような猫がいいのか、せっかちで元気な猫がいいのか、夜中に元気に動く猫がいいのか、大人しい猫がいいのか。無気力な猫が相手では退屈すぎるという人もいれば、あまりにも活発な猫だとイライラするという人もいるだろう。

このプログラムの第2段階は、里親候補の性格を分析する作業だ。「自信のない人々は、内気で臆病な猫に親しみを覚えるのは難しい、あるいは不可能だと思う。（中略）精神的に不安定な人は、猫がどこかへ隠れてしまうと、拒絶されたと感じる。（中略）一方、愛情深い人は臆病な猫や恐怖心の強い猫にでも暖かい家庭を提供できる」とカーシュは記している。さらに「人間と猫の理想的な組み合わせ」として、カーシュの実験で初期の頃から人間と接した子猫たちのように「積極的に懐いてくる猫（人間に近寄ってきて、繰り返し交流をするような猫）」は、ややうつ症状のある人々のセラピーに向いていると考えていた。

カーシュとバーケットは、飼い主と猫の縁組をめぐって、いくつか手に負えない問題にも直面した。最もよく問題が起こるのは、飼い猫を亡くしたばかりの人が悲しさを紛らわすために、亡くなった猫にそっくりな猫を求める場合だった。もちろん、そんなに都合よくそっくりな猫など見つからない。失望して、何も知らない身代わりの子猫を返してくる飼い主は後を絶たず、最悪の場合は子猫を安楽死させることもあった。

第2の問題は、悲劇には違いないがホームドラマ的要素も含んでいる。老人（必ずではないがたいていは女性）が1人で暮らしていると、成人した息子や娘、あるいは兄弟同士で相談して、母親の寂しさを紛らわせるために猫をプレゼントするのだ。きっとどこかで、老人が子猫を飼ったら、それまで暗く退屈だった暮らしが急に活気づき、楽しくなったという話を聞いたのだろう。本人は猫を飼いたいなどと思っていないというのに。母親は子どもたちに押し切られて、カーシュの研究室を訪れる。気立てのいい子猫がいると聞いたからだ。だが、どの猫も特に欲しいとは思えない。そこで子どもが1匹選ぶことになる。そして数週間後、研究室に電話をかけてきて、子猫が自分に懐かないので返したいと言う。これはただ、彼女が子猫を愛するための努力を何もせず、当然の結果として、子猫も懐かなかっただけなのだ。

第3の問題は、臆病な猫とうつ病の飼い主、興奮しやすい猫と精神的に参っている飼い主といった、単純な性格の不一致だ。

しかし、そのうちに、カーシュは里親候補と猫の縁組がうまくなっていった。そして、特に孤独だった人や高齢者、障害者、うつ病患者などの生活が、猫を飼うようになってから変化したことを喜んでいた。ある単親世帯では、親と子どもの共通の新しい関心事ができ、同じように愛せる対象を得られたことで平穏になった。ある高齢の女性は最高血圧が175から125に低下したという。また、別の90歳の女性は電話のベルもドアの呼び鈴も聞こえないほど耳が遠くなっていたが、電話や呼び鈴が鳴る度に新しい猫が知らせてくれるようになった。カーシュは「それまでは病気のことくらいしか話題がなかった老人でも、猫を飼い始めると猫を話題にできるようになるのです」(*10)と語っている。

ミネソタ大学のアドナン・クレシらは、4000人以上を対象に重度の心臓麻痺や心臓発作の発生件数を調査した。その結果、性別や人種、血圧、禁煙、糖尿、肥満など、こうした疾患の発生に影響を及ぼす可能性のある別の予測因子を差し引くと、猫を飼っている人は飼ったことのない人よりも致命的な心臓病になるリスクが大幅に低いことが分かった(*11)。

カーシュの実験で飼い主から返された6匹の猫たちは幸運だった。最初から、縁組がうまくいかなければカーシュが引き取ることになっていたし、その後、返されてきた猫1匹1匹にカーシュが素晴らしい終の住み家を見つけてあげられたからだ。しかしながら、縁組がうまくいかなかった場合、猫は保護施設で安楽死させられるのが一般的だ。保護施設には里親から返されてきた猫たちよりも小さくて可愛い子猫がいっぱいいて、こうした子猫から先に里親に選ばれ、幸せそうに引き取られていく。

カーシュ曰く、ほとんどの子猫は「十分、友好的」だという。「ただし、社交性を身につけるための期間に人間と接していないと（中略）通常、ずっと愛想のない猫に育ちます。また、たくさんの猫を観察した経験がなければ、普通に活発な猫と活発すぎる猫を見分けるのは至難の業です。（中略）そのため、（カーシュが常々いら立ちを感じているように、容姿だけで）猫を衝動的に選ぶと、飼い主の期待とはかけ離れた猫に成長してもおかしくはない」と指摘する。そうして、歳を取った猫がもう1匹、保護施設に持ち込まれるのだ。

ほとんどの保護施設には、里親に引き取ってもらえる数以上の猫がいる。選ばれるのは可愛い子猫だ。ほかの猫たちは惨めな暮らしを続け、やがて保護施設の職員やボランティアが安楽死という苦渋の決断を迫られることになる。最近では動物を殺さない保護施設も増えてきているが、もらい手のない猫を引き取ってくれる家庭を探すのは容易ではない。里親が見つかるまで、ほかの保護施設や地方自治体などにひたすら問い合わせるのだ。

だが、多くの人々はそんなことを気にもかけない。その大半はどういうわけか男性なのだが、彼らは単に猫が嫌いなのだ。猫は古代エジプト人に崇拝され、古代ローマの人々にも愛され、ヨーロッパ全体でも、古代キリスト教の時代までは愛されていた。ところが中世になると、猫は魔法や疫病の流行と結びつけられ、広い地域で非難され、拷問され、焼き殺されるようになる。現在では西洋の人々にも、再び受け入れられるようになったが、すべての猫が愛されているわけではない。いまだに黒猫は不幸をもたらすと信じている人も多い（実際にほかの猫よりも黒猫は引き取り手が少ない)。また、黒猫に限らずどの猫も漠然と邪悪な存在だと思っている人も、猫を恐れる人もいる。カーシュの研究室で10～15匹の猫を放し飼いにしていたところ、工事に来た作業員たちが怖がり、1匹残らずケージに入れるまで部屋に入ろうとしなかったことが数回あったという。

また、猫は意思疎通しようという素振りを見せないので嫌いだという人もいる(これは間違った印象だ)。猫は愛情を持つことがなく、存在する価値がないと考えている人も多い。そんな人々でも、犬に嫌われた場合は、自分たちに原因があると考える。

とはいえ、猫を好きな人は嫌いな人よりもはるかに多い。猫は断トツで世界一人気のあるペットなのだ。アメリカには9600万匹、カナダとイギリスにはそれぞれ1000万匹、オーストラリアには300万匹、ニュージーランドには150万匹、中国には5300万匹、フランスには1000万匹、イタリアには900万匹、ドイツには800万匹、日本には900万匹以上の飼い猫がいる。この数字には、去勢手術を受けていない野放しの猫や臆病で決して人に体を触らせないような子猫も含まれる。だが大多数は、誰もがよく知っている、好奇心が旺盛で、ちょっと不思議で、自由気ままで、食べるのが大好きなイエネコだ。そのほとんどが、時々飼い主をイライラさせることはあっても、可愛がられている。アメリカでは飼い犬よりも飼い猫のほうが多いが、世帯数で比べると犬を飼っている世帯のほうが多い。これは、猫の多頭飼いはよくあるが、犬の多頭飼いはずっと少ないからだ。ちなみにペットの魚の数は犬や猫よりも多いが、犬や猫ほど愛されてはいないと言って間違いないだろう（＊12）。

ウエスタン健康科学大学の動物行動学教授ヴィクトリア・ヴォイスは、心理学の修士号を持つ獣医師で、1981～82年にペンシルベニア大学付属動物病院を受診した猫の飼い主872人にインタビューを行った。そのうち99％の飼い主が、猫を家族の一員と見なしていた。ちなみに、この数字は米国動物愛護協会の論文と大きく異なる。2012年版「アメリカ獣医師会資料集」を引用したという論文によると、アメリカに住む猫の飼い主のうち、猫を家族の一員と見なしているのは56・1％に過ぎないという（＊13）。ヴォイスの研究によると、飼い主の97％が少なくとも1日1回は猫に話しかけ、91％は猫が自分の気分に合わせてくれると思っており、81％は猫と一緒に寝ているということだった。

また、半数近くの飼い主は猫の行動に何らかの問題があったと言っている。たいていは猫用トイレがうまく使えないとか、よく物を壊すといった問題だ。ところが、どの飼い主もそれが原因で猫を手放そうと思ったことはなかった。この事実に関心を持ったヴォイスは、別の研究を計画した。「行動に深刻な問題があっても、飼い主が猫を飼い続ける理由は何なのか」を解き明かすためだ。ヴォイスはこうした問題行動に関連した治療で病院を訪れた飼い主にターゲットを絞り、38人の飼い主にどうして問題の多い猫を飼い続けるのか尋ねた。するとそのうち55％の飼い主たちは驚いた様子で、「もちろん、あの子を愛しているからよ！」「子どもが問題行動をしたからといって、捨てたりしないでしょう？」と回答した。どんな問題を起こそうとも、猫たちは100%家族の一員なのだ。

ヴォイスはこう記している。「ペットの行動に問題があって、手放そうとする場合、とても悲しく心苦しい決断をしなければならない。飼い主の多くはある矛盾を認めていた。ペットへの愛情を認識しつつも、動物を飼うと生活が不自由になり、お金がかかり、社会的不安、さらには身体的脅威をもたらすことも認めていた。飼い主たちは『ただの犬だということは分かっていますが、自分の子どものように感じています』と言うだろう」そして、こう結論づけている。「人間とペットの間に見られる関係性の多くは、親子によく似ている」（＊14）

また、カーシュは「子ども同様、ペットの猫（または犬）も飼い主がいなければ生きていけません。そういう意味で、ペットは永遠に子どものような存在と言えるでしょう。あなたが外出すると寂しがり、帰宅すると喜びます。また、ペットはあなたの職業や社会的、経済的に成功しているかいないかといった偏見を持たず、あなた自身に懐くのです」と言っている。

❀

カーシュとターナーの発見通りの育ち方をした、社交的で懐きやすい猫を見つけるのは難しい。優れた保護施設の里親プログラムはかなりこれに近く、最適な選択であることは間違いない。良い母猫に優しく育てられた生後3カ月以上の子猫を、冷静に考えた上で計画的に迎え入れられれば言うことはないが、別の形で子猫に出会うことも多いだろう。例えばオーガスタは、雪の中に捨てられ、その晩、なんとか命を落とさずに私道をたどって我が家へやって来た。自分の母親が亡くなり、飼っていた猫を引き取ることもある。その場合、どの猫も歳を取っていて、なかには気難しい猫もいれば、病気の猫もいるだろう。時にはドアを開けたら外で猫が待っていて、餌をやるまで鳴き続け、仕方なく家に入れてやることもある。また、同棲し始めたガールフレンドが飼い猫を連れてくることも。この場合、あなただけでなく、あなたの飼い犬も猫を嫌いにならないようにしなければならない。たとえ猫があなたのセーターにおしっこをかけてもだ。自分が床にセーターを脱ぎ捨てないように気をつけるしかない。それに、道を歩いていたら、歩道にぽつんと置かれた段ボール箱の中で、生後6週の子猫たちがミャーミャー鳴いているところに出くわすこともあるかもしれない。

どんな子猫をどんな経緯で引き取るにせよ、何らかの困難に直面するのは間違いない。既に猫を飼っている人なら分かるだろう。「猫の個体差は人間の個体差に匹敵する」ミュリエル・ビードルは有名な著書『ザ・キャット（*The Cat*）』の中でこう述べている。「物分かりが悪くて、少し開いたドアは押せば、もっと開くことすら一生学ばない猫もいる。そうかと思えば、閉まったドアでも開けられる猫も、人間でも両手の指を使わなければ開けられないゴミ箱の蓋を、いとも簡単に開けられる器用な猫もいる。また、生まれつき落ち着き払っている猫もいれば、ドアのベルが鳴っただけで取り乱す神経質な猫もいるのだ」

カーシュとターナーの論文と同じ書籍に収録されている「イエネコの個性」という論文の中で、著者のマイケル・メンデルとロバート・ハートトートは、独特な進化の結果としか考えにくい、猫の変わった行動を、進化の観点から解明すべく調査を行った。「人間に飼われるようになったことで、自然淘汰により猫に課された制約が緩和され、家畜化されていない種には見られない多様な行動を見せるようになった可能性がある。多くの飼い猫は保護されているため、獲物を捕らえる、交尾をする、捕食者から逃れるといった行動を常に必要としなくなった」と推論している。こうしてたくさんの時間を手にした飼い猫たちは、物陰から飼い主の前に飛び出したり、部屋の中を夢中になって駆け回ったり、たくさんの猫用おもちゃで遊んだり（または遊ぶのを拒否したり）、飼い主が何か読もうとするとすぐその上で横になったり、トイレットペーパーを全部引っ張り出したり、さらには暗闇の中で熊たちと遊んだりするようになった。

私たち夫婦には長年、アニマルトレーナーをしている友人がいた。この友人は猫のトレーニングもしていて、「持ってこい」をオーガスタにさせる方法を教えてくれたのも、彼女だった。持ってこいをうまく教えられず面目を失っていた私たちは、友人がこれまたとても簡単に教えられると請け合ってくれた別の芸を試してみることにした。猫の餌の入った袋を持って、オーガスタがその芸に近い行動をしたら、それを褒め、撫でてあげて、大好きなご褒美を与えるのだ。ところが、またしても芸を教えることはできなかった。

これは人間でいうところの「個人差」だろうと私たちは考えた。賢い猫もいれば、そうでない猫もいる。納屋に住み着いたウォルターとペニーは、例えばコヨーテが来たら柵の柱に乗って大人しくしているなど、あらゆることを理解しているように見えた。一方、オーガスタは、頭があまり良くないという事実を受け入れなければならないように感じていた。その分、オーガスタは美しかった。毛並みはつやつやで滑らかで、真っ黒だったのだ。誰もがオーガスタをとてもきれいな猫だと言った。飼い主というものは、自分の猫について語る時、厳然たる事実にいくらか幻想を混ぜ合わせるものだ。金髪女性は頭が悪いという偏見があるが、私たちは勝手に黒い猫は頭が悪いのだろうと考えるようになっていた。そして、愛情を込めてオーガスタを「おばかさん」と呼ぶようになった。

ここで興味深い疑問が生じる。猫の知能の個体差を調べるにはどうしたらよいだろうか？猫にテストを受けさせるのは難しい。ケンブリッジ大学の心理学者アレックス・ソーントンと動物学者ディーター・ルーカスの「認知能力における個体差——発達的・進化的観点」と題する論文の序文を読むと、この問題の難しさがよく分かる。

2012年夏、宇宙人の調査チームが、人類進化論を検証するためにロンドンを訪れ、被験者を無作為に20人選んで実験を行うところを想像してみてほしい。実験の1つは人間の水泳の能力を試すものだ。ほとんどの被験者は大して泳ぎが達者ではなかったが、偶然その20人の中に、オリンピック記録保持者のマイケル・フェルプスが含まれていたとしよう。宇宙人はフェルプスの泳ぎを見てこう結論するだろう。人類は水中を驚異的なスピードで移動する能力を持ち、この能力は体内に蓄積された炭水化物を能率よく糖類に分解し、細かい運動制御により、効率的に前進できるように生理的・行動的に適応した結果である。宇宙人たちはこの結果から、人類の祖先はかつて水中で生活していて、水生動物として自然淘汰されたとする水性類人猿説を提唱するだろう。

この論文はさまざまな動物の認知能力に関する多数の研究論文を論評したものだ。これによると、2012年までに行われた研究の大半は、幅広い個体差を十分考慮しておらず、実験方法に問題があったという。そして、差異の一部は「周りの環境に反応した適応」が反映されたものである可能性もあり、「認知能力に見られる個体差が遺伝であり、生殖適応の結果なのかどうかは疑問である」と指摘した。

だとすると、オーガスタが賢くなかったのは、賢くなる必要がなかったからということになるだろう。オーガスタの場合、生殖に不利になるかどうかは問題ではなかった。去勢手術を受けていたからだ。だが、性格も考え方も想像力も野性的で、破天荒なほかの猫の中には去勢手術を受けていない猫もいる。そんな猫たちの生殖適応度を調査すれば、立派な研究ができるだろう。もっとも、これは猫たちの差異の性質を測定するか、あるいはもっと理解しやすい言葉で説明する方法が見つかればの話だが。それができれば認知能力を正しく比較できるようになるだろうが、まだまだ道は遠そうだ。
１９９０年、テンプル大学が研究室を閉鎖したため、カーシュはテンプル大学のアンブラーキャンパスに移った。このキャンパスには野良猫の集団が住み着いていた。そこでカーシュは学生たちと共に野良猫を捕らえ、餌を与えた。すると猫たちは徐々に従順になり、里子に出せるようになったという。引退する１９９７年まで教壇に立っていたが、本格的な研究はもう行っていなかった。１９８６年、まだ54歳の時に発表した画期的研究「人と猫の関係」が、カーシュにとって最後の科学論文となった。

ところで、オーガスタは幸せだったのだろうか？　今振り返ると、生活環境は充実していたと言えるだろう。ただ、これは運が良かっただけだ。私たちはたまたま農場に住んでいて、公道から遠く、そもそもその公道にも車はほとんど通っていなかった。犬も馬も猫もオーガスタに優しく接してくれたし、さしあたり危険な天敵も現れてはいなかった。その上、探検場所には事欠かなかった。私たちはない知恵を絞って、オーガスタが喜びそうなことをいろいろ試した。しかし、オーガスタの機嫌の良さは、持って生まれた性質の１つだったに違いない。何でも楽しむ能力が、たまたま住むことになったモンタナの太陽や草花、広々とした空間、風、動植物、水や土、自然のささやきや香りに出会って開花したのだ。開花の仕方はその時々で異なっていたが、オーガスタがいつも喜びを感じていたことには変わりない。オーガスタはこの土地の一部となり、生態系の一部となった。何かに夢中になり、没頭し、全神経を集中させる能力こそが、彼女の才能であり、そんなオーガスタと出会えた私たちは幸運だった。幸運という言葉では不十分かもしれない、オーガスタは私たちに至福の喜びをもたらしてくれた。

そのことにはっきり気づいたのは、後年、この環境を失ってからだ。農場の経営が厳しくなったため、持ち株を手放して、サンフランシスコに移ることになったのだ。果てしなく広がる魅惑的な世界を闊歩していたオーガスタが、狭いマンション暮らしを強いられたら、感性が鈍ってしまうと考えた。そこで、私たちは日当たりが良く、建物の外側に階段がついていて、猫なら登れる程度のフェンスで区切られた裏庭のあるアパートを見つけた。ここなら適度に込み入っていて、探検しがいもありそうなので、オーガスタにとって新たな開拓地になるだろう。オーガスタは2歳になったばかりで、活力と猫特有の好奇心でいっぱいだった。そして、私たちに新しいゲームや競走、追いかけっこといった、新たな要求を伝えた。引っ越したアパートでは裏の階段を全力で駆け上がったり、駆け下りたり、綱渡りのように手すりの上をつま先立ちで歩いたり、裏庭の隅にあるうっそうとした茂みを探検したりしていた。オーガスタはこうした活動に没頭していたと、私たちは思っていた。引っ越し当初はあまりにも忙しく、突然生活が一変したこともあって、オーガスタの目の光が微かに陰っていることに、私たちは気づかなかった。

オーガスタは新しいおもちゃや冒険に満足しているように見えたし、引っ越し前と同じようにベッドに入ってきて、エリザベスの足元で喉を鳴らしていた。しかし、モンタナでの暮らしが鮮やかな思い出に変わった頃、オーガスタの黒々とした毛が光を受けて艶やかに波打つところや、耳とひげをピンと伸ばして神経を集中させている様子、軽々とした身のこなしを、サンフランシスコでは目にしていないのに気づいた。そして、サイレンや飛行機、クラクションの音、通行人の怒鳴り声、隣の建物から聞こえる、のこぎりをギーコーギーコーと引く音や、金鎚のトンテンカンテンという音など、長年都会に住んでいる人なら容易に無視して、気にしないでいられるような音にオーガスタが驚いていることが分かった。オーガスタはそうした音がするかもしれないと思っただけで、不安になっていたのかもしれない。

そんな頃、私の父が訪ねてきた。父は大きな声を上げて、まるで犬が吠えるように笑い、犬を扱うように荒っぽくオーガスタを撫でたため、オーガスタは裏口から逃げだし、翌朝になっても、午後になっても帰って来なかった。父を空港まで送り、戻ってきても、オーガスタは姿を見せない。夜になり、私たちはひたすらオーガスタを呼び続けた。いつもだったら、呼ばれればすぐに戻ってくるのに、オーガスタは帰ってこなかった。

その夜遅く、通りがすっかり静かになった頃、改築中で誰も住んでいない隣の建物から、「ミャーミャー」という弱々しい哀れな鳴き声がするのにエリザベスが気づいた。「戻ってお いで、子猫ちゃん。おばかさん。頼むから帰っておいで！」オーガスタを呼ぶと、また「ミャー」という鳴き声が聞こえる。塀を乗り越えて隣の裏庭へ行くと、はしごがあったので、それを使ってなんとか窓のすき間から建物の中に入った。懐中電灯で部屋をくまなく照らし、できるだけ（あくまでもできるだけ）優しい声でオーガスタを呼びながら、私たちは工事のごみが散乱する3つの部屋を確認した。するとまた「ミャー」とどこからともなく鳴き声が聞こえた。まだ確認していない工事中の低い屋根裏部屋をのぞき込むと、天上近くの小さなすき間にオーガスタははまってしまっていた。惨めだったからか、不安だったからか、そこで動けなくなっていたのだ。オーガスタはもう鳴き声を上げなかった。エリザベスは、そんなオーガスタをなんとか引っ張りだした。それから数日間、オーガスタは神経質になっている様子だった。

　私たちは裏通りの一軒家を購入した。奥行きのあるヴィクトリア調の建物で、小さな裏庭もあった。ここならオーガスタもいろいろなもののにおいを嗅いだり、どこかに登ったり、散策したりできる。幸いこの区画は裏庭を囲むように建物がぴったりと隣接しているので、車にはねられる心配もない。ここでしばらく様子を見ることにした。ところが、そうこうするうちに夏が近づき、以前住んでいたモンタナの農場の近くの家を友人が貸してくれることになった。

　その家はボールダー川の本流近くにあって、確かに以前の家と近かったが、私たちが住んでいたウエスト・フォークあたりを流れるボールダー川の支流、ウエスト・ボールダー川とは趣がまったく違う。ウエスト・ボールダー川は山の中のごつごつした岩の間を流れる急流だったが、本流は幅が広く、牧草に覆われた平原を潤しながら、ゆったりと流れる。大昔、このあたりは湖の底だったという。今は小川が静かに流れ、泉が湧き、樹齢１００年を越えるハコヤナギの木々が茂っていた。オーガスタはこの涼しく木陰の多い森林が目に入ると、鼻を上げてその空気を吸い、「こういう場所、大好き」と言った。ここに来たことで、サンフランシスコに欠けていたものがはっきりした。そして、オーガスタは本来の自分らしさを存分に発揮した。

毎朝起きると決まって真っ先に森に行ったので、私たちは森を「オーガスタの職場」と呼んでいた。時には遅くまで残業して、私たちがしつこく呼ばなければならないこともあった。それでもオーガスタは必ず帰ってきた。川岸の牧草地は水分が多く、草がよく伸びる。その背の高い黄緑色の草の中、黒くて小さい頭をぴょこぴょこ見え隠れさせながら帰ってくるのだ。弧を描いて飛び上がるたびにこちらを見る。私たちはそんな姿を見て笑いながら、「早くおいで、早くおいで」と呼び続けた。

ある時、友人が非常に人懐こい愛犬のアイリッシュ・セッターを連れて遊びに来た。猫にも愛想がよく、大きな声でキャンキャン鳴きながら近寄ってくるタイプだ。危害を加える意図は一切なく、ただ挨拶したいだけなのだが、オーガスタにはこの犬の礼儀正しさが通じなかった。仕事からの帰り道でこの犬に出くわしたオーガスタは、一目散に森に逃げていった。そこへ突然大嵐がやって来た。嵐の中でどれだけ呼んでも、帰って来るはずはない。私たちは、夕食が終わるのを待ってから、この可愛らしい犬を友人の車に閉じ込め、オーガスタの出方をうかがうことしかできなかった。だが、戻ってくる様子はない。

そこで、私たちは土砂降りの闇夜の中、折れた枝をまたぎ、泥に足を取られながら、オーガスタを捜し回った。ついにオーガスタを発見した時、姿はどこにも見えなかったが、声がよく聞こえた。ハコヤナギの大木の上、地上3・5メートルほどのところに、ずいぶん前に折れたであろう枝によって鉢のようになった部分があり、そこにいたのだ。私たちは動揺しながらもはしごを取りに家に帰ると、またなんとか元の木のところまで戻って来た。オーガスタはずぶ濡れで、歯をガタガタいわせていた。

この時のオーガスタは、サンフランシスコの屋根裏部屋で見つかった時とはかなり違っていた。タオルで体を拭いてやり、大体いつも通りになると、喉を鳴らし、体のこわばりもなくなった。それから完全に体が乾くまで、自分で毛繕いすると、眠りに落ち、朝までぐっすり眠り続けた。翌朝は晴れ上がり、オーガスタは起きるとすぐに喜々として森へ出勤した。何の仕事をするためかは、いまだに不明だが。

3

猫は何を考え、何を話す

猫の表現とコミュニケーション

オーガスタは何を言っていたのだろう？

表情を見れば、何か伝えたいことがあって、それをなかなか分かってもらえず、イライラしているのは明らかだった。オーガスタはいろいろ鳴き方を変えて伝えようとしたが、「外へ行きたい」とか「お腹が空いた」とか「抱っこして」といった、よくある要求ではないらしく、普段の鳴き方とも違っていた。

猫の持っている知識のうち、人間はどの程度まで知ることができるだろう？　猫と暮らす人間の大半は次の2つのうち一方に分類される。1つ目は自分の幻想を猫に押しつける人々で、現実的に自分の願望を満たそうとする人もいれば、よく動画投稿サイトで見かけるようなばかげた空想をしている人もいる。2つ目はこの問いに答えることはできないと高をくっている

the Inner Life of Cats

3 猫は何を考え、何を話す

人々で、往々にして猫は不可解だと思っている。私はあれこれ考えを巡らせながら何時間もオーガスタを観察したあげく、結局ほとんど何も分からないということがよくあった。チャールズ・ダーウィンの著書『人および動物の表情について』は、その名の通り、最初から最後まで人間と動物の表情について書かれた本だ。ダーウィンは熱心に観察し、少なくとも一部の動物（犬やチンパンジーといった、より表情が豊かな動物）は、かなりの範囲で人間と同じように感情を理解することを発見した。また、現在では、人間も猫も相手の声に表れた基本的な感情を認識する神経基質「中枢神経の機能的単位で、空腹や眠気など、複雑な神経系の機能を支えている」は、共通していることが分かってきている。最新の研究やあまりよく知られていない研究も含めた数々の研究によって、猫が驚くほど多くの物事を詳しく理解していて、それを人間にどうやって伝えているかが分かり始めている。

猫たちがほかの猫とどう言葉を交わしているのかを理解する必要はあるが、それだけでは十分とはいえない。猫同士の情報交換はボディランゲージを使って行われるのだ。これはしばらく猫を観察していれば、かなり理解できるようになる。そして、人間に何かを伝えようとする時も、たいていは猫に伝える時と同じ姿勢や表情、身振りをする。例えば、耳を倒してしっぽをバタバタ大きく振るのは怒っているサインであり、毛が逆立ち、「シャー」と威嚇してきたら怖がっているサイン、走り回り、しっぽが馬の蹄鉄《ていてつ》のような山型カーブを描いていたら、遊んで欲しいというサインだ。しかし、実のところ「猫語」だけでも、多くの人が想像するよりもずっと微妙なニュアンスや、多様な事柄を表現することができる。ここでは、猫の声による表現に注目しながら、それらを紹介しよう。

嗅覚が発達した猫ならではのコミュニケーション方法もある。ただし、人間がそのメッセージを感知できるのは、ごく限られたあまりありがたくない状況、つまり、汚されたくないところから、鼻を刺すような尿のにおいがした時くらいだ。猫たちは人間にもにおいで意思を伝えようとする。猫は顎や額をこすりつけてくるといったお馴染みの愛情表現をする時、人間にはにおいが分からない独特のフェロモンを分泌しているのだ。同じように目には見えず、においも感知できないので分かりにくいのだが、親しげに押しつけてくる顎や額だけでなく、しっぽの付け根や耳のすぐ内側、下顎のラインや唇の周りにも皮脂腺がある。そして、それぞれの皮脂腺にはバクテリアなどいろいろな種類の微生物が同居していて、さまざまな嗅覚信号を出している。これらの場所を猫の好みや許容度に合わせて、強くまたは優しく撫でてやると、猫を落ち着かせたり、気持ち良くさせたりできる。ほかにも慎重に考えてから触るべき腺もいくつかある。例えば、脇腹や肉球の間を触られるのが大嫌いで、触ると本能で反射的に引っかく猫もいる。また、肛門の周りも要注意だ（もっとも、そもそも触るのに抵抗がなければの話だが）。忍耐強く、注意深く猫の声を聞き、様子を見ながら接するといいだろう。

去勢されていない雄猫を飼っている人にとって（去勢手術をするとかなり改善されるが）、尿をかける「スプレー」行為は大きな問題だ。猫は縄張り意識が強い。それが猫の性《さが》なのだ。

去勢されていない雄猫となるとなおさらで、縄張りを作り上げ、守ろうとする習性はDNAに刻まれている。それは決して消すことができない。また、自分の縄張りの境界に接するほかの猫の縄張りをすべて知っておく必要もある。これは猫にとって餌と同じくらい不可欠で、去勢されているかにかかわらず、どの猫も新たにマーキングされるたびにその情報を読み込まなければならない。ほかの猫のトイレに初めて遭遇した猫は、細心の注意を払って、そこにどのような情報が記されているか読み解く。縄張りを主張するものだということ以外、その情報がどんなものなのか、人間には見当もつかない。今のところ科学的に解読できていないのだ。単なる縄張りの主張や性的な信号以上の意味があることは分かっているが、猫のにおいによるメッセージを人間にも分かるように翻訳するには至っていない。

研究者たちは何年もかけて、「喉鳴らし」の謎にも取り組んできた。喉鳴らしは、子猫と母猫が互いに癒やし合うために始める。どういうわけか、大人になった猫同士が喉を鳴らし合うことはない。親子で喉を鳴らし合う時期を過ぎると、猫たちは人間に対してだけ喉を鳴らすようになる。ほかの猫に対して喉を鳴らすことはないのだ。一般的に猫が喉を鳴らすのは、機嫌が良い時だとされていて、これは基本的に間違いではない。これは猫の愛情表現だという人もいる。また、食事の時間が近づくとよく喉を鳴らすようになるのに気づいた人もいるだろう。一部の行動学者は、目的を持って喉を鳴らす猫の中には、時折、人間を欺く猫もいると考えている。その一方で、猫は病気や怪我をしたり、死期が近づいたりしている時にも喉を鳴らす。

猫はいくつかの音を巧みに組み合わせて、あのゴロゴロという音を出している。しかし、その方法を科学的に解明するまでには長い時間がかかり、いくつもの仮説が発表されては、否定されてきた。その突破口となったのは、ドーン・E・フレーザー・シソムらが1991年に発表した論文「猫はどうやって喉を鳴らすのか」だった。現在でも金字塔的な存在のこの論文で、著者たちはこう記している。「長年観察が行われてきたにもかかわらず、猫が喉を鳴らす仕組みは、まだ完全に分かっていない。どの器官が関係しているのか、どのような方法であの音や震えを生み出しているのかという問題が、未解明なのだ」（＊1）この研究では、音が最も大きく聞こえる口と鼻だけでなく、体表全体に高感度のオシロスコープとマイクを設置して、喉を鳴らす音と振動を記録した。猫が喉を鳴らしているところを思い出してみれば分かるが、私たちはみな、このゴロゴロという音を耳で聞くだけでなく、その振動を肌でも感じている。

喉鳴らしは非常に複雑だ。まず、どのイエネコも基本的に1秒あたりの周波数約25ヘルツで喉を鳴らす。音程はわずかな差異はあるものの、性別や体の大きさ、年齢を問わず、子猫から老猫までほぼ同じだ。25ヘルツというと、88鍵ある標準的なピアノの一番低い音よりもさらに低い。人間の耳に聞こえる最も低い音（平均20ヘルツ）よりわずかに高いだけなので、この音が聞こえないという人も少なくない。また、猫が喉を鳴らす音が豊かで複雑に聞こえるのは、倍音［基本周波数の整数倍の振動数を持つ音］のためだと考えられている。喉を鳴らす音や振動は、猫が息を吐いている時も、吸っている時も変わらない。息を吐ききってから次にまた息を吸い始めるまで、および息を吸い込んでからまた吐き始めるまでのほんの一瞬呼吸が止まるが、その間も喉鳴らしの音が途絶えるようには感じない。基本周波数がとても低いため、数十センチメートルまで近づかなければ聞こえないからだ。これは猫にとって、本当に親密なコミュニケーションと言えるだろう。

喉を鳴らす仕組みは複雑で、最近まで解明されていなかった。フレーザー・シソム以前の研究は、すべて行き詰まってしまった。猫の声帯に関する理論もことごとく間違っている。ここで注意しておきたいのは、声帯というと長細いものを想像するが、実際はひだ状だということだ。そのため、英語では一般的な「*vocal cord*（声のひも）」という言い方のほかに、専門用語として「*vocal fold*（声のひだ）」という言い方も存在する。猫の頭を電極で調べたところ、脳のいくつかの部位をつつくと、喉を鳴らすことが判明した。少なくとも中枢神経系が関わっていることがこれにより証明されたが、この発見は脳内に「喉を鳴らすための中枢」が存在するという従来の仮説を裏づけるものではなかった。猫の喉頭と横隔膜筋に筋電計を設置し、電気刺激を与えて筋の収縮を調べたところ、猫が喉を鳴らす基本周波数の時に、筋肉は反応することが分かった。そして、猫には気の毒だったが、喉頭部の知覚神経を切断しても喉を鳴らすのに支障は生じなかったという。ほかには肋間筋《ろっかんきん》（肋骨の間にある筋肉）が関わっていることが証明されたとする実験もあった。つまり、結局のところ、猫は脳の複数の部位からの信号によって喉を鳴らすようだが、どのようにして物理的にあの音と振動を起こしているのかは、誰にも分からなかったのだ。

最終的にはフレーザー・シソムの研究が、この基本的仕組みの問題を解明した。肋間筋は何の関係もなかった。猫が喉を鳴らす時には、喉頭が門の役割をして、非常に速く開いたり閉じたりする。フレーザー・シソムらによると、突発的に息を吐き出し、また同じく突発的に息を吸い込むと、声帯が「多くの倍音を伴う音」を生み出し、「声道がこの音をフィルターにかけつつ、口と鼻に伝えることで、口と鼻から音が発せられる」という。重要なのは、声帯が音を出しているのだが、音の出し方が、人間が話したり、猫がニャーと鳴いたりする時とは違うという点だ。話し声や鳴き声はもっと周波数が高く、人間も猫も声帯を緊張させたり、弛緩《しかん》させたり、長さを変えたりして、実にさまざまな声を出す。一方、猫が喉を鳴らす時、声帯は伸びたりしない。ただ高速で開いたり閉じたりするだけだ。また、手に伝わってくる振動については、「表面の振動は、この音と同じように喉頭全体にかかる圧力の変化によって起こる。圧力の変化が音波の形で、気管から肺の表面まで、毎秒約300メートルで伝わる」と記している。この時、猫に触れてみると、肺のあたりで最も振動が強く感じられることが分かるだろう。

喉鳴らしは実に不思議な習性だ。人間に伝えるためだけに喉を鳴らしているのだとすれば、伝えたい内容によって喉の鳴らし方が変わってくるのもうなずける。猫はよく「夕飯はまだ?」と催促するために喉を鳴らす。心から幸せを感じている時の喉鳴らしから、いつの間にか切迫感が加わったややイライラしたトーンに変わる。もともと猫の体は、このように喉鳴らしに変化をつけられるようにできている。喉を鳴らしている時、猫は声帯を開いたり閉じたりしながら、同時に声帯をピンと張って声を高くすることもできる。さらに猫は迷子になったことを知らせる独特の鳴き方を発達させた。これは人間の子どもが苦痛を感じて泣く時の声と驚くほどよく似た音で、人間はこの音を聞くと本能的に反応する。この喉鳴らしに加えられた微かな声は、人間の赤ちゃんが泣きながら訴える時の声と同じ周波数である。これを発見した研究者たちは、この音を「喉鳴らしに組み込まれた鳴き声」と名づけた（＊2）。「喉鳴らしにこの高周波数の音を組みこむことは、哺乳類が生来こうした鳴き声に対して敏感であることを巧妙に利用したものだ。また、あえて調和のよくとれた音にしないのは、人間の耳がこの音に慣れてしまわないようにするためかもしれない」とシソムたちは記している。

こうした人間の心理に訴える鳴き声は、太古の昔に人間の脳に埋め込まれた神経音響学的信号に周波数を合わせてある。こうなると、もはや誰も猫をバカだなどと言えなくなるだろう。

ここで、さらに大きな疑問が湧いてくる。猫は物事をどこまで理解しているのだろうか？猫は何を言っているのかという疑問もここに含まれる。この件については、現代科学も歯が立たない。多くの生物学者にとって、動物の知性の問題は、堂々と扱うことができないものだった。この問題に触れただけで同業者にばかにされ、生物学者自身の知性が否定されてしまうと考えられていたからだ。それでも勇気ある一握りの研究者たちが知恵を絞って実験方法を編み出し、例えば鳥の研究では、素晴らしい成果をあげている。

動物の知能を検証する際に障害となるのは、その動物が知能を持っていないとか、知能が低過ぎるということではなく、対象となる動物の性質に合った状況を用意し、適切な実験方法を考案するのが難しいことである。被験者である動物の協力を得るのも至難の業だ。動物たちには、束縛されたり、指示に従わされたり、時々痛みを加えられたり、実験者たちが、動物たちから見たらばかげたことをしている理由が分からない。もちろん例えば犬のように比較的協力的な種類の動物もいる。

また、一部の動物は頭が良すぎて実験に対き合ってくれない。馬はたいてい驚くほど従順で、どんなくだらないことでも命令したらやるように教え込める。ところが、馬は人間をからかうこともあるのだ。しかも、全然予想もしていないタイミングで。マイルカやネズミイルカやクジラなど小型のクジラ目の中には馬と同じ性質を持つ動物もいる。しかし、これらの動物は知能のほとんどを隠しているようだ。そうでないとしたら、彼らは人間に何か伝えようとしているのに、私たち人間は頭が悪すぎて彼らの言語がさっぱり理解できていないのだろう。

そういったわけで、現代科学はほとんどの場合、動物の言語を翻訳しようとするのではなく、その行動を観察したり解釈したりすることで満足しなければならなかった。動物がどういう意図でその行動をしているのか理解できるようになったとしたら、アメリカの作家スティーヴン・ブディアンスキーが記したように、それは奇跡にほかならない。

進化、学習、そして、動物の脳と感覚器を繋ぐ配線そのもののおかげで、動物たちは身体的・社会的環境に必要となる認知能力を身につけることができた。その方法は人間顔負けのこともある。人間は物事を理解する際、意識と言語、論理に頼っている。例えば、本を読んで「保護色の蛾」について学び、その特徴を列挙し、せっせと覚えれば、いずれは世界中のアオカケスと同じくらい、保護色の蛾に詳しくなれるだろう。また、何らかの記憶術を駆使すれば、隠れた獲物をハイイロホシガラスのようにうまく見つけられるようになるかもしれない。しかし、人間は犬のように鼻を頼りに何かを追跡したり、ヒメコンドルのように腐りかけた死骸を見つけたり、鳩のように家路をたどったり、コウモリのように素早く動き回っている小さい獲物を見つけたり、チャバラマユミソサザイのようにさえずりのトーンの変化から別のチャバラマユミソサザイとの距離を計算したりすることはできない。（＊3）

詳しくは第5章で紹介するが、猫は独特な知識体系を持っている。猫の行動を綿密に分析している人たちにとっては、膨大な量の情報だ。また、猫たちは人間に「話しかけ」ようとしている。しかも、ほとんどの場合、話しかけるのは人間にだけだ。大人の猫がお互いに話すのは求愛する時だけである。こうした発声は特定の行動と密接に結びついているため、それが何を意味しているのか理解するのは比較的簡単だ。一方、人間に対して猫が発する言葉を理解するのは、一筋縄ではいかない。

ミーミー、ミャー、アーオ等々、猫の鳴き方は実にさまざまだ。こうした音は特定の人間に特定のことを知らせるためだけに発している。世界広しといえども、人間と話そうとしているのはイエネコだけだ。コーネル大学の生物学者ニコラス・ニカストロは、人間の人為的な選択がどのように猫の発声行動に影響を与えてきたか、また、猫は人間が持つ知覚の傾向を利用できるようにどのように進化したか調べることに関心があったという。ニカストロ曰く、「7000年前、イエネコの祖先はエジプトの穀物倉庫に住ませてもらう代わりにネズミ退治の仕事を引き受けた。この時、おそらく心地よい鳴き声の猫が選ばれ、人間社会に受け入れられたのであろう」という。そして、イエネコの祖先たちにも人間が心地よく、魅力的だと感じる声を出そうとする傾向があるかを調べるために、ニカストロは南アフリカ国立動物園を訪れ、リビアヤマネコを観察した。「リビアヤマネコたちは、常に怒っているような鳴き方をしていた。あの猫たちが仮に人間の愛情を求めているとしたら、あまりうまく自分を表現できているとは言えない」とニカストロは記している（＊4）。

猫は人間全般に通じる声を発達させただけでなく、個々の人間に合わせた鳴き方も身につけた。ヴィクトリア・ヴォイスの研究によると、飼い主の97％は自分の猫に話しかけているという。そうするうちに、お互いに通じる言語や特有の言葉が発達して、独特な話し方やリズム、メロディーができてくる。これに加えて、どの猫にも共通する要素もある。それは、猫は限られた範囲の音しか出せないからだが、その中でもかなりの多様性がある。それぞれの飼い主と猫の間で発達した表現の多様性に加え、表現の微妙な違いから生じる多様性も驚くほど豊富だ。こうした複雑さから、現代の科学者が猫語の研究に手を出そうとしないのも無理はない。

ただし、これは科学者たちが猫語を翻訳したがらないという意味であって、詳細な物理的分析は盛んに行われている。スウェーデンにあるルンド大学の音声学教授スザンヌ・シュッツは、1匹の猫が発したほぼすべての音の性質を特徴づけるという研究を行った。シュッツは数々の論文を出版しており、そのうちの1つ「3匹のイエネコにおけるミーミー、ニャーニャー、ニャンニャン、ニャーゴの音声学的予備研究」（*5）（名前はふざけているが、れっきとした科学論文だ）では、窓の外にいる鳥たちを眺める3匹の猫が発する声を、分類学に相当するものに確立させた。この3匹の猫たちは題名にある4つの「言葉」だけで会話を構成していたわけではなく、虫がチチチチチと鳴くような声や猿がキーキー鳴くような声、鳥がチュッチュッチュとさえずるような声、ひな鳥がピーピー鳴くような声、ビブラートのかかった声など、さまざまな声を使い分けていた。こうした1つひとつの声について、コンピュータープログラムを用いて平均継続時間や基本周波数の最低値および最高値、平均値を計算した。この論文はさらに「猫の声（声帯を使う有声音か使わない無声音か）」「音の高さ」「大きさ」「速さ」に加え、「音声変調／反復（例えば、早口で音を繰り返すなど）」「その他の描写またはコメント（例えば、馬をせかす時に使う舌打ちのような音やクスクス忍び笑いする声など）」を6つの基本的な発声に分類した（ただし、こうした声が何を意味するのかについては触れていない）。

別の論文でシュッツは、共同研究者のヨースト・ファン・デ・ワイヤと共に、猫が何を言おうとしているのかではなく、人間が、「猫が何を言おうとしていると思ったか」を考察した。この論文「人間によるイエネコの鳴き声に含まれるイントネーションの理解」（＊6）は、餌の時間を待っている猫と動物病院で順番を待っている猫という、非常に狭い範囲に焦点を絞っている。そして、空腹の猫の鳴き声は語尾が上がるのに対し、不安な猫の語尾は下がることを発見した。彼らは猫に慣れている人と慣れていない人にこの声の録音を聞かせ、その意味を解釈してもらった。すると猫に慣れている人は、声の意味をより正確に理解していることが分かった。シュッツとファン・デ・ワイヤはこう記している。「これらの結果を総合すると、猫は人間と音声で対話する際に異なるイントネーションを使っており、人間はイントネーションに基づいて、声の意味を特定できることを示唆している」

これが現代の猫語研究における最高水準だ。最近の科学論文には包括的分析が欠けている印象もあるが、幸いこの研究の何年も前に発表された研究の中で、分析が行われていた。その研究とは、１９４４年に『アメリカン・ジャーナル・オブ・サイコロジー』誌に掲載されたミルドレッド・ムルクの「イエネコの発声　音声学的・機能的研究」だ。この論文は観察や解釈ばかりでなく、機知に富み、洗練された品のある文体という点でも最高傑作と言える。

ムルクの研究方法はごく単純だ。自分の飼っている猫たちを非常に詳しく観察したのだ。猫の発話を分類し、それぞれの発話がどのような意図でなされたのか結論に達すると、その結果をさらに検証した。ほかの猫を観察すると同時に、別の文化圏や別の言語、別の時代の観察者による研究結果を調べたのだ。しかし、彼女の研究の最も重要で、最も素晴らしい点は、その注意力の高さだった。とりわけ1匹の猫に関する考察は絶妙だ。ムルクはこう記している。「ある雌猫はとてもよく声を出していた。（中略）研究を開始した時点で既に9歳で、随分前から環境とうまく折り合いをつけながら、知り合いの猫と良好な関係を築き、習慣を身につけていた。（中略）そのため、この雌猫の発声パターンはしっかり確立しているものと思われた」

ムルクはさらにこう述べている。「この成猫特有の16個の音声パターンの内、ほかの猫では観察されないパターンが3つあった。その内の2つ『当惑』と『拒絶』はそれほど重要ではないが、3つ目の『認識』は非常によく寛いでいる猫にしか見られないものだ」

猫の心理状態が「非常によく寛いで」いたからこそ、ムルクの観察は可能になった。前述したアイリーン・カーシュの研究についても同じことが言えるだろう。多くの動物行動学の研究結果がゆがんでしまっているのは、動物が寛ぐことができないからだ。研究室で実験を行う場合よくあることだが、猫が神経質になっていたり、怖がっていたり、怒っていたり、興奮していたりしたら、実験は諦めて家に帰ったほうがいい。

こうした無意味な実験の顕著な例を1つ紹介しよう。この研究者たちは、かつてメアリー・エインスワースが行った実験を応用して、「猫と飼い主の絆は、一般に安全からくる愛着である」という主張を検証しようとした（＊7）。簡単に言うと、飼い主に対する行動と知らない人に対する行動に測定可能な違いがあるかを調べようとしたのだ。しかし、この実験の設定は常軌を逸していた。次の説明を読めば、何が問題だったか分かるだろう。

研究のためにシンプルな実験室を2つ用意し、いずれも物理的にはじめての環境となるよう（中略）両方の部屋の窓を覆い、視覚的に気が散らないようにした。（中略）部屋の床に白い線を貼り、①飼い主の椅子の近くのゾーン、②知らない人の椅子の近くのゾーン、③ドア、④プレイエリアの4つのゾーンに分けた。（中略）各実験の前後には実験室および室内の備品はすべて酵素系の洗剤で拭き、猫や子猫の尿を落とした。

どうしてこのような環境で意味のある行動を観察できると思ったのだろうか？　しかも、信じられないことに「実験対象の猫の内2匹は（中略）実験の間中、物陰に隠れていたため、データ分析には加えなかった」とも書かれている。

ミルドレッド・ムルクが研究した猫たちは自宅で「非常に寛いで」いた。また、ムルクは一切意図的に猫たちに何かさせようとはしなかったし、窓を覆ったり、部屋中に酵素系洗剤のにおいを漂わせたりもしなかった。ただひたすら猫の声を聞き、様子を観察した。ムルクは言語学と音声学の権威でもあったため、耳を傾ける方法を熟知していたのだ。

論文の冒頭で、ムルクは猫と人間の発声方法が大きく異なることを指摘している。人間は息を吐きながら呼気だけで話すが、猫語は呼気と吸気の両方を用いる。また、猫は舌の先をまったく使わずに話す。人間は下顎や舌、口のその他の部分を使って言葉を発するが、猫はほとんどの場合、喉を緊張させたり弛緩させたりして声を出す。

ムルクは、科学的ではない「明るい」「鈍い」「熱心な」などの表現を論文内で使うことをあらかじめ断っている。また、特定の音を表現するため、国際音声記号を使うことも事前に述べていた（この記号は音声学を学んだ人でない限り、なかなか覚えられない複雑なものだ）。特定の音を活字で表すには、ほかに方法がなかったのだ。ムルクは猫たちが話す「単語」を区別できるようになるため、こうした音を聞き取る訓練をしなければならなかった。

ムルクはまず音を3つに分類し、この基礎となる分類を元に理解の体系を作り上げていった。その3つの分類とは、①口を閉じた状態で発する、つぶやきのような音。②口を開いた状態から始まり、徐々に閉じながら発音し、『ɑːou』という決まった母音パターンで終わる音。③口を緊張させ、1つの決まった形に大きく開いた状態で発する音だ。ムルクは「これら3種類の音の違いは、基本的にどのくらい努力して発音しているかだ。『*What?*（何？）』と言うほうが、『ん？』と言うより多くのエネルギーを要するし、『*What!*（何だと！）』と厳しく問いただす時には、穏やかに尋ねる時よりもさらにエネルギーが必要である」と説明している。

音の細かい違いまで聞き分ける高い能力に加え、猫の意図をよく理解していたムルクは、猫の言葉を正確に解釈し、見事に表現した。例えば、猫が口を閉じたまま鼻からだけ音を発する①の声「つぶやきのパターン」の中には、「『mhrn』レベルの要求または挨拶」がある。この『mhrn』という音は、構造上、息を吸いながら喉を鳴らす音が独立して拡大されたような音で、最初の「m」は音が拡大されていることを示す。この『mhrn』にある『r』という音には、喉鳴らし同様の存在感と明るさが含まれている。しかし、喉鳴らしの時と違い『mhrn』は、個々に聞き取れる振動音が連なったものではなく、息を吐き切る前に繰り返し新たに息を吸い込んで音を伸ばしている。

ムルクは猫が発する個々の言葉にじっと耳を傾け、それぞれの音を書き出し、「呼び声」「認知または確認」「要求」といった名前をつけていった。どの音にも多様なバリエーションがあり、それぞれ微妙に異なる意味を持っている。「声高に要求するようになればなるほど、最初の母音を強く発音するようになる一方で、つぶやき声の部分は短く強くなる。（中略）要求が通らず、がっかりした時には最初の母音のアクセントが弱まる」

その一方で、ムルクは飼い猫の言葉を理解したければ、その猫自身をよく知る必要があると強調している。「猫の声は通常時における最初の母音の音によって、ほかの猫の声と区別できる。したがって、この基準となる音が確定しない限り、その母音のバリエーションの意味を特定しようとするのはほとんど意味がない」

しかし、いったんこの基準となる音が特定できてしまえば、驚くほどさまざまなことが分かる。発声の分類②「口を開いた状態から始まり、徐々に閉じながら発音」する母音のパターンの中には、ささやきの要求あるいは無言の要求、懇願する要求、当惑（理解してもらえず当惑して出す『mɑou』という声と、心配な時に出す『mæou』というより強い声）、比較的穏やかな求愛の鳴き声、怒りのうめき声がある。猫が好きで声を聞き慣れている人なら知っている通り、「不平」のカテゴリーには幅広いバリエーションがある。猫は不平を言っているのに、それにきちんと応えてもらえていないと感じると、今度は「要求」をするようになる。ムルクは特定の「あいまいな不平」と「あまり実現の見込みを期待していない要求」を区別できないこともあるという。しかし、「不平の鳴き方だけの場合、同情的な言葉をかけてやるだけで満足することも多い。これは要求の時には見られない現象だ」というほっとするような反応も観察されたらしい。同情的な言葉だけで満足するとは、よっぽど気立ての良い猫だったのだろう。

猫の声の分類③は「緊張した強さを持つパターン」だ。口は開き、緊張した状態で声は強い。この分類には、うなり声や歯をむき出してうなる声、求愛鳴き（要求が大幅に変形したもので、たくさんのバリエーションがある）、突然痛みを感じた時に出す金切り声、拒絶、そして唾を吐くような『fft!』という音が含まれる。

子猫は生まれた時から静かなつぶやきのような2つの音と基本的パターンの母音を出すこと

ができる。この母音は甲高く耳に残る音で、「m」の音から始まることもあれば、「w」の音から始まることもあり、これがやがて、お馴染みの「ミュー」や「ミャオ」という音になる。生後2日から喉を鳴らし始め、「『mhrn』レベルの挨拶」は生後3週目に始まるが、そのバリエーションである自信を持った要求や依頼、当惑などの音はずっと後、生後10週以降に始まる。母猫たちは子育ての時期特有の言語を持っている。そのほとんどは子猫に直接語りかけるものだ。子猫たちのそばを離れていた母猫は、必ず優しく小さな声で「mhrn」と鳴きながら戻ってくる。これは「舐めて上げるから、お母さんのところへいらっしゃい」という意味だ。子猫たちがうろうろ歩き回っているうちに母猫から離れ、母猫が許容できる距離を超えたと感じたら、これと同じ音にもっと命令的なトーンが加わる。母猫は子猫を遊びに誘う時にも、特徴的な鳴き方をする。そして、子猫が途中で遊ぶのをやめてしまうと、不満そうなイライラしたような声を出し、子猫が噛んだり爪を立てたりしてルールを破ると、うなり声や怒りのうめき声をあげる。子猫たちは生後5週目に入ると取っ組み合いを始め、その最中に唾を吐くが、まだ本気で戦うことはないので、怒りのうめき声を出したり、歯をむき出してうなったりはしない。

同時に母猫は、子猫たちと常にコミュニケーションを取り合い、また人間たちにもよく話しかけるようになる。理由の1つは、必要とする餌の量や回数が増えるからだろう。また、産後特有の孤独感や不安に襲われているためか、人間に撫でてもらったり、同情してもらったり、自分や新しい家族たちを見守ってもらい、安心したがったりすることもある。より早い時期から、より多く、人間と言葉による交流をした猫ほど、短期間で細やかなコミュニケーションが取れるようになる。これは人間だけが特定の音声表現に対して、特定の反応をし、意味を限定し、定義するからである。

猫の発話は双方向性であり、何らかの目的を達成するために行われることも少なくない。猫の発声の特徴は大きさ、持続時間、感情の強さなど、多くの点で個体により異なる。このバリエーションに最も大きく影響しているのは、おそらく達成しようとしている目的に猫がどれだけ価値を見出しているかだ。例えば、餌は常に優先順位が高い。ドアを開けさせるというのも大きな目標だ。それに「今すぐトイレに行かないとお漏らししちゃう」「外に出て、あの鳩を仕留めないと気が済まない」といった身体的欲求や本能的欲求もある。また、もう餌をもらったのに「夕ご飯をまだもらってないから、お腹がぺこぺこ」などといって、飼い主をごまかそうとすることもあるだろう。ムルクは指摘している。「時間が経ち、何度も繰り返していくうちに、目的や相手によって期待の度合が異なってくる。そして、この期待度の違いが声にも表れるようになる」

成猫になったオーガスタは何も言わずに餌入れの横に澄まして座り、誰かが自分を見たら、ごく小さな声で優しく「ミュー?」と鳴いた。待たされている猫たちは、自分のメッセージは伝わったはずなのに応えてもらえないと、鳴き方を変える。まず、最初の母音をより強調するようになり、それから徐々に大きな声で鳴くようになり、それでもまだ対応してもらえないと、

「依頼」から断固とした「不平」に変わる。

猫の気分が鳴き方に反映されるのは間違いない。また、現在とは無関係の経験によって生じた気分を引きずっていることもある。猫が普段と違う鳴き方をしたら、体調が悪いことを伝えようとしている可能性もある。原則として、声のトーンは猫の感情の指標にもなる。友好的な時にはたいてい高い音、不快な時には低い音を出す。例えば餌入れに夕食を入れてやった後で、深く満足げに喉を鳴らしたら、「ありがとう」と言われたように感じるだろう。ぶっきらぼうなしゃがれ声だったら、「またこれか。大っ嫌いだって知っているくせに」と言って拒絶しているのかもしれない。

一応断っておくと、こうした翻訳はただ人間の言葉に置き換えたものであって、猫が頭の中で経験していることはもっと単純だ。猫の「言葉」は象徴でもなければ抽象化もされておらず、名称でもない。しかしながら、猫の気持ちを鮮明に表現でき、間違いなく猫が人間に依頼していることや楽しんでいること、嫌っていること、欲しがっているもの、必要としていることを具体的に表すことができる。エリザベスによると、オーガスタはミルクが欲しい時、ちゃんと「ミルク」という名詞を使っておねだりするので、いつもおうむ返しで「ミルクね！」と答えていたという（当時私たちは、猫に牛乳を与えてはいけないことを知らなかったのだ）。小さく「ミュー」と鳴くのが「ミルク」を意味していたかどうかはともかく、牛乳を求めていたのは確かだった。

もっとも、猫語のすべてが食べ物や欲しいものを表しているわけではない。むしろ一部と言った方がいいだろう。オーガスタは小さく喉を鳴らすような独特の震えた声を出して、「こんにちは。会えて嬉しいな。この世界はなんて素晴らしいんでしょう」と言っていた。これは目的のある言葉と言えるだろうか？　いったい何度、この震えた声を上げたために、私たちに話しかけられ、撫でてもらい、その結果、喉を鳴らしていただろうか？　オーガスタは床にへばりつくように横たわり、ブラシをかけてもらうのが好きで、船のモーターのように大きく喉を鳴らした。

ムルクが行った数々の素晴らしい実験の1つは、1カ月間、道で出会ったすべての猫に「静かに同情的な声で」話しかけ、「近づくことを許してもらえたら」頭を撫でるというものだ。彼女が試した12匹の猫のうち、撫でさせてくれなかったのは4匹だけだったという。挨拶の「mhrn」という声を出した猫は1匹もいなかったが、ムルクは驚かなかった。これは家族や友人にしか使わない言葉だからだ。懐いてくれた8匹について、返事の声を国際音声記号で記録し（ほとんどが「ミャオ」の変化形だった）、猫たちの行動を注意深く書き留めた。ある猫は店の中に閉じ込められていて、ムルクに「ドアを開けて」と頼んできた。別の猫はポーチに座っていて、3回話しかけたらやっと返事をしてくれ、その後、すぐ元に戻り、飼い主の2人の子どもが、ほかの子どもたちと一緒に学校に向かって歩いていくのを見つめていた。

ムルクの詳細な分類を駆使しても、それぞれの猫が飼い主に伝えようとするメッセージをすべて解説することはできない。子猫の頃から同じ飼い主に飼われていた場合はなおさらだ。飼い主と猫が何年も一緒に暮らすうちに、自分たちだけの話し方を作り上げていくからである。

前人未踏の地を探検するのが大好きだったオーガスタは、とりわけ未知の場所が果てしなく広がるモンタナにいた頃、迷子になって捜しに来て欲しい時の鳴き方を無数に開発した。基本的な鳴き方は「ローウォウ!」と大きな声で鳴くパターンで、小さな子猫からよくこんなに大きな声が出ると驚くほど大きな声だった。オーガスタの声を頼りに、私たちは泥の穴や倒木を避けながらおぼつかない足取りで進んでいく。そして、距離が近づくにつれて徐々に声が小さくなり、オーガスタが私たちを見つけ、自分のほうに向かっていることが分かると、「アオーアオー」という声から惨めで赤ちゃんのような「ミューミュー」という小声に変わる。オーガスタはたいてい私たちには手の届かない高い木の上にいて、恐る恐る枝の上を行ったり来たりしていた。なんとか勇気を振り絞り幹のほうへ戻ると、しっかり爪をたてて幹を抱え込み、お尻を下にしてぶら下がりながら、そのまま安全なところまでじりじりと下りてくるのだ。その間中、私たちは声援を送り続けた。背の高い草むらで迷子になった時は、遠くまでよく聞こえるさらに大きな声で鳴いた。草むらでは埋もれてしまい、外の様子がまったく見えないため、方向感覚が完全になくなってしまうのだ。「ローウォウ!(助けに来て!)」は苦痛に満ちた「マーオウ」に変わり、最後には諦めか絶望の声となる。

窓から鳥たちの様子が見えるにもかかわらず、捕まえることのできない猫たちの声を音響分析したシュッツは、猫はイライラすると驚くほどさまざまな声を出すことを発見した。喉から手が出るほど求めているものをなんとかして手に入れるために、ありとあらゆる鳴き方を試すのだ。モンタナにいた頃、6月特有の情け容赦のない土砂降りになると、オーガスタは網戸の前に座り、時々雨に向かって文句を言うことがあった。そこへエリザベスや私が通りかかると、まるで外に出られないのは私たちのせいだとでも思っているかのように、さまざまな鳴き方で「お願い」と言ってくる。私たちは「雨が苦手なくせに」と言い返した。外に出してやったところで、1分もしないうちに逃げ帰ってくることを知っていたからだ。

猫たちが人間に向かって、求愛や交尾の鳴き方をすることはない。この言語は別の世界のための言語だからだ。雌が発情期に入り、長く高いうめき声や痛みを感じているような声を上げ始めると、今度は雄猫が雌猫をめぐって争い、不平を言うようなうめき声や、怒鳴り声、歯をむき出してうなる声、シャーという声、金切り声を上げるようになる。人間の耳にはまるで雄同士が取っ組み合いを始め、お互いをこてんぱんにやっつけようとしているように聞こえる。確かに雄猫は時々喧嘩をするし、かなり激しい戦いになることもある。しかし、通常は取っ組み合いをすることなく、何時間もこうしてギャーギャー鳴き声を上げた末に、つかの間の場合もあるが、誰が1番か認める。そして、負けた雄猫たちは、うずくまって防御の姿勢を取り、体を反らすようにして前脚を上げ、敗北を認めながら敵から離れていく。

発情した雌猫が勝者となった雄猫を受け入れる場合、マウンティングの際にゴロゴロいうような低いうめき声を上げる（ちなみに、雄猫の性器が雌猫の体に入るまで、卵子は放出されない）。ただし、これですべてが終わるわけではない。猫たちは、多いと1時間に10回もこれを繰り返すこともあるのだ。ほかの雄猫たちが長く高いうなり声や遠吠えのような叫び声を上げながら絶え間なく争っている中、1番の雄猫が満足して立ち去る場合もある。発情した雌猫の多くは、何匹もの求愛者と交尾する。時々驚くほど似ていない子猫たちが一緒に産まれることがあるのは、そのためだ。きっとそれぞれ父親が違うのだろう（＊8）。

猫は多くの人々が気づいている以上に、さまざまなことを顔で表現する。確かに犬に比べると、表情が乏しいように見える。そのため、細かなサインを見逃さないようにする練習が必要だ。私の場合、オーガスタをよく観察し、真っすぐぼんやりと何かを眺めている時に、ゆっくり瞬きするのは満足感の表れであることに気づくまでに、1年以上かかった。また、猫の目を正面からのぞき込むのは、敵意を持っている、または優位を誇示していると解釈され、思わぬ結果を招きかねないことも知っておくべきだろう。猫と長い時間愛情を持って見つめ合えるのは、猫と飼い主が心から信頼し合っている場合だけだ。しかしながら、一度この境地に達してしまえば、アイコンタクト自体が1つの言語のように発達し始める。例えば、「目の上のひげ」

の動きや目の形のわずかな変化の意味が分かるようになる（オーガスタの場合、顔の毛もヒゲも黒かったので、動きを読むのは簡単ではなかったが）。こうしたサインは何かをとても欲しがっている、イライラしている、遊びたい、怒っている、怖がっている、用事がある、愛情を感じているなどのメッセージを表している。

猫は知らない人でいっぱいの部屋に入ってくると、猫嫌いな人を見つけ出して寄って行くという説もある。この説はあながち間違ってはいないだろう。原因は例のアイコンタクトだ。猫好きの人は、猫が反応してくれるのを期待して猫のほうを見るが、猫嫌いの人は、関わりたくないため猫を見ない。ところが、猫にとってじろじろ見られるのは潜在的脅威であり、むしろ猫を見ないようにしている人は礼儀正しいと感じる。攻撃的でない猫が知らない猫に会ったら、目を合わせないようにするのと同じことだ。そのため、相手は猫と関わりたくないと思っているのに、親しみを感じて近寄って行ってしまうのだろう。

また、別の友好を表す身振りの1つに、閉じた唇のすき間から舌をチラッと一瞬だけ見せるという仕草がある。あまりにも動きが速いので、何が起こったかよく分からない人もいるだろう。これは通常最も親しい人だけにしか見せない。

ひげの位置も実に多くのことを語る。例えば扇型に広げてカーブを描き、前に向けている時は、全体に注意が行き届き、恐れるものはなく、すぐにでも行動を起こせる状態だと言われている。一方、穏やかな時、ひげはまとまり、外向きにピンと伸びる。また、後ろに向けて頬にぴったりくっつけている時は、注意が必要だ。怒りまたは恐怖を抱いている証拠であり、いつ引っかかれてもおかしくない。

猫の口はあまり表現の幅が広くない。もちろん話している時は別だ。大きなあくびは、寛いでいる証拠と判断していいだろう。口をぽかんと開けているのは、既に述べたようにフレーメン反応で、ほかの猫が出すフェロモンを嗅ぐため、嗅覚を研ぎ澄ましている特別な状態だ。また、口角を後ろに引き、歯を見せていたら危険な兆候である。これは恐怖の表情であり、すぐ襲いかかってくる可能性もある。特に子どもは猫が笑っているのだと勘違いすることもあるので、注意が必要だ。

目はより複雑なことを表現している。ただし、目の表現には複数の意味があり、ただ見ただけでは分からない。例えば瞳孔が細長くなっている時は、怒っている可能性もあるが、周りの光が明るすぎるだけかもしれない。どちらの場合も同じように瞳孔が細長くなるのだ。いつもよりずっと大きく瞳孔が開いている時は、たいてい怖がっているか怒っているか、狩りをするために神経を研ぎ澄ませているかだ。帰宅した私たちに「お帰りなさい」という時や、朝「おはよう」という時、オーガスタは後脚を軽く曲げた状態で前脚をピンと伸ばし、深くお辞儀するような姿勢になる。それから、2～3秒まぶたを閉じる。人間の膝に乗って喉を鳴らしている時、満足している猫はよく目を閉じる。オーガスタも撫でてもらったり、ブラシをかけてもらったりしている時、普段は隠れている乳白色の瞬膜が出てきて目の半分を覆った。これは最高に喜んでいる証拠だ。

猫の耳も雄弁だ。耳の動きをコントロールする筋肉は20個以上あり、耳をくるりと半回転させることができる。猫同士は耳の動きで素早く簡単に気分を伝え合う。耳を立て、前を向けているのは、満足している証拠。遊びたがっているのかもしれない。ところが、敵と対峙している時にも耳は同じ格好になり、脅威の対象と見なした相手に真っ直ぐ向けられる。ピンと真上に立てている時はリラックスしつつ、注意を向けている。耳を横に向けて寝かし、瞳孔が大きく開いていたら、いつ襲いかかってきてもおかしくはない。耳を後ろに向けて寝かせ、頭を下げていたら、怖がっているということだ。くるりと回したり、ピクピク動かしたり、前に向けたり後ろに向けたりしていたら、警戒し、不安定な状態で、感覚に負荷が掛かり過ぎている可能性がある。何か迷っている猫は、時々片耳を大きく開き、反対の耳は寝かせて閉じる。話しかけられると耳だけは必ず相手に向けるが、耳以外は一向に意に介していないように見える。両耳が開き、前を向いていたら、最大限に注意を払い、警戒している証拠だ。

小さくて黒い耳をピンと立て、目を大きく見開き、五感を研ぎ澄ませ、武者震いでもしそうな様子で森に入っていくオーガスタを見送る時、私たちも自分の中に残る野生の精神に触れたような気持ちになったものだ。

猫の姿勢や体の動きには、基本的な気分が現れる。怖がっている時は背中を丸めて立ち上がり、攻撃してきそうな相手に対して横を向き、体毛を1本残らず逆立てる。そして、用心深く蟹のように横歩きして、「戦う気なんて毛頭ありません」と言いながら、横を向いたまま離れていくこともある。さらに恐怖心が増すとしっぽが山型にカーブし、時には両脚の間にしっぽを挟む。緊張が高まると呼吸がさらに速くなり、上半身よりも下半身を低くする。まるで体をできるだけ小さく見せようとしているかのようだ。恐怖が極限に達した時、とりわけどこかに追い詰められた場合、猫は防御姿勢を取ってうずくまり、耳を倒し、しっぽを巻きつけるようにぴったり体につける。目はこれでもかというほど大きく見開き、ひげは後ろに倒し、緊張のあまりすべての筋肉が震え、最後の望みをかけて一か八か跳び上がり、全力で攻撃を仕掛ける。

怒りは突然訪れることもある。幸せそうに撫でられていたくせに、猫がもう十分だと思ったら、それ以上撫でると怒られる。怒りの最初の兆候は、しっぽを鞭《むち》のように打ちつけることだ。怒っている理由が理解できない場合も少なくない。どうして怒っているのだろう。何か気に障ることをしただろうかと首をひねることだろう。イギリスの詩人T・S・エリオットは『猫について』という詩の中で、「完全なる良い猫も存在しなければ完全なる悪い猫も存在しない。これまでに生まれた最も気立ての良いトラ猫だって、場合によっては悪魔のように振る舞うこともある」(*9)と書いている。

猫は攻撃を加える前に警告する。しっぽを鞭のように振りながら、こわばった様子で1歩1歩ゆっくり歩き、耳をピクピクさせ、瞳孔を線のように細くして相手をじっと見るのだ。そして、いざ攻撃する時には、怪我をしないように耳をくるりと後ろに向けて寝かせ、頭にぴったりりくっつける。ただし、幸い実際に人間を襲うことはきわめて珍しい。

機嫌が良い時は、いつもしっぽを高く上げて飼い主のほうにやって来る。そして、時にはしっぽの先をクエスチョンマークのように丸めていることもある。一方、満足していて、特に誰かとコミュニケーションを取る必要を感じておらず、自分のことだけ考えている時は、たいていしっぽをほぼ真後ろにピンと伸ばす。また、うなだれている時は、気分が晴れない証拠だ。横たわった状態で、なんとなくイライラしてきたけれど、まだ立ち去るところまで来ていない時には、しっぽを強く床に打ちつける。お尻を床につけて座り、前足と後ろ足を揃え、しっぽで4つの足をそっと包み込むような姿勢の時は、注意をしつつリラックスしている状態だ。スフィンクスのような姿勢で座り、足を体の下にしまい込み、しっぽを動かさずに体に沿わせた「香箱座り」と呼ばれる姿勢は、心が穏やかであることを意味する。しっぽの先をゆっくり振っているのは、緊張はしていないが、集中して何かに耳を傾けている証拠だ。獲物に忍び寄る時には、お腹を地面につけ、しっぽは興奮で震える。成猫は、時々夢中になって自分のしっぽを追いかけ、くるくる回り続ける。これは一見ただ楽しいからやっているように見えるが、実のところ、しっぽが痒くて仕方ないのでやっていることもある。そしてもちろん、しっぽは猫の優れたバランス感覚には欠かせない。しっぽは重りの役目をしていて、位置を変えるだけで、一瞬にして重心を取ることができるのだ。

猫はさまざまな状況でお腹を見せる。これを犬が降伏してお腹を見せるのと同じだと勘違いする人もいる。確かに、撫でてもらいたくてお腹を見せることもあるが、あまり多くはない。どうやら猫たちはお腹を上にしてリラックスしたいだけらしく、ふわふわの毛に誘われて、うっかりお腹に触れようものなら、その鋭い爪でこれでもかというほど引っかかれることだろう。通常、発情期の雌がお腹を見せるのは、交尾の準備ができているというメッセージだ。なかには、仰向けになり、前脚と後脚を折り曲げて寝るのが好きな猫もいる。無防備な体勢で寝ていても危ない目に遭うことはないと信じ切っているのだ。

オーガスタがそれほど無防備になったことはなかった。基本的に眠る時はしっかり丸くなり、頭は体に埋めることもあれば、しっぽの下に置くこともあった。そして、しばしば片目をうっすら開けて眠っていた。念のため用心していたのだろう。この体勢の時に話しかけると、どんなにぐっすり眠っていても、しっぽの先を軽く曲げて「聞いているよ」と答えてくれた。パッチリ目が覚めて、元気いっぱいな時、オーガスタは私たちの足元で身をよじったり、前脚と後脚をいっぱいに伸ばし、背中を弓のように反らせたりした。私たちはこれらの姿勢をそれぞれ「くねくねミミズ体操」「バナナ体操」と読んでいた。どちらも最も親しみが表れた姿勢で、控えめさと遠慮深いおねだりの姿勢が混ざり合っていた。オーガスタは、この2つの姿勢をすると、私たちが面白がり、愛情を込めた目で自分に注目することを知っていたに違いない。

土や砂利の上でくねくねミミズ体操をするのは、一種の毛繕いをしていたのだろう。だが、「いつでも遊べるよ。追いかけっこなら、なお大歓迎」と誘っていることもあった。

何かを縦に爪で引っかくのは、ほかの猫に対して、自分がそこにいたことをにおいで知らせると同時に、爪の古い層をはがすのにも役立つ。この古い層の下には、とても尖った新しい爪ができているのだ。木や爪研ぎが手近なところにあれば言うことはないが、どれだけ怒鳴ったり、鼻を叩いたりして叱っても、猫は懲りずに家具で爪を研ぐ。そっと優しく鼻を叩くのは、母猫が子猫に「いけません」と教える動作と似ているが、これより少しでも強く叩く行為は虐待になる。それに、そもそも叩いても言うことを聞かせることはできない。猫を怒らせるか怖がらせるだけだ。飼い主が腹を立てると、信頼関係が崩れてしまう。たった1回自制心を失っただけで、金輪際信じてもらえなくなることもあるのだ。水鉄砲や霧吹きで水をかける方法はうまくいくこともあるが、それでもなるべく使わないほうがいい。知能の高い猫なら、実は飼い主が怒りにまかせて水をかけていると見抜くからだ。結果として、猫が言うことを聞くようになるよりも、飼い主を見たら逃げ出すようになるほうが多いだろう。

猫の生活のあらゆる面についても言えることだが、猫が人間に伝えようとするメッセージも、猫によってさまざまだ。ただ単に感情を表に出さない猫もいる。自分のなかで気持ちを留めているのだろう。そうかと思えば、まるで四六時中文句を言っているかのように、鳴き続けずにはいられない猫もいる。シャムが良い例だ。とはいえこれは両極端な例で、そのほかの猫の場合、どれだけおしゃべりになるかは、飼い主がどんなことを語りかけるか、どんな声で伝えるか、どれくらい繰り返して言うか、飼い主自身が猫の声をどれだけうまく真似られるか、そして特に猫がどれくらい小さい時から話しかけ始めたかによって決まる。トーマス・マンの小説『主人と犬』に登場するバウシャンのように、猫も自分の名前が何度も呼ばれるのを聞くのが好きだ。私たちは何度も「オーガスタ、オーガスタ、オーガスタ、オーガースタ！」と呼んだ。オーガスタは（急かされるのが嫌いだったので）それまでしていたことが切りの良いところまでできたと判断すると、廊下を早足で歩いたり、背の高い草むらを飛び跳ねたりしながら、嬉しそうに喉を鳴らして戻って来た。

猫は実にさまざまな方法で意思表示するが、それでも猫の心はまだまだ分からないことだらけだ。もっとも、それを言うなら、人間の心の理論もいまだに解明されず、意見が分かれている。いつの日か画期的な機械が発明されて、あの小さな頭の中をのぞき込み、その思考を読めるようになるのかもしれないが、今のところ猫が何を考えているか予想する一番簡単な方法は、猫たちが主観的経験の中でどんな「思考を処理している」のかを調べるのではなく、その思考の結果がどうなったかを見ることだろう。ジョージア州立大学のマイケル・J・オーレンと2人の共同研究者は「情報と記号化という概念は難解だが、コミュニケーションを影響としてとらえれば、範囲は広いが境界ははっきりしていて実験で確認が可能である。したがって、情報と記号化という概念を、影響としてのコミュニケーションという概念に置き換えれば、（科学的に）動物の信号伝達に関する定義を見直すことができる」（＊10）と提案した。ここには身近な人間の反応も含まれる。過大解釈しないよう注意が必要だが、動物たちが何を伝えようとしているのか、これまで科学によって明らかになった以上に多くのことを、人間は理解しているという証拠が次々に見つかっている。

第1章で紹介したザナ・バリグ＝ピエレンとデニス・C・ターナーの実験では、猫に慣れている人と慣れていない人の理解力の違いを比較した。2人は、猫に詳しくない人でも猫をよく理解できることに驚き、こう記している。「この結果は、人間以外の動物の行動や心の状態を予測・解釈する能力によって、人間が自然淘汰されてきたという概念の裏づけとなるかもしれない。この能力においては、最初に家畜化が行われた過程と同じように、共感と擬人化が重要な役割を果たしている」（＊11）

猫を飼っている人の中には、飼い猫の表現力が熟練するまで、一般に考えられているよりも長い時間がかかることや、一生を通じて発達し続けることに気づいていない人もいる。猫は2〜4歳になるまで、知能的にも社会的にも成熟しないのだ。

オーガスタもまさにそうだった。1歳の頃はまだ気まぐれで、よく気が散り、衝動的に行動していた。運動能力は抜群で、床から冷蔵庫の上やさらに高い棚の上に軽々と跳び乗ることができた。スーパーマンのように前脚と後脚をいっぱい広げ、驚くほど遠くまで水平に飛んでいくこともあった。それに、ものを倒すのが大好きだった。ところが、それから1年も経つと物事をよく考えるようになってきた。例えば蝶を見つけてもいきなり飛びかからず、まず観察するようになった。オーガスタはほかの猫たちのように、よく鳴くようにはならなかったが、歳を取るにつれて穏やかになっていった。私たちは、きっとまだ小さい頃にさまざまな変化を経験し、怖い思いをしたのだろうと考えていた。歳を重ねるとともに穏やかになり、あまり緊張しなくなったオーガスタは、夜もよく眠り、もっと大人しく遊ぶようになり、口数も増えた。サンフランシスコに引っ越した時も、狭くなった生活環境によく順応していたが、夏モンタナへ戻ると、自分らしく行動できる喜びをあふれさせた。毛並みは光沢を増し、動きも軽やかになり、声も普段ほど恥ずかしそうではなくなった。オーガスタは車に乗るのも、モーテルのにおいも大嫌いだった。キャリーケースに入っていようといまいと「出して、出して」と大騒ぎした。モーテルの部屋に消毒剤のきついにおいが残っていると、一晩中惨めそうにうなり声を上げたり、ミューミューと鳴いたりした。ところが、居心地の良い場所に到着し、だんだん慣れて落ち着いてくると、あらゆる場所のにおいを嗅いだ。顎の腺を角という角にこすりつけ、ドアや飛び乗れる高い場所、窓の位置を覚え、外に出たがったり、中に入りたがったりした。そして、そこがモンタナなら、広大な自然の中に飛び出したくて、うずうずする様子を見せた。新しい場所へ行くたびに、オーガスタは新しい順路や習慣を作り、まさに自分の家のように振る舞った。何度も旅をしたため、それがどこであれ、最も識別しやすいにおいのするもの（自分のトイレ）がある場所を自分の家と認識するようになったのだろう。

留守番の時はいつも不安になった。モンタナで借りたある家には、ウエスト・ボールダー川に架かる橋へと続く長い私道があり、そこから以前住んでいた農場までは8キロメートルほどあった。ある夜、ディナーパーティーの帰り、この橋の真ん中に、オーガスタの光る目が見えた。滞在していた小屋からは数百メートルも離れている。一体どこへ行くつもりだったのだろう？　私たちの後を追ってきたのだろうか？　川上にかつて暮らした農場があることをにおいか何かで察知して、闇雲に農場へ向かっていたのだろうか？　オーガスタを抱き上げた時、ガタガタと震え、体は冷たく、怯えながら弱々しい声で鳴いていた。そうかと思えば、1人になりたがることもあり、私たちには決して見つけられないような隠れ場所を見つける才能も持ち合わせていた。オーガスタが隠れるのは、家の中のこともあれば、森や茂みのこともあった。そして、昼寝を邪魔されたくなかったからか、お腹が空いていなかったからか、どれだけ長く呼び続けても、顔も出さなければ声も上げないこともあった。そして、きりがよくなると目を輝かせながら、しっぽの先を丸めて戻ってきて、夕食を催促するのだった。

ただ、私たちはオーガスタが何かを必死に伝えようとしているのに、理解してあげられないこともあったのも事実だ。

4

野生動物と暮らすということ

猫のしつけについて

動物を手懐けて何かに利用するという発想は、人類の歴史の中でもかなり最近現れたものだ。私たちにとって最も重要な動物である馬や豚、牛、羊、ヤギ、ニワトリなどのお馴染みの家畜を囲いの中に閉じ込め、繁殖させるようになったのは、ほんの1万2000年前である。犬の飼育の歴史はそれよりずっと長く、4万年前に始まったと考えられている。一方、猫は新参者で、猫が飼育されていたことを示す一番古い化石の証拠は、5000年余り前のものだ。

ここで問題になるのは、猫の場合、「家畜化」とは何を意味するのかということだ。ほかの家畜は、祖先である野生種と大きく異なる。一方、猫における血統研究の第一人者であるカルロス・A・ドリスコールらは、猫の遺伝学に関する論文の中で、イエネコとその祖先の違いは「行動、大人しさ、毛色の多様性」だけであると言っている（*1）。

イエネコの全ゲノム配列が解読され、発表されたのはつい最近、2014年のことだ（＊2）。この研究は、「毛の色や感触、模様といった美的資質」に関わる遺伝子はヤマネコとかなり異なるが、こうした遺伝子の大半はごく最近ゲノムに加わったものであることを発見した。現在、遺伝学的にまったく異なるイエネコの血統は30～40種類存在するが、200年前には5種類しか存在しなかった。その5種類も人間が意図的に作ったというより、長年地理的に離れて暮らしていたために生じたものだ。リビアヤマネコから枝分かれしたイエネコの祖先は、ミトコンドリアDNA分析によると13万1000年前に誕生したらしい。また、イエネコの歴史全般にわたり、ヤマネコとイエネコの集団が交配し続けていたことを示す証拠もある。これについて著者たちは、この種は事実上、半分しか家畜化されていないと指摘している。そして、「人間から見返りに餌をもらう習慣が根づいた結果、自然淘汰により従順な猫が生き残るという方向で進化してきた」のだという。これは猫らしい進化の仕方とも言えるだろう。

別の論文でドリスコールたちは、ヤマネコがどういう経緯でイエネコになり、どうしてイエネコになってからも野生の心を持ち続けているのかを、とても簡潔に解説している。

小型の猫はとりたてて害を及ぼすこともないため、人々は猫がそばにいても気にかけていなかったのだろう。猫がネズミやヘビを追い払う姿を見て、むしろ猫をそばにいさせようとした可能性もある。猫にはほかにも魅力があったのかもしれない。専門家の中には、ヤマネコは人間と良好な関係を築くのに適した特徴を偶然にも備えていたと考える人もいる。とりわけこういった猫は、大きい目や短くて上を向いた鼻、広くて丸い額などの「可愛らしい」特徴を持っているが、可愛らしい猫ほど人間から餌をもらいやすいことが分かっている。その後、子猫を可愛いと思った人間が家に連れ帰り、猫が人間の家庭に足を踏み入れるきっかけとなったことは間違いないだろう。

イエネコが祖先からほとんど変化していないことを考えると、家畜の中でも猫だけは、ほぼどのような土地でも野生として生きていけるのもうなずける。豚も一部の環境ではなんとか生きていけるが、環境に適応して種が分化し、その特徴が固定してできるタイプの数で比べると、野生でも自立して生きていけるのは、豚よりもイエネコのほうがはるかに多い。しかも家畜の豚は数世代のうちに外見も行動もイノシシに戻り、イノシシと交配するようになる。一方、猫は猫のまま変化せず、砂漠やジャングル、草原、森林、海辺、さらにはローマ遺跡でも生きていける。しかし、それが問題を引き起こすこともある。

過去数十年間で野良猫の個体数は世界的に急増し、生態系にさまざまな問題をもたらした。しかし、牛や羊、馬、ロバ、ヤギ、アヒル、ニワトリといった猫以外の家畜が人間の世界に及ぼした影響のほうが、はるかに大きいのだ。こうした家畜の影響は1万2000年前から認められ、増大してきた。畜産業や大規模農業が可能になったのも、引いては人類が地球を征服したのも、こうした動物たちのおかげだ。ドリスコールはより悲観的な論文の中でこう記している。「世界中で絶滅する種の数は、歴史的『背景絶滅〔日常的な自然選択の結果として絶滅すること〕』の割合よりも数百〜数千倍多くなっている。これは主に生息地を奪われたためで、その大半は自然環境を農地に変えたことが原因である。一方、これまでのところ家畜が絶滅したことはない。このことが地球（並びに人類や家畜）に与える影響は大きく、地球上のほぼすべての自然生態系を完全に変化させた」（＊3）ということで、子猫を責めないで欲しい。猫たちがするのは、せいぜい穀物倉庫のネズミを殺し、鳥を何羽か仕留める程度なのだから。

最大の謎は、猫たちがなぜ人間と暮らしているかだ。世界中には6億匹の猫がいる（＊4）。そのうち、調教を受けている猫はほんの一握りだ。この貴重な猫たちは、トレーナーたちが長期にわたって忍耐強く努力したおかげで、指示に従ってお座りをしたり、持ってこいをしたり、ジャンプして輪をくぐったり、犬のように散歩をしたりできるようになった。

もっとも、基本的に猫は散歩や芸はしない。だが、猫用トイレを使うことはできる。オーガスタは我が家にやって来た初日から使っていた。しかし、実のところ、使わない猫も多い。トイレの中に立ちつつ、すぐ横の床の上に用を足してしまうのだ。トイレの中に立ったまま、しっぽをぶるぶる震わせ、勢いよく壁におしっこをかけてしまう猫もいれば、ほかの猫の寝床や居間のソファー、飼い主の枕の上で用を足す猫もいる。犬が同じことをした場合は、叱れば理解する。ところが猫が何か悪いことをした場合、猫の鼻をこすったり、新聞で叩いたりしたら、事態を悪化させるだけだ。しかも、猫は一生そのことを忘れない。

ヤマネコの多くはそれぞれのトイレを持っている。何度も同じ場所で用を足すのだ。猫たちはこうしたトイレをいくつか持っていて、縄張りの境界線のしるしにしている。猫にとって縄張りには重要な意味があり、猫用トイレを正しく使えないのは、たいてい猫ではなく飼い主が縄張りを理解していないためだ。

なかにはただ意地の悪い猫、あるいは時々意地悪になる猫もいて、危険な目に遭うこともある。猫が意地悪になるのはごく稀で、これといった理由が見当たらないことが多い。そのため、猫が突然凶暴になると、心底恐ろしい思いをする。先日私の膝で眠っていた我が家の飼い猫のイザベルは、目を覚ましたかと思うと突然激昂し、殺人的な勢いで私の顔を攻撃した。猫がその気になれば、爪で相手に怪我を負わせることだってできる。イザベルは私の額に4本の爪痕を刻み込み、そのうちの2本はまぶたに及んだ。眼鏡をかけていなかったら、どうなっていたことか。イザベルに一体何があったのかは、いまだに分からない。きっと悪い夢を見ていて、まだ半分寝ぼけていたのだろう。

猫の歯は獲物を殺すために進化した。犬歯は鋭く、皮下注射の針のようにやすやすと人間の皮膚に突き刺さる。しかも細菌だらけだ。おもちゃを追いかけられるように動かして遊んでやっている最中に、猫が夢中になりすぎておもちゃを飛び越え、飼い主の手を「仕留めよう」とすることもある。子猫の頃、手荒な扱いを受けた猫は、大きくなっても荒っぽさが抜けないかもしれない。英語では激しく攻撃することを「相手の目をえぐり出す」と言うが、この表現は猫の行動に由来する。単なる例えではないのだ。猫と一緒に遊ぶ方法を学んでいる時は、猫が限度をわきまえているか分かるまで、注意を怠らないようにすべきだ。また、猫は興奮しすぎるとたまに限度を忘れることもあるので、慣れてきてもやはり注意していたほうがいいだろう。

猫は人間の体に怪我を負わすだけでなく、あの手この手で人の心を乱す。お気に入りは、椅子の張り布を切り裂くことだ。それに植物を食い荒らすこともあれば、テーブルに置いたものを床に落とすこともある。ここ半年ほど喜んで食べていた餌に突然、口をつけなくなることもある。大食漢の猫は、当然ながら健康上の問題を抱えるようになる。強迫観念にとらわれ、ありとあらゆる衝動的行動を見せる猫もいる。朝の4時から遠吠えのように鳴き始め、5時には飼い主の足を攻撃し、6時には吐く。飼い猫が見るからに退屈そうだったので、友達を作ってあげようと別の猫を飼ったら犬猿の仲になってしまい、何の解決にもならないこともある。

※

オーガスタをモンタナへ連れて行くには2日半ドライブしなければならなかった。オーガスタはモンタナが大好きだったし、どこへ向かっているかもよく分かっていた。それでも、車内ではペットキャリーの中から大声で抗議した。ペットキャリーの外へ出すと、出口を探して車内をうろうろした（アクセルの下まで探しに来るのだ）。モーテルでは、一晩中うなりながらうろうろ歩き回る。爪研ぎや隠れ家、展望台がついている上、マタタビのにおいのするボールまでぶら下がった、2メートル程もある高価なキャットタワーを買い与えたのに、1回においを嗅いだだけで、その後はまったく目もくれないこともあった。

突然、訳の分からない不安に（まずは猫が、続いて飼い主が）襲われるきっかけは一体何なのか。タフツ大学獣医学科の研究は、次のような可能性を挙げている。「雷嫌い、分離不安（飼い主は短い時間、家を留守にするだけなのに、もう二度と帰らないと思い込む）、赤ちゃんが生まれた、家族の誰かが他界した、家具の配置を変えた、外で大きな音が鳴り続けている、（中略）猫用トイレの場所が変わった」（＊5）などだ。だが、家具の位置を変えたり、さらにはカーテンがひらひらしたりしたくらいで、本当に不安になるものだろうか？

今や猫の問題行動を解決するために、1つの業界が成り立っている。その業界における女性の第一人者は、猫と話せる「キャット・ウィスパラー」こと、ミシェル・ネーグルシュナイダーだ。自称キャット・ウィスパラーはいくらでもいるが、ネーグルシュナイダーはその名も『キャット・ウィスパラー』という本も出版し、テレビにも出演している。一方、男性の第一人者、ジャクソン・ギャラクシーは、「猫ヘルパー　猫のしつけ教えます」という自分のテレビ番組を持ち、3冊の本を出版している（ネーグルシュナイダーは、ショート丈のワンピースに厚底サンダルといった出で立ちで、華やかな印象だ。一方、ジャクソン・ギャラクシーは、耳にピアスをし、全身にタトゥーを入れていて、まるで宇宙から来たマフィアのような風貌だ）。

2人が猫の問題行動を解決する行動専門家（ビヘイビアリスト）として成功した理由の1つは、2人とも猫の特性をよく理解していたからである。ネーグルシュナイダーは「飼い猫は完全に家畜化されていない（そして、一部の猫はほかの猫よりも祖先のヤマネコの本能を多く残しているように見える）。猫の行動を理解するためには、半分野生として考えたほうがいい」（＊**6**）と記している。ギャラクシーは彼が「ワイルド・キャット」と呼ぶ猫たちについて、「猫は、『完全には』飼い慣らされなかった」（＊**7**）と言っている。

ネーグルシュナイダーは反抗的な猫と接するための「CAT《シーエーティー》」と呼ばれる方法を編み出した。この方法は3つの対処法からなり、1番目は問題行動を「やめさせる（*Cease*）」ことである。それには「神の御業《みわざ》」、つまり猫には人間がやっていると気づかれないように音を出したり、何か猫の気を引くことをしたりする。猫が問題行動をする前に対処するといい。例えば、もし猫が盗み食いしようとしているのを見つけたら、部屋の反対側からボールを投げて、猫が確実にそのボールを追うようにするのだ。2番目は「引き寄せる（*Attracting*）」ことで、猫を例えば、リビングから爪研ぎの前へ引き寄せ、来たらご褒美の餌をやる。3番目は「縄張り（*Territory*）の形を変える（*Transforming*）」ことだ。ネーグルシュナイダーによると、これは不可欠なことだが、一筋縄ではいかない場合もある。

ギャラクシーは、猫（特に室内だけで飼われている猫）の縄張りを純粋に心地よい環境に変える方法について、多くの考察を行っている。著書『猫のための部屋づくり』では、キャットウォークや走れる場所を作ったり、ハンモックやドーム型ベッドを置いたり、螺旋階段や坂を設置したり、天井近くに棚を取りつけたり、さらには枯れた天然木を丸ごと1本使ったりして、自宅を猫のパラダイスに変えることを提案している。これを実行すると、住まいはギャラクシー自身に負けず劣らず風変わりなものになるだろう。私が直接知らないだけで、こういうことが好きな人がいるのは確かだ。いずれにしても、猫は間違いなく大喜びするだろう。

アイリーン・カーシュから第2章で学んだように、一腹の兄弟猫を2、3匹一緒に飼うのはたやすい。血縁関係はなくても、できるだけ歳の近い子猫を2匹以上一緒に飼い始める場合も、完璧ではないがとてもうまくいく。一方、見ず知らずの大人の猫同士を同時に迎え入れるのは、一苦労だ。大混乱が生じ、顔を合わせるたびに喧嘩するようになるだろう。社会性が成熟するのは2〜4歳で、同時に縄張り意識や社会階層に関する本能も芽生える。こうした意識や本能のせいで、多くの人が猫は社交的ではないと誤解してきた。イエネコの親戚にあたるリビアヤマネコは、あまり社交的ではない。人間と交流せずに育ったイエネコも比較的、排他的な社会を築く。大人の雄猫は、繁殖期以外は単独で行動し、血縁関係のある雌猫同士はお互いに助け合い、相手の子猫の世話もするが、そうでない時は、お互い一見関心のなさそうな様子を見せる。多くの野良猫たちはそれぞれ独立しているものの、コロニー［同種または異なる種の生物がある地域などに集まって生活している集団のこと］を形成して共同生活し、その数は数百頭に及ぶこともある。コロニーには複雑な階層システムがあり、礼儀正しく細やかな気遣いがあるため、ほとんど衝突することはない。雄猫同士が雌を争って芝居がかったうなり声を上げたり、「シャーシャー」と威嚇したり、戦ったりするのも、本気で脅している場合よりも、ただ大げさに振舞っているだけの場合のほうが多い。時々怪我をしたり、さらには命を落としたりすることもあるが、いずれも比較的稀である。一般に猫は争いよりも平和を好み、礼儀を重んじるのだ。

しかし、猫同士の社会は複雑だ。人間同士の社会と同じように、うまが合わない場合もあれば、うわべだけで対き合っている場合もある。

ニューヨークに住んでいた頃、「キャットフィッシュ［鯰の意］」と名づけたシャルトリューの雄猫を飼っていた。がっちりした体格のキャットフィッシュは情熱的に愛を求めるタイプで、私を愛するあまり膝の上から離れようとしないほどだった。とてもいい子だったが、そのしつこさにはさすがに私もイライラしてきて、エリザベスと話し合った結果、同じブリーダーからキャットフィッシュの親戚に当たる子猫を迎え入れ、友達として一緒に飼うのが一番いいだろうということになった。そして、キャットフィッシュと半分血のつながった2歳年下の弟「バッバ」を招き入れた。まだ子猫だったバッバは小さい頃のキャットフィッシュにそっくりだった。ところが大きくなるにつれて、バッバはキャットフィッシュと違い、モハメド・アリのようながっちりした体格にはなりそうもないことが分かってきた。それ以来、キャットフィッシュは毎日何時間もバッバをいじめるようになった。バッバを追いかけて階段を上ったり下りたり、首の後ろを噛んだり、床に押さえつけたり、餌を横取りしたりしたのだ。そんなある日、ついにキャットフィッシュとバッバは本気で喧嘩を始め、私たちは2匹を引き離さなければならなかった。翌日はさらにひどい喧嘩をして、2匹とも血を流していた。ほとぼりが冷めるまで2匹を別々の部屋に閉じ込めておいたが、部屋から出すとまたすぐに喧嘩を始めた。結局うまくいったのはバッバをエリザベスの職場に数日連れて行った時だけで、その後はかなり落ち着いたが、それでも2匹の上下関係が完全になくなることはなかった。

キャットフィッシュとバッバのような状況はどれだけよくあるのか、ネーグルシュナイダーが統計的に明らかにしている。「単頭飼いの猫の場合、問題行動が原因で保護施設に送られる可能性は28%だが、2匹で飼われている猫の場合は70%になる」(＊8)

カーステン・ウィアーという女性が、驚くような記事を『*Salon.com*』に寄稿した(＊9)。ネーグルシュナイダーが、直接相手に会わずに、いかにして猫に魔法をかけるかを詳しく紹介したのだ。ウィアーの愛猫「トンプソン」は、ウィアーにべったりで愛情にあふれていたが、これでもかというほどよく噛んだ。しかも本気で噛みつくのだ。ウィアーは血痕が目立たないように赤いシーツを買わなければならないほどだったという。ネーグルシュナイダーのカウンセリングは電話で1時間ほど話した後、4週間メールでフォローアップが行われただけだった。

治療の第1ステップは、猫がどんなに愛情表現してきてもウィアーも夫もよそよそしく振舞うというものだった。撫でるのも禁止。膝に乗せるのも禁止。何もしてはいけない。次のステップはカチカチという音の鳴る「クリッカー」を使った練習だ。トンプソンが何か良いことをしたら、すぐに小さい金属製のクリッカーを鳴らし、ご褒美に餌を与える。自分の行動と音やご褒美の関連がトンプソンにもよく分かるように、間髪入れずに行うことがポイントだ。この練習は音を鳴らすのが2秒遅れただけで、効果がなくなる。猫にとって「すぐに」とはそれくらい短い時間なのだ。それ以上時間が経つとほかのことに注意を奪われてしまう。ご褒美を与える前に、まずクリッカーを鳴らすのもそのためである。

次はおもちゃを使って獲物を仕留める練習だ。この練習を通じて、噛んでもいいのはどんな時かを学ぶ。ウィアーは鳥のおもちゃを用意した。これはとても確実で良い選択だ。そして、トンプソンがおもちゃを捕まえて「仕留め」たら、クリッカーで音を鳴らして、ご褒美を与える。悪いことをしても決してお仕置きをしてはいけない。最悪の場合でも「嫌悪療法」を行うだけだ。これは小銭の入った缶を揺すってカタカタいわせるもので、猫が何かしてほしくないことをした時、止めるのに効果がある最適な方法だ。

計画通り、ぴったり4週間でトンプソンの問題はほぼ解決した。時々興奮し、獲物を狙う目をして耳を倒すこともあったが、素早くコインの入った缶を振るだけで、トンプソンはすぐに自分が良い子になったのを思い出した。

ネーグルシュナイダーはこうした個々の猫を相手にしたコンサルタントとして生計を立てていて、相談の多くは電話やメールで行われる。もっとも、彼女の成功率がどのくらいか知ることはできない。著書を読めば、猫のことをよく理解しているのは確かだ。しかし、こうした遠隔カウンセリングがどの程度の頻度で効果を発揮するか評価する手段はない。彼女の著書はいずれも称賛の声ばかり載せていて、成功率を表す統計はないのだ。ウェブサイトをはじめ、経歴の欄には必ず「ハーバード大学出身」と記されているが、いつどのような形で在学していたのか明かそうとはしない（実のところ、本書のための取材にも一切応じてくれなかった）。

一方、ジャクソン・ギャラクシーは猫のいる家庭を訪問する。著書では、過去の失敗や自己不信も包み隠さず告白し、成功の代償についても臆せず語っている。自身のテレビ番組「猫ヘルパー」では、ほぼ毎回手に負えない猫が登場し、ギャラクシーが問題の家庭を訪ねる。そして、優しい言葉をかけ、なだめながら猫に近づいていくのだが、時々噛みつかれたり、引っかかれたりする。どの番組でも「夜はミュージシャン、昼間は猫の行動専門家」と名乗り、ピンクのオープンカーでヘビメタをかけながら現れる。常にギターケースを持ち歩いているのだが、めったに開けることはない。実はこのギターケースには、猫用のおもちゃやキャットニップ、染み抜きなどの仕事に必要なさまざまな道具が入っているのだ。

たいていカメラは、ぼう然としたり、困惑したりした人々の表情を捉える。怪我を負っている飼い主もいる。目を疑うほど凶暴な猫が登場することもあり、キャラクシーはひどい傷を負うことも少なくない。しかし、オープンカーに乗り、タトゥーを入れ、ピアスをして圧倒的な程うさんくさい印象のギャラクシーだが、彼の「魔法」は本物だ。猫の性質を深く理解した上で、手に負えない猫たちの抱える深刻な問題を解決する。ギャラクシーの提示する解決策は、猫用トイレの場所を変えるとか、猫が人間の目線よりも高いところまで登ることができる台を設置する、家の中がごみごみしていると感じている猫には広いスペースを作ってやるなど、とてもシンプルなこともある。何年間も狩猟本能を抑えてきた猫におもちゃを使って、ひたすら獲物を追い、捕らえて仕留める遊びを教える方法を飼い主が学ぶと、驚くほどの効果をもたらすことがある。問題児だった猫が何の変哲もないひものついた羽根の束に忍び寄り、飛びかかって噛みつき、後脚で引っかいて壊すと、最後には安全で居心地の良い場所に退いて、落ち着いた様子で満足そうに目を半分閉じ、毛繕いするようになるのだ。その様子をニコニコ眺める飼い主の顔を見たら、さぞや気分が良いだろう。飼い主たちはただこうしたことを知らなかっただけなのだ。

ほとんどの場合、問題が起こるのは人間の無知が原因だ。ギャラクシーは、根気強く人々に伝える。例えばテレビを観ながら膝に乗った猫を頭からしっぽまで繰り返し撫でている時、飼い主がまったく猫の様子に注意を向けていないと、過剰な刺激による苛立ちが募り、しっぽがピクピク動き始めているのにも気づかない。ここで猫が膝から飛び降りて走り去ったなら、飼い主はラッキーだったと言えるだろう。だが、飼い主に何か伝えようとしても、注意を向けてもらえない可哀想な猫は、ストレスのレベルが限界に達し、体も硬直して、もはや隠れることしかできないと感じるようになる。そこへ飼い主がやって来て、ベッドの下に隠れた猫を引っ張りだし、「何かあったの？」と尋ねたら、猫はどうするだろう？　恐怖を感じた猫は爪を全部出し、恐ろしい金切り声を上げながら、飼い主を引っかく。「ここ3年間、いつもこんな調子なんです」とぼやく飼い主もいるだろう。

そんな時、ギャラクシーなら猫が隠れているベッドのすぐ脇に寝転がり、少しだけ皿に餌を載せて差し出す。それからゆっくり時間をかけて瞬きする。そしてまたゆっくり瞬きする。この猫はそれまで猫語を話す人間に会ったことはなかった。しかも、「よりによってこのメッセージを伝えてくるとは！」ギャラクシーは床に横たわったまま何も言わず、じっとしている。そしてまた瞬きする。するとついに猫も瞬きを返す。こうして互いにゆっくり瞬きを交わし合う内に、少しずつ硬直していた筋肉が緩み、やがて猫は忍び足で皿のところまでやって来る。ギャラクシーはその大きな体を横たえたまま、頬を絨毯にくっつけて優しく話しかける。猫はとても信じられないといった様子だ。ギャラクシーは飼い主を1人部屋に呼び、ゆっくり瞬きをして見せる。猫は瞬きを返し、大人しくしている。これはもう魔法としか言いようがない。

ギャラクシーは猫が喜びそうだと思う撫で方をするのではなく、猫に触れずに指を1本差し出すという方法を教えている。猫は恐る恐る寄ってきて、指に沿って顎を擦りつける。それから2週間ほどで猫は、耳の下や裏側、顎の先、頭のてっぺんなど、飼い主がかいてもいい場所を教えてくれる。脇腹の途中まではかかせてくれるが、その先は拒否される時もあるだろう。こうして飼い主は学習していく。

飼い主は猫に注意を払う方法も学ぶ。すると、飼い主はこれまで思っていた以上に自分の動きや声の調子、気分に猫が反応しているのに気づくだろう。猫はまるで飼い主の心を読んでいるかのように見えることもある。実際には人間の心を読んだりはしないのだが、飼い主は猫が自分をどのように見ているか、どんなものを見ているか分かると感動する。すると、猫ばかりでなく、飼い主も気分が晴れてくるだろう。長い間飼い主のことを救いようのないバカで、意地悪だと思っていた猫も、ギャラクシーが3回目の訪問をする頃には、もう飼い主の膝に乗って喉を鳴らしている。

テレビ番組に加え、ギャラクシーはインターネット上でも存在感を大いに発揮している。「ジャクソン・ギャラクシードットコム（*jacksongalaxy.com*）」というウェブサイトでは、「ジャクソン・ギャラクシー財団」を紹介している。この財団は保護施設で働くボランティアを募集したり、保護施設の建物を改善する方法を提案したり、個々の保護施設の資金調達をサポートしたり、怪我などで傷を負った猫たちをリハビリする保護施設職員のトレーニングをしたりしている。また、このウェブサイトには、ギャラクシーの公式フェイスブックやインスタグラム「*thecatdaddy*」、グーグル・プラス上の「ジャクソン・ギャラクシーキャットモジョ（*Jackson Galaxy Cat Mojo*）」、ユーチューブで公開している動画などへのリンクが貼られ、次々に更新されるジャクソン・ギャラクシーのツイートも掲載されている。これまでの経歴やギャラクシーを紹介した新聞記事、書評、過去の出演番組、イベントの参加予定、さらには「次にジャクソン・ギャラクシーが向かうべき場所は?」というコーナーまである。猫の問題に関するQ&Aはとても良くできていて、テレビ番組からの引用やギャラクシーが直接視聴者に語りかける様子を自ら撮影した短い動画の中で、例えば「カウンターの上に乗らないようにする方法」「猫に眠りを妨げられないようにする方法」「猫が分離不安を抱いているかの見分け方」などを解説している。

膨大なオンラインショップには、紫の肉球が描かれたTシャツや「ジャクソン・ギャラクシー・ナチュラルボブラー」という羽根のついた起き上がりこぼし、「ティクル・ピクル」というキャットニップ、ジャクソン・ギャラクシーブランドのヨットパーカー、虹のような7色の肉球が描かれたビーチサンダル、さらには自閉症協会が認知度向上のために作ったジグソーパズルの模様がついた靴ひもに至るまで、何百ものグッズが売られている。ギャラクシーの見事な仕事ぶりを紹介するだけならいざ知らず、ビーチサンダルまで売っているというのは、いかがなものだろう? ジャクソン・ギャラクシードットコムは、まるで閲覧者を大気圏外に連れて行くかのようだ。そこでは、動物行動専門家であるギャラクシーの誠意と自信がスピリチュアルなニューエイジの資本主義と融合し、見ているとなんだか息苦しくなってくる。

とはいえ、ギャラクシーの誠意には説得力がある。あるインタビューでは、こう語っていた。「宗教心はないけど、僕の思想はスピリチュアルな世界に深く根ざしている。常に猫から、手で触れられないような物事について学んでいるんだ。(中略)誰でも飼い猫が壁の1点を見つめているのを見たことがあるだろう。ひたすらじっと見つめているところだ。人間の目線しか持たない飼い主だったら、この様子を見て、『おバカな子だ』と思うだろう。でも僕には猫がその部屋のその一角にあるエネルギーのパターンに閉じ込められていて、そのパターンを観察し、体の中に取り入れようとしているように思える。こういう見方を受け入れられる人なら、きっと納得できるだろう」

その一方でギャラクシーは、特製の「スピリット・エッセンス」という液体が入った約60ミリリットルの瓶を23・95ドルで売るというビジネスマンの顔も持っている。このエッセンスは猫の餌に混ぜてもいいし、猫の毛に塗ってやってもいい。また、「家やマンションにスプレーすれば、家庭全体に効果が広がる」そうだ。

一例として「ブリー・レメディ（いじめ改善）」というスピリット・エッセンスを見てみると、「ボス猫にほかの猫たちの様子をいちいち監視しなくても物事はうまくいくこと、仲良く暮らすのに支配は必要ないことを思い出させます」と書かれている。そのほかにも野良猫を穏やかにするという「フェラル・フラワー・フォーミュラ」や理由もなく不機嫌になる猫をなだめる「グラウチ・レメディ」、胃腸の弱いあらゆる動物に効き、ストレスや毒素を取り除くという「ハッピー・タミー」、強迫神経症を和らげるという「オブセッション・レメディ」、いじめられている動物たちが自信をつけられるという「セルフエスティーム・レメディ」、分離不安による問題行動を緩和するという「セパレーション・アングザエティ・レメディ」をはじめ、数々のスピリット・エッセンスが売られている。ちなみに数十種類に及ぶ原材料には、触るとかぶれるアメリカツタウルシ、ミュールジカ、有毒なクサノオウ、さらにはキャンプファイアや蚊、そして冗談ではなく風まで含まれている。しかも揚げ句の果てに注意書きには「本製品には実際の植物や動物、宝石は使われていません。使われているのはエネルギーの青写真だけです」と書かれているのだ。「エネルギーの青写真」と言われても一体何のことやらさっぱり分からないが、この際気にしないことにしよう。

そんなギャラクシーだが、彼ほど猫について正確に理解している人物を、私はほかに知らない。ギャラクシーは突然激しく引っかいたり、噛んだり、理由もなくパニックに陥ったりする猫の問題行動の大半は、「過剰刺激」が原因で起こることを知っている。過剰刺激が度を超すとパニックを引き起こすのだ。これはゆっくり優しく撫でてもらうなど、良い経験をしている時に始まることもある。撫で方が単調すぎたり、敏感な場所を撫でたりしていて、最初は我慢していた猫もついに限界が来て爆発するのだ。おもちゃで遊んでいる時にもこれは起こる。獲物を追いかけて飛びつき、仕留める遊びの最中に猫のエネルギーがあるレベルに達し、おもちゃ以外のものまで獲物に見えてくるのだ。不思議なことに飼い主の手が鳥に早変わりしてしまう。一線を越える前に、猫の感覚の負荷レベルを知るのは簡単ではないが、まったく行動が予測できないような猫の場合は、常に注意して見ていたほうがいいだろう。それから、猫が飼い主の注目を求めている時は、テレビを消し、メールを打ったりしないことだ。

ギャラクシーはそれぞれの猫について、特定のストレスに対する忍耐力がどの程度か判断することができる。これはよくあるさまざまなストレスについて、彼がすべて理解しているおかげでもある。実際のところ、そのうち重要なものはほんの一握りだ。ジャクソン・ギャラクシーもミシェル・ネーグルシュナイダーも、縄張り意識が猫の行動を決定する大きな要因であることを心得ている。人間は縄張りを示すにおいを感知できず、そもそも縄張りに対する本能的感覚も持ち合わせていないため、縄張りを奪われたり、侵されたり、脅かされたりした時、猫の中で緊張感が高まっていくのを読み取ることはできない。しかし、特に多頭飼いの場合など、長い間注意深く観察していれば、猫がどこにいる時に寛いでいて、どのあたりから段々落ち着かなくなるか、物理的な位置だけでなくフェロモンのレベルでも分かってくるだろう。しかし、この縄張りは地図のように図解できない場合もある。というのも、縄張りは3次元のこともあるからだ。ギャラクシーの言葉を借りれば、猫の中には「ツリー猫」と「ブッシュ猫」がいて、ツリー猫は棚や冷蔵庫の上にいるのを好み、ブッシュ猫は毛布を敷いた箱の中を好む。両者にそれぞれ適した居場所を提供できれば争いはなくなる。

ギャラクシーの功績は都市伝説と紙一重のこともある。若い頃、ギャラクシーはコロラド州ボールダーの保護施設で働いていた。ちょうど、猫に向かってゆっくり瞬きをして挨拶すると、穏やかで平和な気持ちをとてもうまく伝えられることを学んでいたある日のこと。保護施設内の3メートル四方より少し広い程度の場所にステンレスのケージが置かれ、45匹の猫が収用されていた。時刻は午前2時。まったく知らないところへ連れてこられた猫たちは、45匹が45匹とも大声で鳴いていた。しかもロッキー山脈から来た嵐のまっただ中だ。そこでギャラクシーはある挑戦をした。「アイ・ラブ・ユー猫ちゃん」という方法を1匹1匹に試していったのだ。最初は目を開けておく。ただし、視線は柔らかく。

「アイ」ゆっくり目を閉じる。「ラブ」目を開く。「ユー」

最初の猫は無反応だった。それでも試し続けたところ、ついにゆっくり瞬きを返してくれた。そこで、今度は次の猫にも試してみた。こうして、日が昇るまで夜通し1匹1匹猫に瞬きし続け、ついに部屋は静かになった。45匹もの猫が穏やかになったのだ（*10）。

ここでおのずと疑問が生じる。ほかの人にも同じことができるのだろうか？　私自身がこれまで見てきた中で、最も鮮明に、印象に残った動物と人間とのコミュニケーションは、「ホース・ウィスパラー」のバック・ブラナマンの馬術クリニックだ。ちなみに「ホース・ウィスパラー」という言葉は、馬関係の人たちの間ではかなり前から時々使われていたようだ。最初に使ったのは不思議な力を持ったロマ民族の魔術師だったという説もあれば（*11）、19世紀にアイルランドの調教師ダニエル・サリヴァンが使い始めたという説もある（*12）。いずれにしても、この言葉が有名になったのは、ニコラス・エヴァンスが1995年に発表した小説『ホース・ウィスパラー』のおかげだ。エヴァンス自身、「『ホース・ウィスパラー』に登場するトム・ブッカーのモデルについては、いろいろな人の名前が挙がっているが、実際のモデルはバック・ブラナマンだ」（＊13）と記している。

私はバック・ブラナマンをこの目で見たことがある。小さくて窮屈《きゅうくつ》な丸い囲いの中央に立ち、怯えて手に負えなくなった馬の後ろでハンカチを鞭のように振っていた。ハンカチは決して馬に触れていなかったが、心理的に馬を追い詰め、限界を超えさせた。馬は取り乱し、汗をかき、泡を吹き、首を骨折しそうな勢いで柵にぶつけながら、闇雲に走り回り、どんどん速度を増していく。それがやがて穏やかになり、速度を緩め、立ち止まり、ブラナマンのほうを向くと、うなだれ、沈黙した。ブラナマンはハンカチを持った手を下ろし、心持ち姿勢を崩すと、地面に目をやった。そこへ馬は歩み寄り、鼻先を優しく撫でてもらっていた。半日ほど経つと、それまで人を乗せたことがなかった馬が、一切不安で震えることなく、頭にかかった布を揺らしながら、ブラナマンを乗せて早足で歩いたり、駈け足をしたり、歩いたり、後ずさりしたり、後ろ歩きで輪を描いたりした。

かつてはよく調教されていたとしても、このように底知れぬ不安や恐怖心を抱いていて、おそらく凶暴性もある若い馬は、暗い馬用の輸送車の中には一切入ろうとしないものだ。ところが、私の目の前でそれが起こった。同じ日の夕方、ブラナマンが運転席に座り、手で指示しただけでこの馬は穏やかにスロープを上って輸送車に乗り、誰かが来て自分の後ろでチェーンをかけてくれるのを立ったままじっと待っていたのだ。この様子を実際に目にしなければ、決して信じられなかっただろう。ところが、同じことが何度も起こったのだ。

ブラナマンはほとんど分からないほど一瞬の微かな動きや反応を繰り返すことで奇跡を起こす。ブラナマンから学べることは数知れないが、たとえ彼に師事して50年間勉強しても、決してブラナマンと同じレベルにはなれないだろう。45匹もの猫がいる部屋を静かにすることも然り。そんな離れ業ができる人がこの世の中に一体何人いるだろう？

さすがに45匹は無理だとしても、1匹くらいならギャラクシーから、怯えた猫をなだめる方法を学ぶことはできそうだ。ネーグルシュナイダーからは、いがみ合う2匹の猫を仲直りさせる方法を学べるだろう。こうした行動専門家の知識の核となるのは、野生における猫の習性に対する理解だ。比較的融通が利かない部分はどこか、柔軟な部分はどこかも把握している。これは1匹1匹異なる。ネーグルシュナイダーもギャラクシーも、何度も時間を割いてトイレの問題を取り上げているのは、このためだ。猫を飼っている人なら誰でもこの不快な体験を乗り越え、例外なく猫にとって、トイレはとても重要なものだということに気づいているだろう。猫の心の奥では、決して衰えることのない強い縄張り意識が生き続けているからだ。猫にとって、トイレは（飼い主ではなく猫が感じる）においだけでなく、縄張りのどこにあるかもとても重要だということを忘れてはならない。

特別変わっていて、手に負えなかったベニーという名の猫について、ギャラクシーはこんな話をしている。ベニーはあらゆる変化を嫌っていた。これはとても猫らしい特徴だが、ベニーの場合は度が過ぎていた。ギャラクシーが猫たちを連れて、以前よりもずっと広いアパートに引っ越した時、ベニーはひと通りあたりを見回すと、その後、決まった3つの場所におしっこするようになった。いずれも猫用トイレではない。ギャラクシーが新しい猫用トイレを買ってきて、ベニーがおしっこをしていた場所に置いたところ、大成功だった。しかし、アパートをトイレだらけにしたくなかったギャラクシーは、猫用トイレを少しずつ動かし、いずれ1カ所にまとめることにした。ところが、2つのトイレを3つ目のトイレに60センチほど近づけたところ、ベニーは突然ところかまわずおしっこをするようになった。『限界点』を見極める必要があった。（中略）それ以来、限界点という考え方は猫を相手にする上で、重要な考え方のひとつになった。猫が居心地よいと感じる境界を探るのだ」とギャラクシーは記している。こうして、ベニーが寝ている間に1日15センチくらいまでなら動かせることが分かった。「15センチなら許容範囲内、30センチとなると許容できない。範囲外ということだ」（＊14）

トイレを使っている最中に誰か、あるいは何かが猫を驚かせたら、もうその場所のトイレは使わなくなるだろう。いつもの猫砂を別の猫砂に換えただけで、使わなくなることもある。トイレ掃除をさぼるのは、自ら問題を引き寄せているようなものだ（ただし、ギャラクシーはあまり頻繁に猫砂を換え過ぎるのは、敵対的な態度と見られる恐れもあると言っている）。猫用トイレにカバーをすると、子猫は怖がる可能性もある。それから、いつでもすぐに逃げられる道をできれば2つ以上用意しておこう。多頭飼いの場合、猫1匹につき1つずつと、さらにもう1つ置くのが鉄則だ。自動で洗浄されるタイプを検討している人もいるかもしれないが、やめたほうがいいだろう。

猫は自分で寝床を見つけ出す。飼っている人なら知っている通り、2カ所以上で寝ることも多く、また、新しい場所で眠ることもある。休憩するスペースも同じで、猫は縄張りの中のあらゆる種類の場所に移動する。これは嗅覚に関連しているのかもしれないが、私たち人間には知るよしもない。一方、トイレについては一切交渉の余地はない。どのタイプの猫砂をどのくらいの深さまで入れて、どこに置くべきかを判断するのは飼い主の仕事だ。これがうまくできないと、代償を支払うことになる。

しかし、本書は猫の飼い方の本ではない。もしも猫（特に多頭飼いの猫）の生活環境を本気で改善したいなら、ギャラクシーの著書『猫のための部屋づくり』に勝る本はない。猫の問題行動に悩まされているなら、ネーグルシュナイダーの『キャット・ウィスパラー（*The Cat Whisperer*）』がお勧めだ。

残念ながら、現在出回っている猫関連の本の多くは一流とはいえない。良書を見分ける最良い方法は、野性的な猫の性質を本質的にどれだけ認識しているか、つまり、猫の縄張り意識や狩猟本能、嗅覚が重要な役割を果たしていること、鳴き方や仕草で豊かな気持ちを表現していること、社会性と反社会性、過剰刺激に敏感であること、恐怖心や回避行動の根底にある原因を包括的に理解しているかを確認することだ。最近出版された本の中には、科学に基づいているとしながらも、猫たちの目線で、どのような体験をしているのか理解しようと努力していないものもあった。こうした努力なくして愛猫の本当の姿を理解することなどできない。

キャット・ウィスパラーを名乗る人はあらゆるところにいる。政府や自治体が管理しているわけでもなければ、学位が必要なわけでもないため、どのウィスパラーが本物で、どのウィスパラーが完全なる偽物か判断することはできない。それにネーグルシュナイダーのように本物のウィスパラーでさえ、資格など持っていないのだ（少なくとも、この後「業界のからくり」として紹介する、お金で買える類いの「資格」を除いては）。その上、ネーグルシュナイダーは成功率も公表していない。こうなるとそのまま信用するか、利用者のコメントを頼りにするしかないだろう。この業界に秩序はない。

例えば、とあるサイトには「猫が好きで、この業界のからくりを積極的に学ぶ気があれば、時給100ドル以上稼げるようになる」と書かれている。しかもその理由は「この仕事は満足のいくキャリアにすることもできれば、『副業』として行うこともでき、『学位』も必要なければ、免許も要らない」からだ。さらに「どうやら猫セラピー業界には法的規制がないらしい。しかし、プロとして箔をつけたかったら、いくつかある団体のどれかから免許を取得することは可能だ。例えば、国際動物行動コンサルタント協会（IAABC）の場合、十分な経験があることを証明して、適性試験で80％以上の得点を取るなど、基本的な基準を満たせば、動物行動コンサルタントの資格が得られる。ただし、返金不可の出願料125ドルと年会費110ドルを払う必要がある。資格を取るのに必要な経験がない場合は、どこか適当な団体に所属して信用を得るといい。ＩＡＡＢＣは入会金50ドルと年会費65ドル支払うだけで会員になれる。そして、公認コンサルタントではなく、『会員』と名乗るだけなら、宣伝にＩＡＡＢＣのロゴを使うことができるのだ。独学で学び、わずかなお金を投資して動物行動専門家の団体に入会し、名刺を作れば、いつでもビジネスを始められる」ともいう。

とはいえ、動物行動の専門家が多くの飼い主たちの役に立つこともある。とりわけ異なる時期に迎え入れた複数の猫を飼っている家庭や、家が狭くて猫が安心できるだけの十分な縄張りを確保するのが難しい場合、または飼い主がうまく縄張りとなるスペースを作ってやる方法を知らない場合、大金を支払ってもプロのアドバイスを仰ぐ価値はあるだろう。我が家のような悪夢のシナリオ（やその他さまざまな悪夢）を実際に経験した人なら、それがどれだけ深刻なことか知っているはずだ。手に負えない猫がいるだけで、家族全員が心の平穏を失う。言うまでもなく、猫たち自身も辛い思いをしている。しかし、信頼できるプロの行動専門家を紹介してもらえる機会は増えている。本を書いたり、スピリット・エッセンスを販売したりしていない行動専門家の中にも、驚くほど成功を収めている人がいるのだ。

半分野生の猫たちと（本物の家庭らしく）平和に仲良く暮らすのは、当然ながら簡単なことではない。オーガスタを飼い始めた頃、人間の家庭で生活することが彼女にとってどれほど大変か、私たちは気づいていなかった（うまくオーガスタに野生を諦めさせることができなかったと言ってもいいだろう）。やがて、モンタナの森や深い茂みにいる時、オーガスタがすっかり本来の自分の姿に戻り、とても幸せそうにしているのに私たちは気づいた。つやつやの毛並み、跳ね上がって描く美しい体のアーチ、黄緑色の目の輝き、全身が一体となった流れるような優雅な動きに、オーガスタの喜びが現れていた。オーガスタがモンタナで夏を満喫できたのは、夏の過酷さから守られていたこと、そして、餌を与えられ、愛情を注がれ、撫でてもらい、ブラシをかけてもらい、歌を歌ってもらい、車で連れてきてもらえたからだ。

注意深く見守り、世話をしていくうちに、やがてオーガスタは都会でも楽しくやっていけるようになった。オーガスタは階段を駆け上り、ボールを追いかけ、カタカタ動くネズミのおもちゃを攻撃したり、ゴムひものついたクモのぬいぐるみを叩いたり、大きな段ボール箱で作った「ホテル・オーガスタ」のドアをくぐり、窓から腕を伸ばしてリボンを掴んだりした。お腹にある小さくて白い星形模様を見せながら、日向ぼっこすることもあれば、私たちがビデオを観ている間、ソファーで寝息を立て、時々片耳をピクリと動かし、家族である私たちがそばにいるのを確認していることもあった。家族としては完璧ではなかったが、オーガスタは自分の本来の姿を私たちに見せ、私たちを教育していた。そして、家で野生動物を飼いたいなら、猫を飼えばいいということを教えてくれたのもオーガスタだった。

ところが、アメリカにはまったく家畜化されていない正真正銘の野生動物を家庭で飼育し、懐かすことができると考えるおかしな風潮がある。これは理解不能なサブカルチャーの1つと言えるだろう。野生動物をペットにしても問題ないと考えているのだ。こうした人々は、1人や2人ではなく、無数に存在する。昔よく使っていたモンタナ州リビングストンにある印刷会社には巨大なハイイロオオカミがいて、カウンターの向こうから少し首をかしげた人懐こそうな顔をのぞかせていた。交配種ではなく、紛れもなく本物のハイイロオオカミだったので、飼い主の女性は顧客が撫でようとするたびに止めなければならなかった。撫でられても何もしなかったかもしれないが、万一噛みついたら一大事だ。例えば、小さい子どもと一緒に狼の子を飼っている人々は、これまで狼は誰にも危害を加えたことはないと言うだろう。それが嘘偽りのない真実だとしても、ある日、子どもの友達が遊びに来て、その家の子どもを強く叩いたりしたら、狼は群の仲間が襲われたと思い、叩いた子どもを殺しかねない。この場合、狼は群を守るという家族としての義務を果たしただけなのだ。

変わったペットを飼ってみたいという心理も分からなくはない。過去2世紀にわたり、特定の容姿をした猫を作るために数多くの交配が行われてきた。ベンガルのように、交配により野生の遺伝子を組み込んだ例もある。アメリカの猫の血統を守るために設立された愛猫協会がベンガルを純血種として認めたのは、2016年になってからのことだ。私たち夫婦が飼っていた猫のイザベルは、保護された雑種の猫で、ベンガルの特徴を多く持っていた。ベンガルはベンガルヤマネコとイエネコを掛け合わせた品種で、5〜6代の繁殖を経て、より多くのイエネコ的特徴を備えた猫になった（当初の目的は猫の白血病の研究だった。ベンガルヤマネコは白血病の抗体を持っていたからだ。交配種はこの抗体を受け継いでいなかったが、偶然奇跡的に従順で友好的で大人しい品種が生まれた)。イザベルは雑種だったが、ベンガルと同じく胴体が長めだ。また、雌猫らしく「ミャオ」と鳴くよりも、ベンガル風の「アクアク」と鳴くほうが多い。シマ模様というよりもヒョウ柄で、つややかで平らな毛皮は日の光を浴びるとまるで金の粉を振りかけたようにきらきら輝く。そんなところもベンガルを彷彿とさせる。ところが、不思議なことにイザベルはタフト(耳の中の飾り毛)が長い。ベンガルヤマネコにこのような特徴はなく、ベンガルのブリーダーの間では公式に「好ましくない」特徴と考えられている(＊**15**)。ユニークさを追求して新しい品種を生み出してきたはずなのに、今では血統を守ることが重視されるようになっているなんて、考えてみたらおかしな話だ。

愛猫協会が「認定した」41品種は、すべてイエネコの中からだけ、集中的選択によって生まれたものだ。これら41品種のうち、16品種は「自然発生種」つまり「基礎となる」種と見なされ、かなり多くの遺伝的多様性を持っている。彼らは無作為に交配した猫の子孫だからだ(＊**16**)。そのおかげで自然発生種の猫の子孫たちは病気に強く、先天異常や病気を持って生まれてくる確率は低い。しかし、無理に繁殖を繰り返したり、近親交配したりした多くの犬同様、一部の純血種の猫に対して近年開発された繁殖基準は、純系育種を許している。純系育種とは、父親と娘、母親と息子など、近親者同士を繁殖させることだ。その結果、同じ品種の間で遺伝子異常が急速に広がった(＊**17**)。愛猫協会のガイドラインには「遺伝にかかわる試みはいかなる場合も注意深く行うこと」(＊**18**)と記されている。

実際、キャットショーで高く評価されている特性（愛猫協会もひそかに推奨している）を持たせるために品種改良を行ってきた結果、遺伝による数々の悲劇が生まれた。青い目と純白の毛を持つように交配された猫は、まったく耳が聞こえなくなる可能性が高い。スコティッシュフォールドの耳が垂れる原因となる遺伝的変異は、軟骨の深刻な異常も発生させる。耳の垂れたすべての猫が、骨の発育障害や骨および軟骨の異常を持ち、重篤で痛みを伴う関節炎をもたらすことがあるという（＊19）。メインクーンやラグドールは肥大性心筋症を非常に発症しやすい。これは左右の心室の片方が肥大化する致命的な疾患だ（＊20）。アビシニアンとソマリは、生後12～16カ月で視力を失う原因となる障害を遺伝的に受け継いでいることがある（＊21）。また、シャムの場合、内斜視や喘息、リンパ腫、腸腺癌、慢性噴出性嘔吐、強迫神経症などの疾患が遺伝しやすい（＊22、23）。保護施設にあふれているような昔ながらの雑種のほうが、ずっと健康である可能性は高い。

変わった特徴の探究はさらにエスカレートしている。突飛で、風変わりな猫を求めて交配を行うブリーダーが少なくないのだ。カリフォルニア州コヴィーナに住むジュディ・サグデンは30年間にわたり、愛玩用小型犬のような気質とトラのような模様の猫を作り出すために、膨大な時間を費やしてきたという（＊24）。この種の個人ブリーダーによるいかがわしい実験が、障害を負い、ひどい痛みに苦しみ、生殖能力のない、先天異常を持った瀕死の状態の猫を一体何匹生み出したのか、私たちには知るよしもない。トゥイスティ・キャット（＊25）やマンチカン、スクィットゥン、カンガルー・キャットなどがいい例だ。最後の2つは交配の結果、前脚が使いものにならなくなり、リスやカンガルーのように後脚で跳ねなければならなくなった（＊26）。こうして実験的に作り出された子猫の多くは、死産となった。その結果に、ブリーダー界のフランケンシュタイン博士たちはがっかりしたかもしれないが、生まれてきた後の猫たちの苦しみを思えば、むしろ良かったのかもしれない。

さらに、イエネコを見栄えのする野生種と掛け合わせ、どんな猫が生まれるか試すことに抵抗のない人々もいる。例えばチャウシーは、南アジアに生息するジャングルキャットとアビシニアンの掛け合わせで、体重は15キログラムに達することもある［標準は3〜7キログラム程度］。何世代にもわたりイエネコとの交配を重ねた結果、大人しい性格になるチャウシーもいる。しかし、ジャングルキャットの腸管が短いという特徴は根強く引き継がれ、野生の獲物ではなくキャットフードを与えると、食物アレルギーや炎症性大腸炎を発症することも多々ある（＊27）。アフリカに生息するサーバルとイエネコを掛け合わせたサバンナキャットは、チャウシー同様大柄で、13キログラムを超えることもある。アメリカのいくつかの州やニューヨークなどの市では、サバンナキャットの飼育が違法とされ、オーストラリアも「在来動物および環境に対し、非常にリスクが大きい」として、飼育を一切禁じている（＊28）。また、ボブキャット、ジャングルキャット、ベンガルヤマネコの3つの野生種が混ざった、ジャグキャットという猫もいる。ブリーダーのモケイヴによると、「ジャグキャットはすべて大型と考えられているけれど、なかには巨大になるものもいる。もっとも、どの子猫が巨大になるかは予想できない。成猫になるのに4年かかり、小さかった子猫が巨大猫に成長することもあるからだ」（＊29）という。この品種はまだ新しく、健康面でどのような問題が起こってくるかはまだ分からない。

さらに常軌を逸した人々もいる。純然たる野生種をペットにする人々だ。彼らの人気を集める種の1つカラカルは、かつてインドやパキスタンで「飼育」され、野ウサギや鳥の狩猟用に調教されていた（＊30）。しかし、現代の生活においては10キログラムもあるダイナマイトを家に置くようなものだ。ペットの飼い方のサイトでは、「カラカルは決して人間が愛情を抱けるようなペットにはなりません。カラカルが遊び始めると、普通の家庭にある家具などを破壊し、手に負えなくなってしまいます」（＊31）と警告している。オセロットは非常に美しく、サルバドール・ダリもバブーという名のオセロットを飼っていた。しかし、オセロットも命令して訓練しようとしても耳を貸さず、鼻にツンとくるにおいがすると言われている（＊32）。自然の中にいるボブキャットはとても可愛らしく見えるが、手懐けるのは不可能だ（＊33）。また、東南アジアに生息するスナドリネコもペットにできる野生種として名前が挙がるが、そもそも絶滅危惧種である。

捨てられたり、虐待を受けたりしているネコ科の大型動物（ライオン、トラ、ピューマなどで、サーカスや観光客向けのアトラクションで使われていた動物の場合も多い）の保護をしているビッグ・キャット・レスキューという組織がある。ビッグ・キャット・レスキューによると、最近、飼い主に捨てられるネコ科の交配種の数が劇的に増え、憂慮すべきレベルに達しているという。多くの動物たちが捨てられる理由は、「遺伝的欠陥、（中略）人間の与える餌を消化できない、（中略）激しい下痢、（中略）人間を噛む、（中略）マーキングする、（中略）夜通し大きな声で遠吠えする」ためだという。

こうした動物たちを捨てたらどうなるのだろうか？　ビッグ・キャット・レスキューは「交配種は最近まで野生だった遺伝子を持っているため、野良猫よりもずっと狩りがうまく、生態系に及ぼす影響もずっと大きい」と説明している。その上、野良猫と交配すると、より体の大きい猫が誕生する。こうした猫たちは、より多くの種類の野生生物を仕留められる。その対象は水中生物にも及ぶ。野生の猫は水の中もいとわず獲物を追うからだ。野良猫に野生の猫の特徴を組み込むと、人間から逃れ、罠を回避し、川を渡り、ずっと長い距離を移動する能力も身につけることになる。つまり、まだ野良猫が住み着いていない地域にまで問題が広がってしまうのだ（*34）。野良猫と逃げ出したネコ科の野生動物たちが無制限に交配するようになるなんて、考えただけでも恐ろしい。

２０１１年10月18日、オハイオ州ゼーンズビルで、ペットにされたネコ科の野生動物を巡る悲劇が起きた。刑務所から出所し、妻の不倫を知ったテリー・トンプソンという男が、自宅で飼っていたペットのケージの扉をすべて開け放ち、そのまま自殺したのだ。トンプソンが引き起こしたこの問題を解決するために、警察とコロンバス動物園からの協力者たちが駆けつけた。

彼らが仕事を終えた時には、トラ18頭、ライオン17頭、熊8頭、ピューマ3頭、狼2頭、ヒヒ1頭、マカク1頭が命を落とし、地面に横たわっていた（＊35）。

そもそも、どうして1軒の家にこれほどまでに数々の動物を集めることができたのだろうか？　こういった動物を飼うのは違法ではないのだろうか？　実のところ、オハイオ州では違法ではない。しかも、さほど高価でもないのだ。ライオンの子どもは300ドルで買える。『GQ』誌に掲載されたこの惨劇に関する記事によると、大人のライオンやトラは「事実上、価値がつかない」という。新しくライオンやトラを買いたいと思う人よりも、用済みになって手放したいと思っている人のほうが多いというのがその理由だ（＊36）。

逃げ出した動物たちを追跡した専門家のボランティアの中には、コロンバス動物園の名誉園長で、「ジャングル・ジャック」の愛称で知られるジョン・ブッシュネル・ハンナもいた。ハンナは有名な動物専門家で、サファリ・スタイルに身を包み、数々のテレビ番組に出演している。テレビではいつもコロンバス動物園の動物たちを連れていた。ハンナ自身も数々の野生動物をペットにしていたが、ある時、飼っていたライオンのうち1頭が3歳児の腕を食いちぎり、手放すことになったという経験があった。

野生動物の危険性だけでなく、飼育が野生動物にとってどれだけ残酷かも考慮に入れなくてはならない。そもそもライオンやトラを動物園で展示すること自体、残酷なのだ。最悪な状況になると、こうしたネコ科の動物たちは長い間正気を失い、日がな一日、コンクリートの檻の中を行ったり来たりするようになる。比較的恵まれた動物たちは、人工的に彼らの「野生の生育環境」を真似た環境で飼われているが、そんなものに彼らはだまされない。ペットにされたカラカルやジャングルキャット、ヒョウは（世の中にはヒョウを飼っている人もいるのだ）、魂の火が消えてしまう。インターネットで検索すれば、こうしたネコ科の動物たちが飼い主の腕の中で喉を鳴らしたり、ブランケットの上で丸くなって赤ちゃんのように健やかに眠ったりしている画像が見つかるだろう。しかし、悪臭のするステンレス製の檻や、ずたずたに引き裂かれたカーテンや椅子の布、ペットを自慢する飼い主の腕に残った20針の手術痕などを目にすることはない。馬や犬なら話は別だが、抑えられた猫の鋭気はカメラに納められないのだ。

著名な野生生物学者ジョン・L・ウィーヴァーは、これまでよりもはるかに正確かつ親愛の情を持って、野生動物を観察する方法を思いついた。数々の種を検討した上で、ウィーヴァーは1992年6月にモンタナ州フラットヘッド湖近くの毛皮動物飼育場から、生後19日のカナダオオヤマネコの子どもを買い取った。このタイミングは周到に計算されたもので、このヤマネコの子は翌日、生まれて初めて目を開いた。「私や妻のテリー、娘のアンナの姿を刷り込み、ヤマネコを見た瞬間に家族だと思ってもらえるようにしたかったのです」とウィーヴァーは言う。ヤマネコの子はその親しげな鳴き声から「チャープ」と名づけられた。一家はミズーラ近郊にあるラトルスネーク自然保護区域へと続く小道沿いの自宅で、昼夜も問わず2、3時間おきに哺乳瓶でチャープにミルクを与えた。チャープは大人しい性格で、決して攻撃的になることはなかった。そして、ほとんどの時間を飼い主たちのそばで過ごし、同じベッドで眠ったが、それでも断固として家庭用のペットにはならなかった。生後10週になる頃には、目に入る限りの角という角にマーキングし、家具をボロボロに引き裂くようになったのだ。

ウィーヴァーは裏庭に金網のパネルで小屋を作った。幅10メートル、奥行き5メートル、高さは2・4メートルほどの大きさだった。ウィーヴァーはこう言っている。「チャープがどれくらい早く獲物を仕留める能力を身につけるかテストしたかったのです。そこで、チャープがまだ生後10週だったある日、生け捕りにしたカンジキウサギを小屋に入れてみました。このうさぎは大きさがチャープの3倍ありましたが、チャープはほかのオオヤマネコ同様、ウサギを捕まえると首の後ろに素早く噛みつき、仕留めました」

ウィーヴァーがオオヤマネコをペットとして育てるのに成功したと言える理由の1つは、チャープの許可を得なくても小屋の扉を開けて中に入ることができ、ウィーヴァーが入ると、青年期に入り13キログラムに達したチャープが彼の肩をめがけて飛んできて、さらには毛皮のストールのように巻きつき、大きな声で喉を鳴らすようになったからだ。ウィーヴァーは15〜20分にわたり、チャープの全身をマッサージする（そのお返しにチャープはウィーヴァーの顔や頭をくまなく丁寧に舐める)。とはいえ、ウィーヴァーの目的は決してチャープをペットにすることではなく、身近な場所でチャープを慣らし、大人になったら発信器つきの首輪をさせて、追跡しながら野生環境で狩りをする様子を調べることにあった。雪の積もった針葉樹の密林の中、生い茂る鋭い葉に顔をこすられながら、チャープを追って行くのは、罰に等しい。その上、90センチメートルほどのアンテナを担いでいくのは至難の業だ。それはよく分かっていたが、近くで観察することでなかなか人前に姿を現さない、この稀少なオオヤマネコについて、これまで収集された、いかなるデータよりもはるかに詳しい情報が得られると考えたのだ。

2度目の冬、ウィーヴァーはチャープを山の中に連れて行った。チャープはウィーヴァーの望んだ通り、ウィーヴァーの追跡を受け入れつつも、彼の存在に注意を奪われることなく、狩りに全神経を集中させた。「ヤマネコの耳の先に伸びている長い毛(タフト)のことが、いつも気になっていたのです」とウィーヴァーは言う。「いろいろな人がいろいろな説を唱えていますが、どれもピンときませんでした。そんなある日、チャープが雪を掘って穴を作り、その中に寝そべったのです。外から見えたのは、頭のてっぺんとあの長い耳の先だけでした。近くをちょこちょこ動き回っているうさぎが見たら、別のうさぎがいるようにしか見えないでしょう」そこでウィーヴァーがチャープの耳とカンジキウサギの耳の大きさ、さらに毛皮動物飼育場にいるヤマネコたちの耳の大きさを測ったところ、見事に一致することが分かった。「チャープはカモフラージュして横たわり、獲物を待ち伏せしていたのです!」

ウィーヴァーは共同研究者とともに、においに引き寄せられて特定の場所に来た動物たちの体毛から種と性別、年齢などのさまざまな特徴を識別する、動物の体にダメージを与えない遺伝子型判定法を開発した。チャープの協力を得ながらウィーヴァーはネバネバしていて強烈なにおいのする柔らかい泥のようなもの（何でできているかは秘密という）を作った。これはカーペットや木に付着でき、数カ月間においを発し続ける。これにチャープは大喜びして、下顎に沿った腺をこすりつけ続けた。こうすれば、分析に使える良質な体毛のDNAサンプルが手に入る。その日の狩りやにおいの実験が終わると、チャープはただ横たわって、ウィーヴァーが自分を肩に乗せて山を下り、ピックアップトラックまで運んでくれるのを待った。

チャープはとても大人しく、ウィーヴァーは地元のグループ会議や学校の教室に連れて行くこともできた。教室に行く時は、隅の床の上に子どもたちは静かに座っているように先生にお願いする。そこへチャープとウィーヴァーが入っていく。チャープは子どもたちの間を歩き回り、音を立てずににおいを嗅いだり、子どもたちを見たりして、どんな子がいるか確認していく。子どもたちは緊張して固まっている。絶対にチャープに触ってはいけないと、はっきり言われたからだ。ウィーヴァーはまず問題は起こらないだろうと思っていたが、いざという時に止められるように、チャープを膝に乗せた状態で、子どもたちに触らせることもあったという。

チャープが来てから5年目のある晩、どういうわけか誰かがウィーヴァーの家の裏庭に侵入し、チャープの小屋の扉を開けた。それ以来、チャープを見た者はいない。

ジョン・ウィーヴァーは、カナダオオヤマネコをペットにしたいと考えている人にどのようなアドバイスをするだろうか？

「それは絶対にお勧めしません。チャープは危うく我が家を破壊するところでした。私はあくまでも科学研究のためにチャープを飼ったのであって、ヤマネコの飼育はやめておくべきです。ペットにはできません」

かつてチャープが住んでいた家からわずか48キロメートルあまりのところで、バーバラ・ローという女性が、オオヤマネコの子どもを1匹1750ドルで売っている。「生後9週になったら、手術して4本の足すべての爪を除去することをお勧めします」（＊37）とローは顧客にアドバイスする。たとえ相手がイエネコだったとしても、これは非常に残酷だ。米国動物愛護協会によると「従来から抜爪《ばっそう》は各足指の先端にある骨の切断を伴う。人間に置き換えると、同じ手術を施した場合、すべての指を第1関節から切除することになる」（＊38）という。多くの場合、痛みは術後長い間続く。猫たちはバランス感覚を失い、部分的に切断された足で歩く方法を改めて身につけなければならない。持って生まれた最強の武器を奪われた猫たちは、時に以前よりずっと攻撃的になる。爪は防御、歯は獲物を殺すためにあるのだ。

野生の猫を飼う（監禁する）のは、事実上、野生の環境から隔離することを意味する。交配種に野性味を求めるのも、自分の夢を自らぶち壊すようなものだ。獲物を捕らえる自由は、世界を自分の力で生き抜くために野生の猫たちが進化によって手に入れたものである。野性味を求めて野生の猫を飼ったのに、その猫から、この野生の性質を奪い取ってしまったら、本物の野生の顔を見ることなど決してできない。

しかし、半分家畜化され半分野生を残しているイエネコを飼えば、飼い主との間に絆を築き、人間の住まいにも慣れるため、野生の顔を間近で見ることができる。オーガスタと私の関係も同じだった。オーガスタが成猫になると、私たちはほとんどずっと一緒にいた。作家がひらめきを得るために窓の外を眺めたり、同じ場所を行ったり来たり歩いたりする代わりに、私はオーガスタを見つめた。これは単なる観察というよりも交流のように感じていた。オーガスタはオーガスタなりに、私を受け入れてくれていたように思う。これはペットであろうとなかろうと、野生動物が相手では起こりえないことである。

膝の上で喉を鳴らす毛玉のようなオーガスタの中に、野生動物が住んでいるのは確かだ。飼い猫が野生の部分を抑えているのは、そのほうがメリットがあるから、そして、飼い主に愛情を抱いているからだ。次の第5章では、人間に愛されることも世話してもらうこともない、非常に野性的な子猫がどう育つかを見ていこう。

5

野放しの野生動物

野良猫、通い猫の問題と保護活動

「プスッ」まだ手をつけられていなかった最後の白いごみ袋に、カラスがくちばしで穴を開けた。不意に静寂が訪れる。建物の窓から漏れていたベッドルームの灯りも消えてゆく。通りは驚くほど暗い。川から立ち上る霧でオッタヴィアの列柱がかすみ、玄武岩の石畳が湿って、黒く輝く。カラスがごみ袋の中身を引きずり出す音もくぐもって聞こえる。1匹また1匹と、壁を這う影が猫の形に変わる。マルケッルス劇場やアポロ・ソシアヌス神殿といった遺跡からも、テベレ川沿いの茂みからも、ところどころ崩れた石の壁を登り、大神殿のうっそうとした庭に設置された防犯センサーの間を抜けて、猫たちがこの狭いレストラン街に集まって来る。カラスたちはいそいそと羽ばたき、猫たちに場所を譲った。客が残したたくさんの魚を捨てる店もあれば、肉を捨てる店もあった。猫たちは時々「シャー」という声を出したり、相手をピシャリと叩いたりすることはあっても、喧嘩を始めることはない。イタリアンはもとよりユダヤ教の戒律に従ったコーシャー料理を中心に、寿司屋やハンバーガーショップ、カフェやバーが軒を連ねるこの通りには、すべての猫に行きわたるだけの豊富な食べものがあった。

寝静まった街のあちこちで猫たちは活動する。遺跡や公園のいつもの居場所を離れ、裏通りや屋根の上、庭先に窓先、玄関口、記念碑の柱にやって来るのだ。食べものはどこにでもある。そこかしこで、車に轢かれたネズミや鳩、誰かが落としたホットドッグ、こぼしたまま放置されているごみなどが見つかる。しかし、それだけでは何万匹もの猫を養うのには足りない。それでも猫たちが元気に生きているのは、ローマ市内のあらゆるところにいるガッターレと呼ばれる猫好きの女性たちが、市に登録された公式の餌場に、市販のキャットフードをせっせと置いていているからだ。イタリア語では単数形で、女性ならガッターラ、男性ならガッターリと呼ばれるが、ガッターリはごくわずかだ。

ローマの猫たちは餌をもらうだけでなく、世話もしてもらっている。ローマには昔から猫の街としての誇りがあった。通りや古代ローマ帝国の遺跡に無数の野良猫が住み着いているのだ。そのほか、ローマの街を闊歩する猫たちは捨てられたり、迷子になったりした元飼い猫だ。こうした猫たちの数については諸説あり、30万匹という説もあるが、10万匹くらいが妥当だろう。しかし、正式に数えたわけではなく、ローマの野良猫を研究する生物学者ですら、推測しているに過ぎない。

1988年、ローマ市は不治の病や致命的な怪我を負っている場合を除き、いかなる猫や犬の安楽死も禁止した。1991年8月、イタリア議会もこれに相当する法律を制定し、野良猫には自由に生きる権利があり、所属しているコロニーから引き離すべきではないと規定した。さらに、野良猫たちは「地元の獣医学的公共サービスにより去勢した上で、元のコロニーに戻すこと」(＊1)とされた。しかし、去勢運動が繰り広げられているにもかかわらず、野良猫の数は増え続けていたようなのだ。

やがてローマの野良猫の数が爆発的に増加して、猫たちが飢えに苦しみ、生まれたばかりの子猫たちが命を落とし、猫の間に病気が広がり、さらに動物原性感染症(動物から人間に感染する病気)が発生するのを予見していた生物学者がいる。1980年代前半からローマの猫たちを研究し続けているエウジェーニア・ナトーリだ。世界保健機構や国連食糧農業機関と共同で研究を行い、ナトーリはローマの野良猫の多くが怪我を負ったり病気にかかったりしているため、去勢手術の目的で猫を捕獲した際に、獣医師の診察を受けさせるように提案した(＊2)。それにはさまざまな政府機関に働きかけ、彼らと連携し合う必要があった。そして、何よりも重要なのは、ローマ市に大勢いるガッターレを中心としたボランティアの協力を得ることだった。

そして、野良猫を管理すべく、「TNR」と呼ばれる、彼らを捕らえて(*Trap*)、去勢手術を施し(*Neuter*)、元の集団に帰す(*Return*)手法を、過去に例を見ない規模で実行することなった。世界的に見てもこれほど大規模なTNR計画が遂行された例はなかった。どの試みも十分な数の猫を去勢できなかったか、対象の集団がほかの集団から完全に隔離されておらず、去勢をしても外から生殖能力を持った個体が引き続き集団に加わっていたため、失敗に次ぐ失敗という結果になっていたのだ。野良猫のコロニーは拡大を続け、「捕らえて、去勢手術を施し、また捨てる」と揶揄《やゆ》されるようになった。

それでもローマは果敢に挑戦した。ナトーリは共同研究者たちと共に1991〜2000年までの10年間にわたり、ローマ市の野良猫について調査した。103のコロニーを監視し、そのうち8000匹はガッターレが捕獲して、去勢手術を受けさせた。去勢手術を受けた猫はすべて片耳の先を少し切り取り、どの猫が既に手術を受けたかすぐ分かるようにした。10年が経過する頃には、103のうち55のコロニーが規模を縮小。20コロニーには変化が見られず、28コロニーはなんと数が増えてしまった。まったく予想していなかったのは、コロニーに新しく加わる猫や集団を去る猫が非常に多いことだ。集団から逃げ出す猫もいれば、飼い主にこっそり捨てられて集団に加わる猫もいて、子猫を連れてやって来る場合も少なくなかった。子猫なら比較的簡単に里親を見つけられたが、コロニーは新参者の成猫であふれていた。こうして新たに加わる猫がいなければ、この計画は成功していただろう。しかし、現実にはそううまくいかない。ナトーリの研究はこう結論づけている。「都市の野良猫の数を管理する上で、TNR計画だけでは不十分だった。多くの飼い猫が捨てられている現状を改善するため、市民に対する効果的な教育活動の併用を提案する」（＊3）安楽死を禁じられた保護施設の弱点は、際限なく流入し続ける捨て猫であり、最もよく捨てられる子猫だった。

❈

倒れて横たわる柱や今もなお立ち続けている神殿やアーチ、手入れのされていない雑草や壁を這う蔦《つた》を朝日が金色に染める頃、通りをうろついていた満腹の猫たちは、ぶらぶらと住み家に戻り、大理石の上で暖かな日の光を浴びながら重たいまぶたで毛繕いを始める。近代的な街並みの中に、20世紀前半に遺跡が発掘されてできた巨大な長方形の穴、トッレ・アルジェンティーナ広場がある。共和政ローマ時代に建てられた4つの神殿の間には、背の高いカサマツが立ち、雑草がはびこり、花が咲いている。また、紀元前44年3月15日にガイウス・カッシウス・ロンギヌスとマルクス・ユニウス・ブルトゥス率いる元老院議員の一団が、皇帝ユリウス・カエサルを23回刺したとされているポンペイウス劇場もある（＊4）。広場を囲む4本の通りには店やバーが所狭しと立ち並び、西側の大通りには、『セビリアの理髪師』が初演された伝説のアルジェンティーナ劇場が立つ。

しかし、広場の柵につかまり、中をのぞき込む観光客が興味を持っているのは、広場の歴史ではなく、現在そこに暮らす猫たちだ。カエサルが暗殺された時も猫たちはここに住んでいた。

そして、今ではローマで一番有名な猫たちとなった。

広場の片隅には鉄格子の扉があり、その先には手入れの行き届いた小さい庭に通じる急な階段があった。その扉にはこう書かれている。

餌やり禁止

ここは重要な遺跡発掘現場です。

敷地内に猫の餌を置くことは禁止されています。どうかご理解ください。

許可を受けた団体が猫たちに餌を与え、世話をしています。

どの猫も去勢手術および予防接種を受けています。

いかなる動物を捨てることも違法です。

担当者は鉄の階段を降りたところにおりますので、御用の方はお越しください。

別の注意書きには、未成年者は大人同伴でしか入場できないこと、「鉄の階段を降りたところ」にある事務所は、毎日正午から午後6時まで開いていること、そして、「猫の譲渡は午後1から5時」であると書かれていた。

トッレ・アルジェンティーナ広場はローマのほかの遺跡同様、かつては猫であふれ雑然としていた。猫たちは獣医師に診てもらうことも、去勢手術を受けることもなかったが、ローマの心優しい猫好きの女性たちから餌だけはもらっていた。特にこの広場の猫が注目されるようになったのは、広場の向かいに立つアルジェンティーナ劇場の舞台によく立っていた女優のアンナ・マニャーニが、ガッターレの仲間入りをしたためだった。

マニャーニの死後も地元に住む3人のガッターレが猫の世話に奔走したが、捨て猫は後を絶たなかった。そのうち彼女たちはヴィットーリオ・エマヌエーレ2世大通りの下にある神殿の部屋を簡素な保護施設にした。施設は一部の壁がなく、じめじめしていた。1995年、アングロ・イタリアン動物愛護協会という組織が猫たちの窮状《きゅうじょう》を知り、金銭的・物的支援を伴う協力を申し出た。ボランティアたちは広場を訪れた観光客から寄付を募り始めた。すると、裕福で世知に長けた寄付者が関心を持ち、ローマのガッターレたちに資金調達のために晩餐会や抽選会、イベントを開催する方法を教えた。そして、まもなくボランティアたちはトッレ・アルジェンティーナ広場の猫に十分なケアを施すだけでなく、ローマのほかのコロニーにも潤沢な資金を分け与えるようになった。また、飼い主が猫に去勢手術や治療を受けさせられるようにクリニックを開設した。古代に建設されたトンネルを避難場所にして、病気や怪我をしている猫や、捨てられてコロニーにやって来たばかりの猫を収用した。そうすれば、時間をかけて徐々に新参者を古参の猫に紹介してやれるからだ。この猫の保護区域に関する本が2冊出版され、好調な売れ行きを記録した。知識のある協力者たちはウェブサイトを作った。イギリス人のボランティアは映画を作り、トッレ・アルジェンティーナ広場の人々の手によって、DVDで販売された。デモ行進「キャット・プライド」では、ローマの野良猫の保護と世話のために自治体からの資金援助を求めた（＊5）。

そして、ガッターレになるのが流行り始めた。イタリア女性の半数以上は、勤めに出ていない上（＊6）、イタリアは社会的良心の強い国柄で、猫の世話をしたいという経済的にも時間的にも恵まれた女性には事欠かないのだ。現在のボランティアの多くは明らかに身なりも良く、裕福そうに見える。

それでも猫を完全に管理下に置くのは、まだまだ難しい。この広場に捨てればよく面倒を見てもらえると知っていて、夜中に忍び込んで猫を捨てていく人が後を絶たないためだ。また、譲渡センターとしてもよく知られていて、2013年には143匹、2014年には165匹、2015年には148匹が引き取られていった（＊7）。

もし猫がこの広場を離れたいと思えば、簡単に出て行くことができる。2015年5月の深夜、暗闇の中トッレ・アルジェンティーナ広場の南西にあるフナリ通りという狭い道を歩いていると、落書きだらけのみすぼらしい壁に真新しい白いポスターが貼られているのが目に入った。そこには明るい色の目をした灰色と白のトラ猫の写真と共にこう書かれていた。

カラマーゾフ

これはトッレ・アルジェンティーナ広場猫コロニー文化協会が保護しているカラマーゾフ

という名の猫です。カラマーゾフは避難所の出入り口近くをうろつくのが大好きでした。残念なことに、ここ数日、カラマーゾフの姿が見えません。カラマーゾフの情報をお持ちの方がいらっしゃいましたら、ぜひお知らせください。ご連絡がない場合、最悪の事態を想定しないといけないかもしれません。

カラマーゾフを見かけた方は、どうかご連絡ください（その下に電話番号が3つ書かれていた）。

よろしくお願いします。

トッレ・アルジェンティーナ広場ボランティア一同

「気の毒に……」と私はつぶやいた。そして、また2分程歩くと、カンピテッリ広場で灰色と白のトラ猫が、背の高いバロック様式の噴水の水を飲んでいるのを見つけた。間違いなくカラマーゾフだ。私はできるだけ気づかれないように携帯電話のカメラを起動すると、カラマーゾフから3メートルほどの距離まで近づいた。するとカラマーゾフは、「何の用？」とでも言うように私を見上げた。これは人間に慣れている証拠だ。急いでなんとか2枚写真を撮ったところで、カラマーゾフが走って逃げた。カラマーゾフが全身で「追いかけてきて。捕まえてごらん」と言っているのが分かったが、私は先ほどのポスターのところに戻らなければならなかった。かなり遅い時間だったので、電話の相手はもう寝ているのではないかと心配だった。それでも、この人物は私からの連絡を待っているはずだと思った。結局、私の判断は正しかった。

「もしもし。実はカラマーゾフと思われる猫を見つけたのですが」

「何だって！」

「写真も何枚か撮れました」

「では、1枚送ってもらえますか？」

「もちろんです」そして、写真を送信するとすぐに電話が鳴った。

「カラマーゾフに間違いありません！　どこにいましたか？」

「5分前、ピアッツァ・マテイにいました」

「何てことだ。トッレ・アルジェンティーナ広場から2分しか離れていないじゃないか！　あそこなら自動車も来ないので安全です。明日捜しに行くことにします」

翌日の午後、ボランティア事務所を訪ね、この時話した男性ダニエレ・ペトルッチに会った。カラマーゾフは見つからなかったという。ボランティアは全員、肩を落としていた。カラマーゾフは長年トッレ・アルジェンティーナ広場に住み、ボランティアたちから愛されていた。ダニエレたちがカラマーゾフを見つけたのは、それから1週間後だった。どうやら古代ローマの中心になっていた皇帝たちのフォルム（フォラ・インペラトラム）にいたらしい。皇帝たちのフォルムは今も発掘が続く、迷路のように入り組んだ遺跡で、何百匹もの猫が住み着いていた。カラマーゾフは抵抗せずに保護され、喜んで古巣に帰ってきたという。

ところがその1年後、カラマーゾフは再び姿を消し、皇帝たちのフォルムの方角で再び見つかった。今回カラマーゾフが住み着いたのは、カンピドリオの丘だった。ここにはミケランジェロが設計した広場があり、少し下ったところには松の木の生えた小さな公園もあって、雨風をしのぐのにちょうど良さそうだった。ちなみに皇帝たちのフォルムには大理石で作られた、歴史上で最も贅沢な公衆トイレの遺跡もある（＊8）。警察官たちが餌やりを買って出て、カラマーゾフは観光客や地元のローマ市民、そしてもちろん近所のガッターレたちの間でも人気者となった。

エウジェーニア・ナトーリは1970〜1990年代にかけて、ローマのガッターレのレベルが格段に上がったことに気づいた。かつてガッターレはビニール袋を置いて帰り、猫が残した餌を片づけず、去勢手術や医療など気にかけていなかった。ただ猫に餌をやっていただけなのだ。そして、数が増えすぎると、何らかの者によって殺されていた。70年代にはガッターレに公的な認可が与えられるようになり、政府への登録が必要になったため、ガッターレが自ら猫を殺したとは考えがたいが、猫を殺した犯人が誰かは分からなかった。あるいは誰も口にしなかった（＊9）。

しかしながら、自治体が監視を始め、世界中で動物に対する道徳心が高まったため、本物の変化が訪れた。現在ローマ市は、「完璧なキャットレディー（と完璧なキャットジェントルマン）

のための十戒」を発行、配布している。その概要をここに記しておこう。

1. 餌は決まった時間に与えること。
2. 餌場は日陰に作り、腐敗や悪臭を防ぐこと。
3. 使い捨て容器に餌を入れ、速やかに処分すること。
4. 餌は「何でもよい」わけではなく、よく考えて選ぶこと。
5. いつでも水が飲めるようにしておくこと。
6. 猫用のシェルターは安全な場所に置き、頻繁に掃除すること。
7. 停めてある自動車の下に餌を置かないこと。
8. 建物の中庭やマンションの庭に餌を置く場合は、所有者の了解を得ること。
9. 市の動物医療機関で去勢手術を受けさせない限り、これらの規則だけでは不十分であることを覚えておくこと。
10. 1991年に施行された国内法第281号および1997年に施行された条例第34号により、すべてのコロニーは保護の対象となる資格を有する。猫を保護できない場合、虐待罪に相当し、3カ月から1年の禁固刑または3000〜1万5000ユーロの罰金が課される。動物を死に至らしめた場合、刑は1・5倍とする。

1995年に始まったトッレ・アルジェンティーナ広場のコロニーとローマ市内のほかの2つのコロニーを対象にした調査から、ナトーリはボランティアたちが今も過剰な量の餌を与えているが、餌を与える時に前日の残りを片づけるようになったことを確認した。彼らはごみも拾い、個体数の抑制にも協力的で、ローマ市の公的な獣医師サービスを利用すれば無料で受けられるにもかかわらず、野良猫の医療費まで自費で負担していた（＊10）。

したがって、カラマーゾフが逃げ出したのは、餌を求めていたからでないことは明らかだった。実際、脱走後はお腹が空くこともあっただろう。都市に住む野良猫は、一般に言われているような狩りの達人ではない（＊11）。いずれにしても獲物はあまりいない。それに、やせた地元の街猫やフォルムに長年住んでいる猫たちは、つやつやの毛並みでよく肥えたカラマーゾフから自分たちの餌を必死で守ったに違いない。

では、トッレ・アルジェンティーナ広場の猫が増えすぎて、窮屈に感じて出て行ったのだろうか？　ナトーリの研究によれば、5400平方メートルあるトッレ・アルジェンティーナ広場のコロニーの個体群密度は、1平方キロメートル当たり1万4444匹に相当する。これは大変な数である。しかし、いくつかの研究（＊12）によると、食料が豊富な場所であれば、猫たちは高い個体群密度に合った、まったく新しい社会システムを開発できるという。

エレナー・クラークは著書『ローマとヴィラ（*Rome and a Villa*）』の中で、とりわけ個体群密度の高いヴィットーリオ・エマヌエーレ2世広場で、猫たちが、まもなく土砂降りが始まるので、雨宿りの場所を探して行き交う様子をこう描写している。

猫たちは（中略）戦場に飛び交う弾丸さながら、十字に交差しながらすれ違った。どの猫も一番近くの避難場所に逃げ込むのではなく、あらかじめ決まった場所へ向かっていたからだ。遺跡の反対側に回り込まなければならない猫もいれば、芝生を横切って行く猫、建物の片隅へ向かう猫、シンノウヤシの茶色い幹のそばに逃げ込む猫もいた。そのため数秒間は、広場全体を猫たちが右往左往していたが、衝突したり、言い争ったり、行く先を途中で変えたりすることもなく、一瞬でおさまった。ただし、既にほかの猫が目的の場所にいた場合は、後から来た方がまた同じように不思議な幾何学的線を描いて、一番近い避難場所に飛んでいった。そして、どの猫もそれ以上動かなくなる。（＊13）

となると、カラマーゾフが放浪の旅に出たのは、猫の増加が原因でもなさそうだ。猫にはよくあることだが、カラマーゾフの突飛な行動は予想もつかないものだった。ただ出て行きたかったから出て行ったのだ。広場に連れ戻されたカラマーゾフは、帰って来られた喜びを全身で表していたという。それでも、また新しい生活を求めて脱走した。

人々がカラマーゾフを愛したのは、カラマーゾフが人間を愛しているように見えたからだ。ローマ市内にある比較的恵まれた保護施設にやって来る多くの猫の中には、飼われていた経験があり、人間に慣れている猫もいる。人間が撫でたり、さらには抱っこしたりできる猫もいる。一方、筋金入りの野良猫もいて、目をくりぬかれていたり、足がなかったり、ところどころ毛が抜けて皮膚がむきだしになっていたり、思わず目をそむけたくなるような風貌をしていることもある。こうした猫には触らないのが一番だ。ところが、どんな猫も一旦コロニーに溶けこめば、争いを避け、穏やかになる。

私は長い時間バスに乗って、別のコロニーを訪れた。ガイウス・ケスティウスのピラミッドだ「ローマ市内のサン・パオロ広場にあるピラミッド」。目が覚めるほど急勾配の明るい白のピラミッドで、縁も鋭く、頂点も尖っている。ピラミッドは周りの通りより少なくとも6メートルほど低いところに立っていて、足元には眩い緑の草が生え、大理石の記念碑の断片が点在している。自動車が行き交い、すぐ近くのピラミデ駅に地下鉄が入ってきた震動で地面が揺れても、猫たちは我関せずで、日陰や日向でうたた寝をしている。

ピラミッドの横には、猫たちが夜中に歩き回れる場所がある。葉の茂ったプロテスタント墓地だ。ここにはビート・ジェネレーションの詩人グレゴリー・コーソ、イタリアの共産主義者アントニオ・グラムシ、宝石商のジョルジオ・ブルガリに加え、イギリスの詩人ジョン・キーツやパーシー・ビッシュ・シェリーも眠っている。多くの墓石は想像力に富んだ凝った飾りが施され、作者の技術が遺憾なく発揮されている。それに、墓地の隅々まで手入れが行き届いていた。猫の糞は1つも落ちておらず、ガッターレの誰かが片づけていることは間違いない。このピラミッドに住む猫たちは、とてもよく餌を与えられていて、太り気味の猫までいた。また、ローマ市の職員かボランティアか分からないが、誰かが猫たちのために、遺跡のどこかにオーディオプレイヤーを隠したらしく、夜になるとクラシック音楽が聞こえてくる（＊14）。

私とエウジェーニア・ナトーリは、トラステヴェレ地区にある陰鬱な工業地帯を訪れ、落書きに覆われた壁に囲まれた人気のない道を延々と歩き、私営のポルタ・ポルテーゼ猫保護施設にたどり着いた。この施設には現在、231匹の猫が住んでいる。ローマにしては牧歌的で、贅沢な施設だ。青くて細長い水飲み場にはいつも新鮮な水が入っていて、寝床には毛布が敷かれ、清潔な猫用トイレがたくさん置かれている。孤独を楽しみたい猫のためには小さいキャットハウス、社交的な猫には大きめのキャットハウスが用意されている。古いスズカケノキが枝を伸ばして木陰を作り、猫たちは木登りも楽しめる。高い塀の上で休んだり、下の様子を眺めたりすることもできる。ポルタ・ポルテーゼの収容施設は猫でいっぱいだったが、とても静かな雰囲気だった。コロニーの責任者マティルデ・タッリは優しい声で話す年配の女性で、物静かで控えめで、猫への愛にあふれていた。

この施設は1911年に犬の保護施設として開設された。迷い犬や捨て犬は、3日以内に引き取り手が現れないと殺処分されていたという。1991年に安楽死を禁止する法律が施行されると、犬たちにとって本当の地獄が始まった。実は、犬にとって1匹だけで閉じ込められるのは、死よりも辛いことなのだ。すべての犬が1匹ずつ小屋に入れられ、里親が見つかるまでそこに閉じ込められていた。犬たちの吠える声や哀れな鳴き声があちこちから絶え間なく聞こえていただろう。2003年に施設は修繕され、動物愛護を目的とした猫の保護施設になった。そして、2014年に現在のような楽しく清潔な場所に姿を変えたのだ。手入れの行き届いた花壇や花崗岩《かこう》でできたテラスがあり、落ち着いて心地よい雰囲気を醸し出していた。

ポルタ・ポルテーゼには、フルタイムで働く有給の職員3名に加え、45人のボランティアがいた。これはだいたい猫5匹に対し人間1人の割合だ。こうした施設がどれだけボランティアに頼っているかを考えれば、ローマと同じことをアメリカで行うのがどれほど難しいか分かる。どこを探せば、これほど多くの愛情深いボランティアが見つかるのだろう?

トッレ・アルジェンティーナ広場やガイウス・ケスティウスのピラミッド、ポルタ・ポルテーゼのようなコロニーは、野良猫でも快適に暮らせる環境さえあれば、個体群密度が非常に高くても、平和に暮らしていけることを実証している。

自称猫専門家も含め、イエネコは祖先のリビアヤマネコ同様、孤独を愛するものだという説が広まっているが、これは多くの意味で間違っている。いまだに信じられているのが不思議なくらいだ。秩序を持って集団生活をする猫は世界中にいる。集団で暮らす必要があれば、猫は規則と境界、社会的制限、優勢順位、性別にかかわる習慣、子猫や母猫を守る行動規範を持った一種の文化を作り上げる。人間社会と同じように、食糧難になると社会秩序は崩れるが、潤沢な資源が得られる限り社会の調和は十分に保たれる。フランスの農村地帯と猫の個体群密度の高いリヨンで、野良猫の集団を観察した研究では、都会でもきちんとした生活ができることが証明された（社会的絆を結ぶ生来の柔軟な能力によって、猫たちが人間と共に幸せに暮らせることも分かった）。

都市の猫は、複数の雄と複数の雌を含む高密度の大きな集団で暮らすことができる。こうした集団内では、友好的な交流が頻繁に見られ、仲間と他者を嗅覚で識別し、雌たちは協力し合いながら子育てをする。雄の社会構造は優勢順位に基づいて作られる。猫の社会制度は人間の影響（資源の分散）により環境が変化したこととその機会をうまく活用するイエネコの能力によって、最近確立されたものだと一般に考えられている。（＊15）

田舎の猫にとって交尾は重要だが、都市のコロニーにおいては、個々の猫の利益よりもほかの猫とうまくやることの方が重視されている。

農村部の猫は一夫多妻制で、雄はできるだけ多くの雌と交尾をするため、攻撃的に戦うが、都市部の猫は乱婚制で、雄も雌も複数の相手と交尾する。繁殖期に見られる雄の攻撃行動はそれほど激しくないため、格下の雄も社会集団に留まり、繁殖することができる。（＊16）

この研究は生殖能力のある猫を対象にしている。一方、ローマの保護施設の猫たちはすべて去勢されているため、さらに穏やかに暮らしている。どの野良猫もこういう生活ができたら素晴らしいが、そうもいかないのが現実だ。

アメリカの野良猫が置かれている状況は、良くても「さほど悪くない」程度で、悪い場合は救いようがないほどだ。アメリカ全土に住む野良猫の数は、推計によりさまざまで、その値には数千万匹の開きがある。その上、「野良」の定義も地域や保護施設によってさまざまだ。「家を持たない」という解釈もあれば「飼育されていない」という解釈もある。特に気の毒なのは「中途半端に飼育されている」いわゆる通い猫だろう。親切があだになっているケースが多いからだ。気まぐれに餌を与えられ、人間と友達にもなれず、誰からも触れられることすらなく、ただ雨風をしのげるようにしてもらうだけで、医療も受けられなければ、心の絆も得られないでいるのだ。

一般的に典型的な通い猫を可愛がる人の実態は、餌をやるだけでほかの世話はせず、ましてや去勢手術を受けさせはしない。その結果、今この瞬間もあらゆるところで誰にも世話をされず、野放しにされた猫の数が増えている。このことについても数々の研究が行われている。その1つ、フロリダ大学のあるフロリダ州アラチュア郡で行われた研究の一部を紹介しよう。

現在の研究によると、誰にも飼われることなく、自由に歩き回っている猫に餌をやるのは、よくあることだが、去勢手術まで受けさせる人はほとんどいない。（中略）地理的に当該地域では、猫は1年に2回以上出産することもある。飼い猫が去勢手術を受ける割合を考慮すると、ここで猫の個体数が増え過ぎている最大の原因は、誰にも飼われていない野放しの猫にある可能性が高い。1999年、郡の動物管理施設に持ち込まれた4827匹の猫の内、74％が野良猫に分類され、その約半数は子猫だった。そして、収容された猫の内、3714匹が安楽死させられている。（中略）

多くの人々は、隠れてこうした猫たちをかくまい、内緒で餌を与えているわけではない。（中略）飼われていない野放しの猫に餌を与える人々は、たとえその猫が野性的すぎて懐かなくても、世話をしている猫に対し保護者のような親近感を持つ。そして、殺処分によって野良猫の個体数を管理する試みに反対する。（中略）民間団体が行っている、野良猫を捕らえて去勢手術を施し、元の集団に帰すTNRプログラムでは、どんなに頑張っても年間数百匹の猫を去勢するのがやっとだ。（中略）飼われていない野放しの猫の数は、既存のプログラムで対応できる範囲をはるかに超えている。（*17）

オーストラリアでは過去2世紀の間に、イエネコが少なくとも27の哺乳類の固有種の絶滅に大きく関与した。オーストラリアには推定2000万匹の野良猫と通い猫がいて、現在絶滅の危機に瀕している100種類以上の動物を補食する。2015年7月には、政府が少なくとも200万匹の野良猫を殺処分する計画を発表したほど事態は悪化している(*18)。一般市民がこれに激しく反対したことは言うまでもない。フランスの映画俳優ブリジット・バルドーとイギリスのシンガーソングライターモリッシーが行動を起こしたため、オーストラリアの野良猫の「救済」は国際問題となり、戦いは今も続いている。

その間も、多くのオーストラリア人たちは、野放しの猫に餌をやり続けている。彼らは去勢手術など、ほかの世話をすることなど考えてもいない(ましてや野良猫たちが被害を及ぼしているなんて、思いもよらないのだろう)。この状況を調べた研究の中で、オーストラリアの学者たちは「こうした活動(餌やり)は博愛精神に則って行われているが、猫の生活に好ましい影響を与えていない。(中略)こうした中途半端な飼育は、猫の存在を過小評価することによって起こるのかもしれない。(中略)猫は自分で生きていけるものと思い込み、使い捨てにしても構わないと考えているのだ」(*19)と述べている。

アメリカでは、9~15%の世帯が野良猫に餌を与えているが、そのほかの世話までしている家庭はごくわずかだ(*20)。「猫なら自分で自分の面倒を見られるはず」だと考えているのだ。

エリザベスと私もこの問題に直面することとなった。サンフランシスコの住まいについていた猫の額ほどの裏庭は、モンタナの自然より安全で平和だと思っていたが、それは間違っていた。元凶は裏庭を共同で利用している隣人だった。家主は年老いた女性で、数十年そこに住んでいたのだが、とても貧しい家庭だった。家はうちとまったく同じ作りで、1875年に建てられたサンフランシスコ特有のカラフルな「ペインティッド・レイディ」と呼ばれるスタイルだったが、隣人はもう何年も塗り替えをしていないようだった。漆喰に穴が開き、床は汚れた木の板がむきだしになっている。引っ越してきて数えた時は窓ガラスが9枚割れていた。ときどき家族が訪れていて、怒鳴り声が聞こえることもあった。私たちが笑顔で挨拶しても、この女性はたいてい顔をしかめたまま、もごもご何かつぶやくだけだった。

ある日、隣家の窓に、生後3カ月くらいの子猫がいるのに気づいた。子猫が大きくなるにつれて、1時間以上にわたって前脚で窓ガラスを何度も引っかく姿がよく見られるようになった。まるで「ここから出して！　ここから出して！」と言っているかのようだった。隣人たちは餌をやっていたようだったが、どういうわけか猫に触れてはいないようだった。この猫は事実上、半分野良猫だったのだ。裏庭に面したところにガラスの割れた窓があり、そこが猫の出入り口になったのだ。以前は段ボールで塞がれていたが、ある日、段ボールが取り除かれた。それ以来、日が暮れると隣家の娘の1人が「デヴォン、デヴォン」と猫を呼ぶ声が聞こえるようになった。デヴォンはときどき餌を食べに戻ることもあれば、何日間も姿を見せないこともあった。近隣の猫たちの存在を知ったに違いない。夜になると、猫たちの「シャーッ」という声や金切り声がひっきりなしに聞こえていた。

デヴォンが隣家に戻って、3匹の子猫を産んだ。「どうしてやったらいいのか、分からないのです」と娘は言っていた。結果、娘もほかの家族も何もしなかった。もちろんデヴォンに餌はやっていたし、ある程度育ってからは子猫たちにも餌を与えていたが、不定期だった。壊れた窓ガラスも塞いでいなかった。きっとデヴォンは夜中に狩りをしていたのだろう。

ある日、子猫のうち1匹が家の前の交通量の多い通りで轢かれているのを見つけた。生後10週くらいだっただろう。それから24時間経っても、子猫はそこに放置されていたので、シャベルで拾い、ビニール袋に入れて通りに設置された公共のごみ箱に捨てた。

通りを少し下ったあたりに、ローマのガッターレに相当する女性がいるのに気づいたのも、この頃だった。夜遅くにドライキャットフードを山のように置き、誰でも食べられるようにしていたのだ。近くにある彼女のほかの餌場では、数十匹の猫のほか、アライグマやカラス、ネズミも割り込んで余った餌を食べていた。デヴォンと生き残った2匹の子猫たちが、この夜の餌場を見つけるのに時間はかからなかっただろう。

そんな状況でも私たちは、自由を愛する野生の心を持ったモンタナ育ちのオーガスタを、家の中に閉じ込めておく気には、どうしてもなれなかった。180センチメートルほどあるフェンスの上に跳び乗ることなど朝飯前だったオーガスタは、ある時姿を消した。私たちの住んでいるブロックは、ぴったり肩を寄せ合って立つ家やマンション、小さな店舗などで四方を囲まれているため、通りには出られないだろうと2人とも高をくくっていた（デヴォンと子猫たちは、通りに面した割れたガラス窓から出て行ったのだと思うことにしていた）。いずれにしても、オーガスタはエンジンの音をひどく恐れていたし、野良猫のギャングに襲われる危険もあったため、そういった悪い猫たちが徘徊する日暮れ以降は、外に出さない決まりになっていた。夕方まで外にいた場合でも、呼べば帰ってきたのだ。

デヴォンの最初の2匹の子猫たちは、いつの間にか野良猫たちの闇の世界に姿を消した。それから1年程経った頃、デヴォンはまた子猫を産んだ。モカという名の雌とスノウイーという名の雄、そしてもう一匹は雄で、私はフェラルドと呼んでいた。デヴォンと同じように子猫たちも割れたガラス窓から出入りし、ときどき餌をもらっていたが、子猫たちはデヴォンに輪をかけて野性的で、手に負えなかった。モカとスノウイーは家のそばにいたが、フェラルドはどこかへ行ってしまった。

この頃のオーガスタはと言うと、もうフェンスの上まで跳び上がれなくなっていた。股関節異形成を患っていたのだ。猫がかかるのは珍しく、あらゆる要素を網羅されているように見える『コーネル猫の本（*Cornell Book of Cats*）』にも載っていなかった。普通は純血種、中でもペルシャやメインクーンなど、体格のがっちりした猫がかかる病気だと考えられている（＊**21**）。オーガスタは見るからに華奢で、しかも純血種にはほど遠かった。かかりつけの獣医師も当時はまだ知らなかったのだが、猫の変形性関節疾患はよくあることだった。オーガスタの場合、骨関節炎が原因で股関節異形成になったらしい。２０００年代前半まで、科学者ですら、40～90％ものイエネコが関節に問題を抱えていることを知らなかったという（＊22）。

オーガスタは、もはや飛んでいるハチドリをはたき落とすことはできなくなったが、外の餌台に集まる鳥を見るだけで満足しているようだった。ところが、夏になってモンタナに戻ると、自由がオーガスタの力を復活させた。木に登り、背の高い草の間を以前にも増して大きなアーチを描いて飛び跳ね、逃げる野ネズミを追いかけ、飛びかかり、仕留め、誇らしげに家に持ち帰ったのだ。

１年もたたないうちに、デヴォンはまた妊娠した。エリザベスと私は、こんなことを続けていてはいけないと話し合い、隣人を説得することにした。「スノウイーもモカももう子どもを作れる歳になりました。市に確認したところ、動物虐待防止協会が無料で去勢手術をしてくれるそうです。猫を傷つけずに捕獲できる罠を貸してくれるそうなので、私たちが捕まえて、連れて行き、簡単な手術を受けさせたら、また連れて帰ってきます。それでいいですか？」隣人たちは弱々しく承諾した。

猫たちを捕まえる罠が届くと、私たちは宣言した通りのことをした。スノウイーとモカはローマの猫たちと同じように片方の耳の先を少しカットされ、去勢済みとすぐ分かるようになった。デヴォンが産んだ子猫たちが里子に出せる日齢（生後４週間）になると、私たちは再び隣家を訪れ、デヴォンにも去勢手術を受けさせ、動物虐待防止協会を介して子猫を里親に託しても構わないか尋ねた。この里親は子猫たちを大人しい性格に育て、準備ができたら、適した家庭に引き取ってもらうのだ（子猫が通りで車に轢かれても放っておくような家庭ではなく……とはさすがに言えなかったが）。これは前回よりも辛い決断だったようだが、今回も同意してくれた。

デヴォンは徐々に飼い猫らしくなっていった。体は誰にも触らせなかったが、隣人の娘の膝に乗るようになったという。スノウイーとモカは相変わらず近所をうろうろしていて、もっぱら例の猫好きの女性が教会の駐車場に置いていく山のような餌を食べ、ほかの人間が目に入ると逃げ出した。そんなある日、2匹とも捕獲された。モカは人間に里子に出せるくらい、素直な性格だったが、スノウイーは野性的すぎて飼い猫には適さず、また帰って来た。数年後に隣の女性が亡くなると、娘は家を売り、デヴォンだけ連れて出ていった。スノウイーは残され、自分で生きていくことになった。この本を書いている今もスノウイーはこの界隈で暮らしている。体は薄汚れて、やや太ったようだ。あの猫好きの女性は今日も猫たちに餌を与えている。

スノウイーの暮らしは、アメリカに住む大半の野良猫よりもずっと恵まれている。サンフランシスコ動物虐待防止協会のTNR計画は、アメリカで最も成功した事例の1つだ。協会の最高執行責任者シンシア・コペックによると、2015年の生きたまま放した猫の割合、つまり保護施設に連れてこられた猫の内、新しい飼い主に引き取られたり、元の飼い主の元に戻ったり、里親探しを請け負う別の非営利団体に引き取られたりした猫の割合は、96％で、アメリカ国内のどの大都市よりも高いという。1989年以来、サンフランシスコ動物虐待防止協会は、殺処分を行わないという厳しい方針を持っている。市全体で安楽死させられた猫と犬の数は、個体数1万匹当たり9匹だ。致命的な怪我を負ったり、不治の病にかかったりしている動物だけが安楽死させられる。毎年約1000匹の猫が捕らえられ、去勢された上で、元のコロニーに帰されているが、2年前からは市が把握しているすべてのコロニーを動物虐待防止協会のコンピューターシステムで追跡するようになった。サンフランシスコ市内に住む野良猫の数は、減少傾向にあるようだ。サンフランシスコは幸い三方を海に囲まれているため、近隣のコロニーから新たに入ってくる猫の数は限られている。最近まで、市内にある1000エーカー（約4平方キロメートル）のゴールデン・ゲート・パークは野良猫であふれかえっていた。かつてここに住んでいたカリフォルニア州の州鳥であるカンムリウズラ1500羽が絶滅したのは、野良猫のせいだとも言われている。公園内に住む野良猫は13匹ほどまで減ったが、カンムリウズラが戻ってくる様子はない。

サンフランシスコは裕福で、情の深い土地柄だ。動物虐待防止協会が成功したのは、こうした経済的・文化的優位性によるところが大きい。サンフランシスコに限らず、全米のほぼすべての主要都市が、市民にペットの去勢の必要性を教育するプログラムを実施している。また、地元の動物虐待防止協会をはじめとする数々の非営利団体が存在し、捕獲用の罠を貸し出したり、ボランティアの獣医師が無料で去勢手術を行ったりしている。さらには完全に殺処分を禁止し、自治体の負担で高額なTNR計画を実施している都市もある。それにもかかわらず、ほとんどの試みが成功していない。

動物虐待防止協会はアメリカ全体で何匹の野良猫がいるのか確定するのは不可能だが、野良猫だけで7000万匹いると推定している（＊23）。また、テレビの報道番組『PBSニュース・アワー』は、情報源を明らかにしなかったものの8000万匹と推定されると報じた（＊24）。『ニューヨーク・タイムズ』紙の記者ブルース・バーコットは5000万～9000万匹と報じつつ、正確な数字を特定することは不可能だとつけ加えている（＊25）。一方、「アリーキャット・アリーズ」の代表ベッキー・ロビンソンは、変化し続ける個体数を推定するのではなく、繁殖に注目し、「今年アメリカ全土で、野良猫の子どもが4000万匹生まれるでしょう。ですが、そのうち2000万匹は出生時に命を落とします」と言っている（＊26）。

野良猫の個体数を知るもう1つの方法は、その影響を測定することだ。最も包括的な研究は、スミソニアン保全生物学研究所が2013年に発表したもので、複数の研究を検証した上で、こう断言している。「野放しにされているイエネコは、年間14～37億羽の鳥類と69～207億匹の哺乳類を補食していると推定される。ペットとして飼育されている猫ではなく、誰にも所有されていない猫がこれらの動物の大半を殺している。この発見から、野放しの猫は、これまで考えられてきたよりはるかに多くの野生生物を死に至らしめており、米国内で人間由来の原因により鳥類と哺乳類が殺されるケースの中で、最も大きな原因と思われる」（＊27）

『ニューヨーク・タイムズ』紙のナタリー・アンジアは、スミソニアンの研究について「アメリカに住む膨大な数の野放しの猫が、毎年野生動物にどれだけの被害を加えているか、初めて真剣に推定したものである（中略）。この推定死亡率は、それまで当て推量で言われていた数値の2〜4倍であり、イエネコは、人間に関連した野生動物に対する最大の脅威となった」（＊28）と述べている。スミソニアンの研究論文の筆頭著者スコット・R・ロスと共著者たちは、衝突による鳥類の死についても調査している。推定値はかなりの幅があり、自動車に衝突して命を落とす鳥は年間8900万〜3億4000万羽（＊29）、建物に衝突して命を落とす鳥の数は3億6500万〜9億8800万羽（＊30）と言われているが、大きいほうの数字を比較しても、野良猫による捕食には遠く及ばない。スミソニアンの研究はペットとして飼育されている猫ではなく、誰にも所有されていない猫がこれらの動物の大半を殺していると断言していることを、ここで強調しておくべきだろう。

この研究結果は憂慮すべきもののように思えるが、触れられていない事柄も多い。例えば、鳥類のどの種が最も被害を受けているか論文は特定していないが、多くの種は大量に捕食されても個体数を回復できる。猫による本当に有害な捕食を制限するには、どこに力を集中させるべきか知る必要がある。また、生息地喪失の問題もある。一旦生息地が奪われてしまうと元の状態に回復することはできない。全世界的に、鳥類に限らずほかの動植物に関しても、稀少種の個体数が減っている主な原因は、生息地の喪失である。つまり、スミソニアンの論文は種を特定しなかったため、より正確な研究を鼓舞する効果こそあれ、大騒ぎするほどのことではないのだ。

イギリスでは熱烈な鳥類愛好家たちが、年間5500万羽の鳥類が猫に殺されているとしているが、彼らはこんな発言もしている。「庭で猫が鳥を補食することが、イギリス全体の鳥類の個体数に影響を及ぼしているという科学的証拠はない（中略）。イギリス国内で最も深刻に個体数が減っている種（ヒバリ、スズメ、ハタホオジロ）は、めったに猫と遭遇しないため、こうした鳥の個体数の減少に猫が関与しているはずはない。複数の研究結果から、個体数の減少は通常、生息地の変化または喪失が原因であることが証明されている」（＊31）

しかし、島においては野良猫が実際に世界的な危機を招いている。島は隔離されているため、生息している動物は哺乳類の捕食者がいないという条件のもとで進化してきた。したがって、外来の捕食者に対処する術を持たない。さらに、通常であれば個体数が激減すると近隣に住む集団がその分を補うが、島に住んでいる鳥の場合、そうした近隣の集団がいないため特に絶滅しやすいのだ。どのような生物であっても、個体数がとても少ない集団の場合、環境的な条件や生殖率の不規則な変動（近親交配が原因で生殖に失敗するケースも少なくない）による絶滅のリスクも非常に高い。イエネコは地球上のほとんどの島に分布しており、実にさまざまな環境に順応できる能力を持っているため、多くの島々で野良猫が繁殖している。

野良猫が何を補食したかは、胃の中のものや糞を分析すれば分かる。この技術を使って、野良猫の食べたものを調査した、72件の研究結果を対象としたメタ分析によると、「世界各地に散らばる40の島々を調べたところ、そこに住む野良猫は、少なくとも248種の生物を捕食していた（内訳は哺乳類27種、鳥類113種、ハ虫類34種、両生類3種、魚類2種、無脊椎動物69種）（中略）。120以上の島において、少なくとも脊椎動物175種（ハ虫類25種、鳥類123種、哺乳類27種）が、野良猫のせいで絶滅の危機に瀕している（あるいは絶滅させられた）」という（＊32）。

国際自然保護連合は絶滅した238種の脊椎動物のうち、野良猫のせいで絶滅したものは14%とみている。また、国際自然保護連合が「絶滅危惧IA類「レッドリストのうち、ごく近い将来に野生における絶滅の危険性が極めて高いもの」」に分類した464種の内、8%については、野良猫がその生存を脅かしている（＊33）。

鳥類の個体数が減るのは、猫に捕食されるからだけではない。鳥は猫を怖がるだけで、繁殖率が下がってしまうこともあるのだ。イギリスのシェフィールド大学が行った研究によると、亜致死性の影響――すなわち恐怖――に起因する鳥類の繁殖率の低下は、著しい個体数減少（最高で95%）につながることもあるという。したがって、都市部での捕食率が低いからといって、必ずしも鳥に対する猫の影響が少ないと考えることはできない。亜致死性の影響により鳥類の個体数が減少し、そもそも獲物となる個体の数が少ないため、捕食率を引き下げている可能性もあるのだ（＊34）。

野良猫が媒介する病気の数々は実に恐ろしい。アメリカでは狂犬病の主な感染源（全事例の60％）は野良猫である。野良猫の排せつ物は、運動場や砂場、庭などでよく目にするが、こうした排せつ物に含まれる寄生虫は神経障害や失明、流産、先天異常、特に水頭症［髄液が脳室またはくも膜下腔に異常に溜まり、拡大した状態］を引き起こす。鉤虫《こうちゅう》［円虫目鉤虫科の寄生虫の総称。猫や犬などに寄生するものがいる］は、砂浜や芝生の上を裸足で歩いていると皮膚から浸入し、皮膚炎や肺炎、筋肉の感染症、眼の病気の原因となることもある。また、猫に引っかかれて感染する病気は、発熱、頭痛、リンパ節腫脹を伴い、5〜15％の症例では脳炎、網膜炎、そして死に至る危険もある心内膜炎まで発症している。アメリカでは、伝染病の事例の8％は猫ノミとの接触が原因だ。さらに困ったことに、猫は「肺炎型の伝染病を発症するケースが多く、これは一段と人間に感染しやすく（中略）急速に進行し、致命的な疾患に発展する場合も多い」（＊35）まだまだ事例はあるがこれくらい挙げれば十分だろう。

最近では、猫の排せつ物の中にいるトキソプラズマ原虫と呼ばれる寄生原生動物について、一部の人がにわかに警告するようになった。トキソプラズマ原虫が人間やほかの動物に感染しやすいのは事実だ。注意が呼びかけられているのは、トキソプラズマ症が引き起こす、あるいはトキソプラズマ症と相関関係がある（ちなみに「相関関係がある」という表現は、根拠が怪しいことを示すサインだ）統合失調症、うつ病、自殺、犯罪行為、記憶障害、精神的退化、衝動制御障害、運転中に突然激怒するなどの症状だ。しかし、こうした被害が懸念されるようになってから数年後、デューク大学の神経科学者カレン・サグデンが率いる研究チームは、トキソプラズマ原虫が精神障害や衝動制御障害、性格異常、神経認知機能障害に関与していることを示す証拠はほとんどないと断定した（＊36）。

私たちは野良猫が害をもたらしていると考えがちだ。しかし、野良猫たちがどれほど苦しみ、惨めな生活をしているかも忘れてはいけない。大人になった野良猫の雌は、年間平均1・4回出産する。1回に産む子猫の数は中間値が3匹だが、そのうち75％が生後6カ月に達する前に死亡するか、姿を消している。子猫が生き延びられる日数は中間値で113日だ（＊37）。

年老いた野良猫はいない。人間は野良猫に毒を盛ったり、虐待したり、時には撃ったりもする。また、獣医師に診てもらえれば簡単に治るような病気や感染症で死ぬ。自動車に轢かれ、治療を受ければ治るような怪我で命を落とす猫も少なくない（＊38）。違法な医学的実験のために捕獲され、売られる野良猫もいる。さらに闘犬の餌にされる猫までいるのだ（＊39）。

野良猫の個体数が多すぎることに関しては、世界的に意見が一致しているようだ。野良猫が住み着く地域では、たいてい数が増えすぎている。しかし、特定の集団の個体数を減らしたり、0にしたりすべきかという点や、野良猫が一切いなくなったら世界はより良い場所になるかという点については、意見が分かれている。盛んに議論されている疑問は2つあり、1つは「野良猫は幸せに暮らせるのか？」、もう1つは「野良猫が及ぼす被害や野良猫自身の苦しみを考えると、そもそも野良という生き方自体、問題なのではないか？」というものだ。

個体数を減らすという点は誰もが賛成しているように見える。これができればほかの生物の被害も減り、残った野良猫の生活環境も改善されるだろう。

それには、捨て猫の問題を解決する必要がある。ナトーリが言っているように、捨て猫の問題を解決するには、まずは人々を教育する必要がある。あるいは、もう少し圧力をかけてみてはどうだろう。例えば罰則を設けるのはどうか。アメリカのどの州も動物虐待は有罪だが、州によってその定義は異なり、動物遺棄を含まない州もある。飼えなくなったペットを保護施設に持ち込むのは珍しいことではない。時にはあきれた理由でペットを手放そうとして、施設側から受け入れを断られる場合もある。サンフランシスコ動物虐待防止協会は、ペットが健康な場合、飼い主を説得してできるだけ飼い続けるよう勧めている。病気や行動に問題のあるペットに対しては、金銭的援助も含めて飼い主をサポートしており、行動専門家（ビヘイビアリスト）も常駐させている。

ほかの保護施設も飼い主がペットを飼い続けられるように支援するプログラムを開発している。迷子になった飼い猫を連れ戻すための費用［保護施設によっては引き取りに来た飼い主に対し、猫の滞在費を日数分請求することがある］や医療費、さらには食費すら支払えず、愛猫を手放すしかなくなり、途方に暮れて泣きながら保護施設にやって来る飼い主も少なくない。新しいプログラムでは金銭的援助や食料、去勢手術やマイクロチップ挿入を含む獣医医療を無料で提供するものもある。さらに、猫に良い環境の住居を探すのを手伝い、新しい部屋を借りる際、ペットが住むことによって値上げされた分の敷金を支払うこともある。時には飼い主が面倒を見るのが困難な状況にある時だけ、1日、1週間、さらには数カ月にわたり一時的に猫を預かる里親制度を設けている施設もある。

こうした支援が得られず、手放そうとしている猫を保護施設が受け入れない場合（飼い主の説明に嘘があると思われる場合など）、通常、飼い主が考える次なる手段は遺棄となる。こうして捨てられた猫は、とても痛ましい死に方をする可能性が高い。車に轢かれるか飢え死にするのだ。モンタナの雪の中にオーガスタを捨てた人物は、きっと自分自身にこう言い聞かせていたに違いない。「あの煙突から煙が出ている。なんて素敵な場所なんだ。あそこに住んでいる人たちなら、きっとこの猫を拾ってくれるはずだ」もちろん私たちはオーガスタを迎え入れた。しかし、オーガスタと一緒に産まれた兄弟たちは、あの夜命を落としたに違いない。

最も粘り強く、最も過激な動物保護団体である「動物の倫理的扱いを求める人々の会（PETA）」は、現在こう言っている。「野良猫が道路や人間、有害な動物から隔離され、常に人間に世話され、餌だけでなく医療も受け、気候が温暖で、野生生物との接触のない場所で飼われている限りは、野良猫を捕獲し、予防接種を受けさせ、去勢してから解放することもかろうじて許容できると考える。最大の問題はほとんどの猫は去勢のために捕獲されると、その後、病気や怪我をしたため再び捕獲しようとしても、二度と罠におびき寄せられなくなる点だ（＊40）。自分で生きていかなければならない野良猫を待ち構えている運命に比べれば、痛みの

ない注射を打ってやるほうが、よほど親切と言える」(*41)

アメリカでは、コヨーテが住むすべての地域で、猫による略奪(および猫の個体数)が大幅に減少している(*42)。こうした地域は一般に人口密度が低く、野鳥が多く生息している。もっとも、人口密度は次第に問題にならなくなってきている。アメリカでは過去50年間でコヨーテの生息地が拡大し、郊外や都市部でも見られるようになってきているからだ。サンフランシスコのプレシディオにコヨーテがやって来ると、数多くいた野良猫があっという間に姿を消した(*43)。何匹かはコヨーテに殺されたのかもしれないが、大半はコヨーテを見かけて慌てて逃げ出したのだろう。コヨーテはいとも簡単に猫を殺せることを猫たちは知っているのだ。必ずしも捕食するためではなく、猫に自分たちの餌を奪われると考えて襲うこともあるだろう。猫が獲物とする小動物は、コヨーテの獲物とかなり重なっている(コヨーテは肉以外のものも食べるため、猫よりも食べられるものの範囲は広い)。コヨーテがよく姿を現す地域に住む猫の飼い主は、少なくとも日没から日の出までは猫を家に入れておく必要がある。

コヨーテの生息地で野良猫のコロニーを守るには、頑丈に守られた保護地区を作るしかない。実際、どんなところに住む野良猫にとっても、保護地区は優れた解決策の1つだ。適切な保護地区を作れば、野放しの猫たちによる野生生物の被害を防げるだけでなく、密かに猫を捨てることもできなくなる。保護地区内の生活はよく管理され、平和なものになるだろう。TNRプログラムが成功し、野良猫の個体数が適切な数になったら、これは長期的かつ半永久的な解決策となり、安楽死を検討する必要はなくなるはずだ。

「アリーキャット・アリーズ」という団体はこの考えに真っ向から反対している。彼らは保護地区を猫でごった返した窮屈で閉鎖的な空間で、病気が蔓延し、何千匹もの保護されていない野良猫に囲まれた場所だと捉えているようだ（＊44）。では、広々した田舎だったらどうだろう？　そこに暮らす猫の個体数を適切に保てたとしたら？　現在のような過密な個体群を維持することが理想的だと考えている人も多い。しかしこれは決して理想的な状態ではない。そもそも個体群の維持など不可能なのだ。

猫を飼うのを登録制にしてはどうだろうか？　犬は登録するのだから猫だってできるのではないだろうか。自治体の予算で、去勢手術を無料で行う、あるいは手術費を負担できるだろうか？　アリーキャット・アリーズはこれにも反対している。首輪をつけていない猫は1匹残らず保護施設に連れて行かれ、安楽死させられるかもしれないと考えているからだ（＊45）。実際には今時そのようなことは起こらず、登録が済んだ猫にはおそらくマイクロチップが埋め込まれる。これは子猫の背中の皮膚のすぐ下に埋め込むものだ。猫の情報がデジタル形式で記録されていて、商品についているバーコードのように読み取れるのだ。痛みも感じなければ、費用もあまりかからず、確認システムが間違うことはほとんどない。アリーキャット・アリーズによると、保護施設にいる猫のうち、飼い主と再会できるのは2％に過ぎないという。街に住む猫の90％にマイクロチップを埋め込めば、90％の迷い猫は飼い主の元へ帰れるのだ。

そこで私の提案は、各州が猫の登録を義務化し、マイクロチップを埋め込むようにすることだ。時間はかかるが実現は可能だ。登録費用はごく少額に抑えなければならない。支払えない人は無料で登録できるようにするといいだろう。猫を去勢しに連れてきた人には100ドル支払う（そして、猫が未登録だった場合は登録する）。100ドルの受け取りを辞退した人には、100ドル減税するのだ。その予算は民間団体と政府の助成金を充てる。政府はこのプログラムに対する支出は、野良猫を捕獲し、保護施設に入れるためにかかっていた費用よりも少ないことに間もなく気づくだろう。

獣医師にマイクロチップを埋め込んでもらうためにかかる費用は平均で45ドルだ。この金額にはデータベースに登録するための費用も含まれる（＊46）。すべての動物管理局員が携帯用スキャナーを持つことになるが、このスキャナーは100ドルしないはずだ。獣医師による雌の避妊手術は大体100～200ドル、雄の去勢手術は50～100ドルかかる（＊47）。マイクロチップの装填と去勢手術を割引料金または無料で提供しているプログラムはいくつもあるが、こうしたサービスに対する一般的な認識は嘆かわしいほど低い。登録を義務づけ、マイクロチップと去勢手術の費用が賄えない飼い主には補助をすれば、この問題は解決する。

ローマのような事例はアメリカでは実現しないだろう。アメリカ以外の国にも同じことが言えるかもしれない。しかも、ローマの成功も限定的だ。イタリア国内でもローマから1歩外に出ると野良猫たちはとても過酷な生活を強いられ、悲惨な死を遂げる猫も少なくない。

サンフランシスコは100％殺処分を廃止する財力も意志も持ち合わせているようだが、今のところまだ達成できてはいない。サンフランシスコ動物虐待防止協会は、サンフランシスコは進歩を続けており、野良猫の個体数は徐々に減り、やがていなくなると言うだろう。これが事実かどうかはいずれ分かる。イタリアのように清潔な保護施設があり、大勢のボランティアが協力しているといった、TNRプログラムを成功に導くほぼ理想的なケースでも、野良猫の個体数をまったく管理できなくなり、動物保護プログラムの資金が絶え、成功の見込みがなくなり失敗に終わることがいくらでもある。ローマのように懐の大きいガッターレに匹敵する人々が、ほかにいるだろうか？

オーガスタのような愛想がよく健康な猫と暮らし、飼い猫を通じてあらゆる猫を愛している飼い主たちは、この問題に一体どう対処すべきだろうか？

6 愛猫の幸せな暮らしのために

完全に室内で飼うか、屋外にも出すか

その小さな丸太小屋にはあまりにも西部開拓時代風の趣《おもむき》があったので、ウエスタン調好みのインテリア雑誌の表紙になったこともあった。ナバホ族のラグが敷かれ、悲劇的な最期を遂げた酋長《しゅうちょう》たちを撮ったエドワード・カーティスのセピア色の写真がいくつも飾られている。樹皮の風合いを残しながら仕立てた家具は外のデッキの上に出しっぱなしになっていた。

この小屋はガラガラヘビがはびこる土地のまっただ中にある。建物の裏手にそびえる階段状の崖が、太陽の光を浴びてオーブンのように熱を放っていた。その夏は干ばつだったため、通常であれば崖の上の草原地帯にいるげっ歯類の動物が飲み水を求めて下りてきていて、そんなところを、おびただしい数のマムシが追いかけていた。ヘビの仲間は熱さに強い。そのため崖の斜面のそこかしこで日光浴をしている姿をよく見かけた。しかも、ヘビは小屋の正面階段か

ら川までの間に、伸び放題で生える丈の高いカラカラに乾いた草の陰にも潜んでいた。この家を貸してくれた友人は、ドア脇に積んだ平らで丸い石の3番目と4番目の間に鍵を隠していたのだが、石を持ち上げてみると、そこにはとぐろを巻いた1匹の小さなガラガラヘビの姿があった。そのヘビは光を浴びるやいなや、すぐにでも音を立てられるよう小さなしっぽをピンと立て、鎌首をもたげ、臨戦態勢を取った。

夕方になると急に気温が下がるため、あたり一面にいるヘビの活動能力は低下して大人しくなる。だから、オーガスタの身は安全だった（と、私は自分に言い聞かせていた）。

オーガスタにとってはこの土地で過ごす2度目の夏で、勝手知ったる活動拠点のはずだった。ところが、心配症のオーガスタは前年の夏よりも不安を感じているようだった。干ばつとガラガラヘビだけならまだしも、家の中も何かと落ち着かなかったからだ。かくしてオーガスタは欲求不満を解消すべく、何かいつもとは違うことをして対策を講じるに至ったのである。

ある晩、外出先からの帰宅途中に、小屋から遠く離れたところにぽつんとたたずむオーガスタを見つけた。勢いよく流れるウエスト・ボールダー川に架かった橋の真ん中で、方向感覚を失い、怯えていたのだ。私たちの後を追おうとしていたのかもしれないし、ひょっとするとそこから8キロほど上流にある、子猫の頃に暮らした家を探していた可能性もある。その頃、私はと言えば、ずいぶん前から執筆していたモンタナを舞台にした小説をようやく書き上げ、旧知の著作権エージェントに送っていたのだが、この女性にその作品をこき下ろされたところだった。そこで新たにエージェントをいくつか当たってみたが、ことごとく断られた。ようやく希望の星、デイヴィッド・マコーミック氏と出会い、近々ニューヨークで顔合わせする予定になっていた。フライトも宿泊も予約済みだったが、予想外のことが起こった。父が重い黄斑《おうはん》変性症を患い、失明しかけていたのだ。ようやくメリーランド州ボルティモアにあるジョン・ホプキンス大学のウィルマー眼科研究所の予約を取ったはいいが、私がつき添わなければ父は診療にも行けなかった。私たちの小屋の中は、実際に気温が高い上に、苛立ちが募り、息苦しいほどの熱気がこもっていて、旅立つには間が悪かった。オーガスタが姿を消したのは、よりによってそんなタイミングだった。

私たちはありとあらゆる場所を探した。次々に電話をかけ、保安官やいずれもうちの小屋からはほぼ同じくらいの距離にいる獣医師2人、それにウエスト・ボールダーの渓谷一帯に住む近所の人たちに緊急事態を伝えた。登山の心得のある友人2人が崖をよじ登り、3・5メートルはあるイヌワシの巣を見てきてくれた。その巣は崖の浅い穴に作られたもので、中にはズタズタになった獲物の死骸が渦高く積まれていたらしい。ボールダー川流域に住むワシを調査している生物学者によると、そういう巣には軽く100年は経つような骨が残っている場合もあるのだという。しかし、オーガスタの遺骸らしきものは見つからなかった。

そんな折、グレイハウンドにイエネコのにおいを覚えさせて、マウンテン・ライオン狩りのガイドをしている人物の話を耳にした。この犬たちにオーガスタの寝床のにおいを嗅がせれば、どこにいても捜し出せるかもしれない。そう考えた私はこのガイドを手配した。翌日、犬たちが出動してくれるはずだった。ところがその朝早く、日も昇らぬうちから雪が降り――6月も半ばのモンタナに！――においの痕跡をすべて消し去ってしまった。

「オーガスタ、オーガスタ、オーガスタ！」と、私たちは声を張り上げた。連日連夜、休みなくだ。そうこうするうちに、タイムリミットが来てしまった。これ以上ありえないほど最悪のタイミングで、私は家を離れなければならなくなった。

オーガスタとはまったく関係ないことも含めて、私がオーガスタにひどいことをしてしまった時に、こういうことはこれまで何度もあった。もはや思い出せないような理由で用事が入り、それをどうしてもしなければならないと思い込み、予定を変えられないのだ。本当は考え直すべきだったのに。新しいエージェントに事情を説明すれば、理解してくれたかもしれない。ジョン・ホプキンス大学に問い合わせて、あらためて父の予約を取り直すこともできただろう。フライトの変更手数料がどうしたっていうんだ。それっぽっちの額なら払えたはずだ。あの時、一体何にこだわってしまったのだろう？　問題を目の前にして、私は逃げ出してしまったのだ。

私はニューヨークに飛び、ボルティモアに行き、マサチューセッツ州バークシャーに住む友人のところにも寄り、彼女の思いやりに涙をこぼした。エリザベスとは毎日電話で話をしていた。当時を振り返って、後からエリザベス本人が言っていたように、何時間も捜索を続け、名前を呼び、泣いたり心配したりして、眠れない夜を過ごしていたから、いちいち細かいことまで報告しなくなっていたらしい。そんな事情とは気づかず、私はエリザベスがだんだん捜す努力をしなくなり、オーガスタのことがどうでもよくなってきたように受け取っていた。今になってみれば、これは私の身勝手な妄想で、自分でも自分のことがよく分からなくなり、そんな考えに至ったのだと分かる。私は心のバランスを崩していた。もし私が、ほかでもないこの私自身がそれほどまでに心配していたと言い切るなら、一体どう転んだら、そこから3000キロメートルも離れたマサチューセッツくんだりで手をこまねいていられたのだろう？

オーガスタは周知の通り、モンタナ州の大自然の中で育った。熊とたわむれた経験もあれば、コヨーテから逃げた経験もある。いつも逃げ込んでいた排水溝は、狭すぎてコヨーテが入ってこられないことを、オーガスタはちゃんと分かっていた。賢い子なのだ。子猫の頃は耳障りな町の喧騒や大柄な男たちにどうにもなじめなくて怖がっていたが、それを除けば、オーガスタは臆病猫などではなかった。どうしてオーガスタを外で自由にさせているのか、私は数々の根拠を並べて、事細かに説明できた。私がサンフランシスコとモンタナでオーガスタに許していた生活は、自己満足からでた愚かな行為だという人がいたら、何時間でも反論しただろう。

外に出していたのは、オーガスタだけのためではない。野生の風に触れ、その風が孕《はら》む無数に混じり合ったにおいに触れた時、オーガスタの全身からみなぎる恍惚感を私も肌で感じていたのだ。それが仮に、私の想像を投影させただけだったとしても。あの恍惚感は、まがりなりにも猫ならば必ず味わえるものだということ、そして、その喜びを知らない猫があまりにも多いのを確信した。そういった混じり合う雑多な要素を選り分け、意味を理解する。オーガスタはこうして自分を取りまく世界を構築していた。例えばにおいだけでなく経験など、何か心が乱されることがあったら、猫は静かにそれを解決し、落ち着きを取り戻す。猫にはこうした才能があり、だからこそ猫の生活は豊かになる。雑多な要素が混在していることが、猫が幸せに暮らすために欠かせない1つの条件なのだ。

もっとも、猫を取り巻く環境として、新たに砦のような場所を用意する必要はない。例えば街中にある公園は、猫にとって嗅覚の刺激に満ちたワクワクする場所だ。ところが公園には子どもや車のクラクション、無駄吠えする犬あるいは好奇心旺盛すぎる犬など、デリケートに育てられた猫の知覚を邪魔する要素がある。こうした邪魔者にも耐えられるよう、猫たちを慣れさせておかなければならないし、しっかりとハーネスをつけても嫌がらないようにしつけをしておいた方がいい。まだ幼いうちにできるだけ優しく教えれば、猫はこういったことをすべて簡単に覚えられる。そして、落ち着いた猫に育ち、飼い主の努力も報われるだろう。

田舎で暮らしている猫の場合、飼い主がリスクを受け入れた上で、十分に用心できるのであれば、猫に制約を与える必要はない。ただし、住まいの近くに道路があるとなると、話は別だ。

自動車の往来はどこに住んでいても最大の脅威で、ほとんどの猫が自動車の音を怖がるくせに、判断ミスをしてしまうことがある。道に近づかないようにしつけられる猫もいれば、教えなくてもそれができる猫もいるので、飼い猫を外に出すか出さないかは、飼い主の判断で決めればよい。しかし、その方針を貫いていても、危険はほかにも山ほどある。アメリカの田舎だったらほぼどこでも、たいてい家の近くにコヨーテが住んでいる。ほかにも田舎に住む猫の天敵には、ありとあらゆる動物がいる。その中にはとても身体の小さい動物もいて、野良猫、とりわけ去勢手術を受けていない雄猫も要注意だ。それに空から突如として降ってくる天敵もいる。猫はたいがい空中にまでは注意を払っていないので、タカ、フクロウ、カラスの一団が面白半分で襲ってくるのだ。犬がふざけてキャンキャン吠え立て、オーガスタは木の上まですっ飛んで逃げていくこともあった。純然たる本能にせよ、飼い主にけしかけられたにせよ、悲しいかな、犬が猫を殺すのは決して珍しいことではない。

猫の命にかかわるほどの危機的状況はいくらでも起こりえるし、それがすべて屋外にあるとは限らない。また、人間を思い浮かべれば驚くことではないが、猫も雄のほうが雌よりもかなり高い確率で、愚かなことをやらかす。

日々どこかで起きている、美しい声で鳴く鳥を狙った大量虐殺の加害者は、ほとんどが野良猫だと知ると、自分の猫を外に出している飼い主たちはほっとすることだろう。とはいえ、それらの飼い主のほとんどは、帰って来た猫が得意げに羽まみれの戦利品をおみやげに差し出したという経験があるはずだ。周囲の条件次第で、飼い猫でも気まぐれに捕食行動をとるのだ。

ジョージア大学、それにナショナルジオグラフィック協会の遠隔撮影プロジェクトの研究者たちが、郊外に住む猫55匹に対して、1回につき7～10日ずつ、1年間にわたり小型ビデオカメラを装着してモニターし、季節によって行動にバラつきがあるか調べたところ、興味深いことがいくつか分かった。第1に、飼い猫のうち、狩りをする猫がどれだけいるのか、飼い主たちはあまりにも少なく見積もっていた。44%もいたのである。ただし、この猫たちは優秀なハンターではなく、1週間狩りをして、捕らえた獲物は1週間合わせて平均たったの2・4匹。自宅にはその4分の1も持ち帰っていない。食べるのは4分の1よりもやや多めなくらいで、残り、つまり半分以上はただ殺して地面に放置していた。言うまでもないが、こうした猫たちは、家に帰ればふんだんに餌を与えられていた。

この猫たちが実際に殺した獲物を見ると、私が思うに、保全生物学者の神経を逆撫でしそうな生き物はいなかった。55匹の猫のうち、優秀なハンターはたった16匹だけだった。餌食になった生き物のうち、3分の1以上が小さな爬虫類だ。ほかにはチョウなどの虫4匹、蛙1匹、毛虫3匹、ハタネズミの仲間4匹、トガリネズミの仲間1匹、シマリスの仲間4匹、ネズミとリスが1匹ずつ。鳥類の成果はあまり振るわなかった。コマドリの仲間1羽、北米に住むツグミの仲間1羽、ツキヒメハエトリ1羽、それにまだ何の子か判別できないヒナドリが2羽だけだったのだ（＊1）。ジョージア州クラーク郡の生物多様性が、飼い猫によって深刻なダメージを受けているわけではないようだった。

別の調査を見ても、同じエリアにいる飼い猫と飼われていない猫（野良猫）の捕食活動にはっきりと違いが現れていた。イリノイ州中央部で行われた調査では、飼い猫の行動範囲は飼われていない猫よりも狭かった。飼われていない猫は夜になるとますます活動的になったが、これはその頃になると獲物がより捕まえやすくなるからだ。飼われていない猫たちは飼い猫たちよりもはるかに優秀なハンターだったが、若死にすることがずっと多かった（＊2）。猫を自由に出歩かせている飼い主たちは、そんな調査結果をいくらでも掘り出してこられるだろう。ただし、どんな研究領域にも言えるが、人は自分に都合の良い結果ばかりを見つけ出す傾向がある。イギリスで行われた説得力のある、ただし少しばかり怪しげな研究結果によると、「猫の飼い主はふつう、猫は野生生物に害を与えるという意見には賛成しないし、去勢手術以外の個体数削減法はどれも気に入らない」という。また、「こうした態度は飼い猫たちの捕食活動がどうであろうが変わることはない。飼い主は自分が飼っている猫が野生生物に与える影響を理解できないし、環境保護に関する情報にも動じない」（＊3）

スイスで行われたある研究によると、外に出してもらえている猫のうちたった16％だけの猫で、殺された獲物の4分の3を仕留めていた。もっと言えば、鳥類殺しのエースは、たった1匹。これ以外の猫はネズミやハタネズミ、それに正体不明の腸《はらわた》をものにして、狩りをした気になっていた。この研究者たちは「各大陸に生息する餌となる生物は、何百世代にもわたってイエネコと共に進化を遂げているので、影響はほとんどないと考えられてきた」と中立性を保ちながら、冷静に特記していた（ちなみに、この「中立性」という特性はもしかしたらスイスならではのものなのだろうか。これまで、猫による被害に関する研究報告書を数え切れないほど読んできたが、こうした姿勢が見られる報告書はめったになかった）。その上、彼らはわざわざこのような文言を加えていた。「農地や庭に生息する多くの鳥類が、近年減少している。また、鉄道や道路、都市計画などによって、生息地が小さい区域に分断される中で、野生生物の避難所としての役割を果たす庭園の大切さが増している。都市化が急速に進み、猫の個体数が増えていることなどから、ヨーロッパ大陸において猫の果たす生態学的役割が多くの議論で争点となりつつある」（＊4）

私自身も含め、飼い主全般に言えるのは、自分の猫がハンターなのか、それともただ見ているだけで満足しているのかは、たいがいの場合、分からないということだ。そこで、第5章で引用したスコット・R・ロスたちによる包括的な研究結果の戦慄すべき核心部分を振り返ってみよう。アメリカでは毎年、14億〜37億羽の鳥類（それに69億から207億頭の哺乳類）が、猫に殺されている（＊5）。ロスたちの研究では、そのうち飼い猫が殺した数と、野良猫が殺した数を区別していない。ならばここで、我らが飼い猫には途方もなくひいき目に、例えば事件のうち90％が野良猫の仕業だと考えてみよう。だとしても、猫を屋外でも好きにさせている飼い主は、1億4000〜3億7000羽の鳥の死に対する責任を負っていることになる。

しかし、数字が細工されている可能性もある。ならば私がこの不名誉を挽回できないか、簡単な計算をしてみよう。少なくともアメリカ国内では、自尊心のある動物愛護協会なら、猫は絶対に屋内で飼うべきだという立場を取っている。そのため、アメリカ国内で飼われている猫のうち、屋外に出られる猫の数について信頼できるデータがない。完全室内飼育を推奨する一派によれば、アメリカにいる猫の65〜70%が、少なくともたまにだったら外を自由に出歩くのを許されている（*6）。一方、これよりも手法が科学的ではあるが、サンプル数の少ない研究結果を見ると、屋内と屋外の両方を行き来できる猫の数は50%以下だという（*7）。ほかの国では、時々外を自由に歩き回れる猫の数はずっと多く、例えばイギリスでは90%以上を占める（*8）。

アメリカではあまりにも多くの猫が、マンションに代表されるような、猫を外に出すことなど到底考えられない環境に住んでいるので、仮に、屋内と屋外の両方を行き来できる猫の割合が50%だとしよう。アメリカ国内の飼い猫の数が一般的に信じられている9000万匹だとすると、そのうちの4500万匹にはある程度、屋外での自由行動が許されていることになる。これをロスたちの研究結果に当てはめると、屋内と屋外を出入りできる猫1匹につき、年間3・1〜8・2羽の鳥を殺しているという計算になる。この数字には納屋に住み着いた猫や、自由な行動が許されているありとあらゆる猫が含まれている。自分の飼っている猫の狩猟行為をできるだけ減らすべく努力すれば、この数字を半分にできる。3・1〜8・2の中間値5・

6の半数なので、2・8羽まで減らせるのだ。1年間に2・8羽ということは、1カ月なら4分の1羽にもならない。これはかなり良い猫と言えるだろう(先ほど『人は自分に都合の良い結果を見つけ出す』と言ったばかりだが……)。

飼い主にできることはたくさんある。猫を自由にさせてやる時間帯に配慮すれば、安全を確保できるのは、実は猫だけではないのだ。夕暮れ時や夜明け、夜に地表で餌を探す鳥は特に標的になりやすく、四つ足の小動物もすべてそういった時間にひときわ活発に動き出すので、その時間帯こそ猫たちを屋内に閉じ込めておいてやるべきだ。呼ばれたら間違いなく戻ってくるように、すぐに戻ってくるたびに必ずご褒美をあげて、猫をしつければ、猫によるあらゆる種類の被害を未然に防げる。

例えば、ニューヨーク57番街にそびえるビルの57階に住んでいたとしよう。眼下にはセントラルパークが広がっている。その場合、飼い猫をしつけて、リードをつけて散歩できるようにしよう。「できるだけ早く始めるに越したことはありません。あなたの猫が家の外を怖れる、あるいは、突拍子もない騒音を怖がるようになる前に」と口を揃えて言うのは、ウェブサイト「PETMD(*PetMD.com*)」の専門家たちで、やればしつけられるはずだと主張する。「成長すればするほど、猫はリードにつながれて外に出るのを嫌がる、あるいはリードをつけること自体を拒否するようになりがちなのです」これは事実だ。「飼い猫がハーネスを受け入れ、飼い主に引っ張られるのに慣れるまで1カ月かかる場合もありますが、絶対に成功させたいと

いう意志を持って根気よく続ければ、必ずしつけられるのです」(*9)

オーガスタのことを、私たちはしっかりと見張っていたが、どうしても目が届かないところがあった。あの夏の日、オーガスタは逃げ出した。あるいは姿を消してしまった。どこかで死んでしまったのだろうか。もし風下で死んでいたら、100メートルも離れていないヤマヨモギの茂みにいたとしても、決して見つけられなかっただろう。

猫は逃げる生き物だ(オーガスタも例外ではない)。猫が新鮮な屋外の空気と緑の大地を存分に味わうのを許すなら、飼い主は最大のリスクを負うことになる。飼い主が愛猫を失うというだけではない。猫自身も自由を脅かす何者かの餌食になるかもしれないのだ。

とはいえ、覚えておいてもらいたいのは、屋内で飼う猫もいなくなるということだ。2007年に行われたある調査によると、行方不明になった猫の41%が完全室内飼いだった(*10)。どうにも通り抜けられないガラス越しに、うらやましそうに外を眺めている飼い猫の姿はおなじみの光景だ。ドアが開こうものなら決して大げさではなく、この地球上に住むどんな猫でも、本能的にそこを通り抜けたがる。その先にあるのがモーテルの廊下だろうと、ウォルマートの駐車場だろうと、トウモロコシ畑あるいは森であろうとお構いなしだ。これはなぜだろう? 猫はどうして高い窓から落ちてしまうのだろう? 猫がムササビのように大の字に身体を広げて飛び、地上60メートルの高さからコンクリートの上に軟着陸できるなどと考えるのは無理がある(こういう話もあるにはある。ただし、ほとんどがでたらめだ。実話はほぼゼロに近い)。猫は空中で身体を回転させて体勢を整え、足から着地できる能力を備えている。とはいえ、地上30メートルでも骨折するほどの落差であり、万一落ちたら、下に布製のひさしや池でもない限り、悲惨な結果に終わる。

猫はどうして逃げ出して行方不明になるのだろう? もちろん、戻ってくるケースもあり、奇跡の生還を果たすこともある。1世紀ほど前、アメリカの学者フランシス・H・ヘリックは一連の実験の中で、何匹もの猫をクリーブランド州の自宅から何マイルも離れた土地に連れて行った。その際、猫は目隠しをして箱に入れ、その箱を不透明の布の袋に入れて口をしばり、さらにいくつかの例ではクロロフォルムを嗅がせて眠らせることもあった。放された猫たちは、ちゃんと元の家に戻ってきた。時にはひどく骨の折れる逆境も乗り越えて……。

大陸を横断して飼い主のもとに帰ってきたという驚くべき猫の話には、ありとあらゆるものがある。なかには実際に起きた話もあるだろう。イギリスの生物学者ロジャー・テイボーは、本当にあったと考えられるいくつかのエピソードを紹介している。「1989年、ロシアに住んでいた三毛猫のムルカは、520キロほど離れた飼い主の実家からモスクワにある自分の家に戻った。ユタ州のファーミントンからワシントン州のミル・クリークに飼い主一家と引っ越したニンジャは、その1年後の1997年に元のワシントン州の家に戻ってきた。1978年、オーストラリアで家の中で飼われていたペルシャ猫のハウウィーは、飼い主たちが休暇中に預けていた親戚の家を飛び出し、その後、自分の家まで1600キロメートルもの距離を移動した」（＊11）これよりもずっとよく聞くのが、悲しいことに突然姿をくらませるエピソードだ。ただし、多くの場合、こうした出来事は未前に防げる。

大前提として、猫がいなくなる前に3つの大切なポイントをきちんと押えておくことだ。第1のポイントだが、これが守られていれば、おそらく猫はすぐに戻ってくる。それは、猫の名前と飼い主の電話番号、メールアドレスを記した迷子札のついた首輪の用意だ。あとの2つは、マイクロチップを埋め込み、追跡会社に登録しておくこと。それに、細部まで分かる最近撮った写真（ポスターやチラシ、インターネット掲載用の素材）があることだ。

気づいたら猫がいなくなっていた場合は、まず呼吸を整えてから、「ほとんどの猫はあまり遠くには行かない」（＊12）のを思い出し、気持ちを落ち着かせよう。実は、猫はいなくなったわけではないという可能性も十分にあるからだ（＊13）。オーガスタも何度か、想像もできないような隠れ場所を見つけ、そこでぴくりとも動かず、鳴きもせずにじっとしていたことがある。どうしてそんなところにいたのか、私たちにはさっぱり分からなかった。

家の中で見つからなくても、まだ近くにいる見込みが大きい。もし、どこかで跳ね回っているのを見つけたら、決して後を追いかけたり、大声で呼んだり、手を叩いたりしてはいけない。こちらを見たらひざまずいて、目を合わさずに、ためらいがちにチラッと見るくらいがいい。ささやき声で名前を呼んでもいい。猫は何かを怖がっている可能性が大いにあるからだ。そこで、指を1本伸ばしてみる。猫が寄ってきてにおいを嗅いだら、こっちのもの。猫を連れて無事、家に戻れるだろう。

その後も脱走を繰り返すようだったら、何か「帰ってきた猫を歓迎する」仕掛けを家に用意しておく必要がある。できれば、外に飼い主の着古した服を置き、その上にひっくり返した大きめの段ボール箱をかぶせるのだ。この段ボールには猫が通り抜けられるほどの大きさの穴を1つ開けておく。服はにおいができるだけ強いもののほうがいいだろう。そして、餌や水、それに、使っていた猫用トイレも置いておく。近所にポスターを貼るのも、即効性がある。どこかで掲示板を見つけたら、とりわけ、地元の動物病院にあったら、必ずポスターを貼らせてもらおう。フェイスブックやインスタグラムも絶大な効果を発揮することがある。

当然、あなた自身も捜さずにはいられないだろう。夜更け、それも明け方の2時とか3時、あるいは車の往来が落ち着く時間帯がベストなタイミングだ。猫が立てた音がほんの微かでも聞こえるからだ。振ったら音がするご褒美の入った袋を持ち歩くのも、缶入りの餌をいくつか用意するのもいいだろう。キャットフードの缶を開ける音が魔法を起こすことだってある。

最近引っ越したばかりだったら、猫が元の家に帰っている可能性もある。仕掛け罠を借りるなり、買うなりして、猫が好物の餌を入れて庭に置いておこう。野良猫やほかの家の猫、それにほかの動物など、何がかかるか分からないが、もしかしたら捜している猫もこの罠に引っかかるかもしれない。飼い猫が自分の家だとすぐ分かり、入って来たくなるようなものがほかにないか考えてみよう。嗅覚を刺激するものがいい。例えば、履き古した靴を正面玄関の階段に置いておくのはどうだろう？

　とにかく、いろいろやってみることだ。２００７年の調査では、消息不明になった猫の飼い主たちは、「可愛いがっていた猫ちゃん」を連れ戻すまでに、実に涙ぐましい努力をした。何らかの身元を示すものを身につけていた猫は、わずか14％だった。飼い主がどこかの保護施設に初めて連絡を取るまでの平均日数は３日、施設に２回以上足を運んだ人たちが２度目に訪れたのは平均８日後だった。ほとんどの施設は収容期限が３日間であることを考えると、保護された猫の中には、飼い主が施設に捜しに来る前に安楽死させられてしまったものもいたかもしれない。最終的にかろうじて半数以上（53％）の迷い猫が飼い主の元に戻るのだが、そのうちの３分の２が自力でふらりと帰宅していた（＊14）。人間の保護者たちに、「手助け無用」とでも言わんばかりに。

　ここで学ぶべき教訓は、飼い主が普段から予防策を取り、本気で捜すなら、迷い猫を取り戻せる確率はかなり高いということだ。また、忘れてはならないのは、おそらく猫はそれほど遠くに行っていないということだ。また、どんなに取り乱していても、それを悟られてはならない。むしろ、心を落ち着かせるには何をすればよいのかを考えよう。というのも、猫が近くまで帰ってきていた場合、飼い主の仕草の端々に現れるどんな些細な動揺も、心配な気持ちが醸し出す微妙な雰囲気も、ことごとく読み取れてしまうからだ。

　すべての望みが絶たれたように思えたとしても、このことを忘れないで欲しい。猫はたまに、ずいぶん長い間留守にしておきながら、ある日突然、ふらりと帰ってくることがあるのだ。

アメリカ国内にあるさまざまな動物愛護協会は、ほぼ例外なく、しかも熱心に猫は屋内で飼うべきだと主張している。その理由はただ1つ、安全だからだ。ただ、それには犠牲も伴う。

イエネコの本質は、ヤマネコの祖先から代々受け継いできた野生の感覚と切り離すことはできない。ごく最近になって人間の飼い主と一緒に暮らすという近代における進化がその本質に加わったとはいえ、野性的な性質を失ったわけではない。猫の暮らしが屋内主体になると、それに伴って本能的で、根っから沁みついている本質がいくつも現れるようになった。具体的には、以下のことがある。

・獲物を追い回し、捕まえようとして、攻撃する
・狩りを真似たさまざまな遊びをする
・プライバシーを求める
・好奇心（『好奇心は猫を殺す（好奇心もほどほどに）』、ということわざが英語にあるが、これはまさにその通りだ）
・爪を研ぎ、何かによじ登りたがり、安全な隠れ場所からものごとを観察したがる

・縄張り意識。猫用トイレの位置や衛生状態に対するほとんど偏執的なこだわりの中にそれが垣間見える
・人間を含めたほかの生き物、可能ならばほかの猫と社交的なつながりを持ちたいと思う
・人間である飼い主に一貫性があり、信用でき、予想がつき、愛情や信頼感のある行動を求める
・におい、なかでもフェロモンが支配する、人間には決して見えず、触れられない世界がある
・猫にも心があり、その心はコミュニケーションや刺激、謎や興味を求めている

もし、飼い猫にも屋内で幸福な生活を送ってもらいたかったら、こうした欲求や事実をどれも、満たすなり、受け入れるなりしなければならない。

イエネコが持つかけがえのない性質は、砂漠に住んでいた祖先のリビアヤマネコにはなく、イエネコだけに見られる愛情を求める心だ。この性質は最近加わったものであることから、人間との交流から生まれたと考えられる。この不思議な動物は愛を糧に生き、愛を返すのだ。

飼われる場所が屋内だろうと屋外だろうと、愛し、愛されることに縁のない猫もいる。愛情がなくても猫は生きていけるだろう。とはいえ、愛情はあったほうがいいに決まっている。愛する猫との生活は、猫のいない生活よりも100倍素晴らしいものになる。

猫の飼い主の多くは、そうした猫の大切な欲求が、猫にとっては不可欠であることに気づいていない。しかし、猫の欲求を満たしてやるのは、飼い主の義務だ。それができない人たちが

飼っている猫は、無気力で、怠惰で、太り過ぎていて、いわば「時折動くクッション」だ。退屈な生活から抜け出せず、愛玩用のペットというよりはインテリアの一部と化している。

室内飼いの猫の気質をないがしろにすると、猫が退屈するだけでは済まなくなる。おかげでキャット・ウィスパラーは大繁盛だ。ソファーや椅子の張り布を破いて中身を出してしまったり、カーペットをびしょびしょにしたり、壁におしっこをひっかけたり、明け方の5時に悲し気な鳴き声をあげたり、引っかいたり、噛みついたり、飼い主の枕に粗相したりする。そして、スキあらば脱走するのはこの手の猫だ。

猫を室内飼いにしている良心的な飼い主には、やるべきことがたくさんある。飼い猫とは毎日遊ぶべきだ。これは日課になり、飼い主も楽しめる。また、第3章で取り上げたように、猫が暮らす空間の物理的構造を工夫するのもとても効果的だ。猫は大喜びするだろう。ジャクソン・ギャラクシーが勧める毛足の長いカーペットの端切れで覆ったキャットステップを壁のあちこちに設置したり、天井近くに部屋をぐるりと一周できるキャットウォークを作ったりするのは、抵抗がある人もいるだろう。そこそこ素敵だといわれる家でも、大手ペットショップチェーンなどで売られているキャットタワーを置いたら、インテリアが台無しになる。こうしたキャットタワーには、安っぽいマットで覆われたステップや小さな隠れ家が高さを違えていくつも取りつけられていて、ボールがぶら下がっていたりする。とはいえ、猫にはこれがたまらないのだ。そういった目障りなものを、外が眺められる窓の脇に置くことが耐えられるだろうか。猫用トイレを置くのにぴったりの場所を探り当て、それをとにかく黙々と、毎日掃除できるのか。爪研ぎ器を目立たないけれど、あらゆる場所に置くことに抵抗がないか。キッチン戸棚または冷蔵庫の上に、猫にとって居心地の良い見張り台にできる場所があるか。つまり、猫の本能に合わせた環境作りのために大それたことをしなくても、できることはいくらでもあるのだ。肝心なのは、たとえ宮殿のようなパリのアパルトマンに住んでいたとしても、飼い猫の野性的な性質を満たす方法は見つかるということだ。とにかく、飼い主は猫の行動原理をいつも意識しておくと良い。

今まで挙げたのはすべて分かりやすい、猫が喜ぶポジティブな要素だが、猫が嫌がるネガティブな要素を排除するだけで、猫にとってプラスになるということも覚えておこう。ほとんどの猫にとって、最大のネガティブな要素は恐怖だ。猫は捕食者として進化しただけではない。忘れないでほしいのだが、餌食になる側としても進化してきたので、脅威の予兆に対する感覚は今も研ぎ澄まされている。それゆえに、多くの猫はストレスにきわめて敏感だ。しかも、人間にはおよそ思いもよらない意外なことが、ストレスの原因になることもある。例えば大きな騒音は、猫をかなり動揺させる。猫をめがけて、まっしぐらに走ってくる小さな子どもたちも猫を怯えさせ、追い詰められた猫は自己防衛のために凶暴になることがある。高いところで休むのは、猫が飼い主を見張りたいがためではなくて、安心感を得るためだ。これは猫が生物学的に受け継いできた性質の一部なのである。

早いうちから、猫にキャリーケースは隠れ場所だと教えておくことも忘れずにしよう。そうすれば、旅行のストレスもかなり減る上、病院に連れて行くのもずいぶんと楽になる。多頭飼いの場合、ストレス要因も多くなる。ミシェル・ネーグルシュナイダーの著書『キャット・ウィスパラー（*The Cat Whisperer*）』には、猫同士の争いを減らすための秀逸なアドバイスが書かれている。

猫との遊びはひとすじ縄ではいかない。押さえておくべき鉄則は、できるだけ狩りのシーンを真似て、獲物を殺すところまで再現することだ。延々獲物を追い回させ続けると、際限なくストレスが溜まっていく。レーザー光を使い、猫に光を追いかけさせるおもちゃは、追跡本能をとてもうまく刺激するが、獲物に飛びかかることはできない。あまりにも多くの人が、深く考えずにレーザー光を動かすため、猫たちはどうしていいか分からなくなり、つまらなくなって遊ばなくなる。飛びかかってかじりついてもいいおもちゃや、ほんの1、2分レーザー光で遊んだ後にご褒美としてカリカリをあげるだけでも、獲物を襲いたくてウズウズしている飼い猫の渇きは癒やされるだろう。猫用のテレビ番組や、外にいる鳥を窓越しにいつまでも際限なく眺めている猫には、どういうスタンスを取ればよいのか私には分からない。たぶん、退屈しているよりはましという感じなのではないかと思う。実際、猫たちは夢中になっているように見えるし、なにか悪い影響があるようには感じない。とはいえ、ネズミ型のキャットニップや中にご褒美が入っていて猫が苦労をしないと中身を取り出せない遊び道具のほうが、より理想に近いだろう。絶えず獲物を捕らえられない不満を募らせるのではなく、ちゃんとご褒美がもらえるようにできているからだ。飼い主とのやりとりを楽しめるおもちゃもいろいろある。ただボールの中にご褒美のカリカリが仕込まれているだけで、ボールを転がしていると、そのうち中からカリカリが出てくる単純な仕組みのものもある。いずれにしても、室内飼いの猫にとって、遊びが唯一の運動の機会だということを忘れてはいけない。

どんな遊びをするかよりも、ほかならぬ飼い主と遊ぶことのほうがずっと大事だ。遊びは飼い主にとっても猫にとっても、愛情のこもった行動であり、ひも1本、リボン1個、紙袋1枚、段ボール箱1個あれば、ほかには何も必要ない。猫はこういったものを追いかけ、跳び上がり、ダイブし、ちょこまかと歩き回り、隠れ、そこから飛び出し、格闘し、身をよじり、ジャンプし、宙返りをし、飛び降り、逃げ出し、競争し、体当たりし、面白半分にスリルを味わい、最後は疲れ果て、大満足して息切れしながら床の上に伸びてしまうだろう。そして、楽しく遊べたのは飼い主のおかげだと悟る。

餌という厄介な問題もある。猫は餌を盾にして飼い主を悩ませ、支配する術をあっという間に、しかもそつなく身につける。あらゆる猫は日々のもろもろの行動、なかでもとりわけ美食《ガストロノミー》においては、手段を選ばず主張する。

ある程度までは猫の要望を満たしてやる必要があることは確かだ。猫は真性肉食動物で、つまり、肉を食べなければ生きていけない。猫の消化管はとても短いので、植物由来の物質は消化されずにそのまま出てしまう。ほかの動物だったら消化器官から分泌されている酵素が、猫にはないので、ビタミンD、ナイアシン、それにビタミンAをかなり摂取しなければならない。猫の祖先は何十万年もの間、植物をまったく食べなかった。この祖先は自分たちが仕留めた動物以外は一切何も食べずに生き延びたが、現在ペットとして飼われている猫は解剖学的に見ても代謝的に見てもこの祖先たちと変わらない（＊15）。飼い主がいかなる流儀のベジタリアンであろうと、飼い猫はベジタリアンにはなれない。肉の代用品も使えない。犬はベジタリアン的な食事でも生きられるが、猫には無理なのだ。肉を与えなければ死んでしまう。

だからといって、極端な例になるが、飼い猫のために生の鶏肉やヤギの肉などをさばいて与えている人が正しいことをしているかといえば、それもまた違う。野生の猫は野良猫も含め、獲物を頭から全部、つまり毛皮や羽、内臓、歯、頭蓋骨、胃の内容物、消化したものなど、残らず食べる。そうすると、ビタミンやミネラルなどの栄養素が摂取できる。間違った情報を元に世話を焼いたら、かなりの確率で重い病気にかかりやすくなってしまう（＊16）。

高級志向の専門店でいくつも売られている缶のキャットフードの成分表を見ると、最も含有率の高い原材料として表示されているのは生肉であり、この手のキャットフードは値段も高い。生肉の入ったキャットフードのほうが優れているのかもしれないが、本当のところどうなのか私には分からない。私がイザベルを飼い始めたばかりの頃は、こうした餌にしたのだが、彼女は大喜びで、元気に生活していた。ところが、イザベルの生活費がだんだん、飼い主の生活費よりもかさむようになってしまった。

ドライタイプの餌もあるが、これはこれでまた別の問題がある。ウエットタイプ、ドライタイプ、いずれも栄養学的には申し分ないのだが、ドライタイプの場合、指摘するまでもないが猫にたっぷり水を与えているかを確認しておかなければならない。というのは、猫がよくかかる重い病気の1つに腎臓疾患があるからだ。ウエットとドライを混ぜて使っている人もいる。ドライフードを頑として受けつけない猫もいるが、ドライフードは扱いが楽だ。ウエット派はドライフードを見下しがちだが、ドライも決して劣ってはいない。現在入手できる最新情報によれば、ということになるのだが。何を与えるにせよ、最も大事なのはあまり奇をてらい過ぎない食事を維持することだ。何ごとにおいても、猫はいつもと同じであり、なおかつ予想を裏切られないことを好む。

ところが、まさしくこの点につけこんで、猫が飼い主を翻弄することもある。それまで好んで食べていた餌を突然、ある日を境に毛嫌いするようになるのだ。心優しい飼い主は困り果て、猫の目の前で（あるいは隠れてこっそりと）次々に新しい缶を開けるのだが、猫はそのたびにちょっとにおいを嗅いでは、ぷいっと立ち去ってしまう。

これは、それほど単純な問題ではない。猫にも言い分がありそうだ。最新の研究で、猫の嗅覚システムはその栄養構成の微妙な違いを検知できることが証明された。研究者は、まず被験者となる猫たちに何種類かの食べものを与えた。すると、猫は味の好みに従って最初の選択をする。この実験では魚とウサギに人気が集まった。ところが次第に対たんぱく質脂肪比が一定である餌を選ぶようになり、エネルギーバランスが適切な体に良いものを求めてオ、レ、ン、ジ、風味の餌まで食べるようになった。この猫たちは全体的に、においや風味に関係なく、70％のたんぱく質に対して脂肪分が30％のものを選んでいた（＊17）。

ここで疑問が生じる。先ほどのように気まぐれな猫も、この実験の猫たちと同じように微量栄養素を検知できるのだろうか？　もしかすると今後の研究で、猫が餌にうるさいのは、栄養にこだわっているせいだと証明される可能性もある。大胆過ぎる仮説かもしれないが、もしこれが証明されたら、飼い主たちの懐をしたたかに直撃するだろう。

飼い主にとって重要なポイントは、餌はしつけの基礎であるということだ。一方、猫にしてみれば、飼い主を手玉に取れるのだと覚える絶好の機会であり、猫たちはこの原理を応用して、餌以外でも人間をいいように操るようになるだろう。絶対に忘れてはならないのは、どれだけ愛らしく、気立てが良くても、猫には良心と呼べるようなものは一切ないということだ。正義感もない。公正さというものは、猫にしてみれば理解を超える概念なのだ。だからといって猫が悪どいとか、情がないというわけではない。猫は同居者であり、（これまで見てきたように）辛抱強く、なおかつ、思いやりを持って努力を重ねれば、人間は猫と友人になれる。人間と友好的な関係を結べるように猫をしつけることだってできる。

猫たちは、飼い主が食べものを管理していることを絶対に忘れない。そのうち、キャビネットを開けられるようになるだろうし、袋に入った餌を破って開けるやり方を覚えるかもしれないが、猫に缶は開けられない。店に行って食べ物を買うこともできない。これこそが、私たちが本領を発揮できる権限であり、この権限は永遠に飼い主のものだ。決められたスケジュールで餌を与えてもいいし、フリーフィード、つまり量を注意深く制限しながら、ずっと餌を出しておいてもよい。どのやり方でも、とにかく一貫性を持ってさえいれば、猫はそれを理解する。

飼われている猫たちとは違い、人はひどく残酷になれるし、怒りを何年も内に秘めておける。飼っている猫を可愛がっていると言いながら、暴力を振るう人もいる。部屋の向こう側まで猫を蹴飛ばしたり、投げ飛ばしたりする。あるいは頭ごなしに怒鳴りつけて、震え上がらせたりする。猫はとても怖がりだ。猫の心に何年も刻まれる数少ない感情の1つが、恐怖なのである。だから、どうか飼っている猫を怯えさせないでほしい。飼い主は餌を管理する。それだけで十分だ。ただこれは、「お預け」をさせて、飼い主の権限を見せつけるように勧めているわけではない。私が言いたいのは、おねだりをして餌をふんだくり、「もうちょっとちょうだい、お願い!」なんて媚びを売って飼い主を丸め込む術を猫に覚えさせてしまったら、それこそ猫を甘やかしてダメにしてしまうだろうということだ。

また、餌の管理には健康面でも有無をいわせない大義名分がある。現代社会に生きる人間たちとまったく同じで、体重が増え過ぎた猫は、糖尿病から関節炎、心臓疾患まで、ありとあらゆる種類の病気にかかりやすくなる。肥満の猫は、肥満の人と同じように早死にしやすい。これは単なる仮説ではない。アメリカに住む猫の58%が肥満なのだ(*18)。室内飼いの猫の何%が肥満かは明らかではないが、これよりも高い数字であることは間違いないだろう。

しつけができていると、それだけで自らの身を助ける。飼い猫が指示した通りに動いてくれたらご褒美としてカリカリを少し与えることにする。そのご褒美を与える寸前に合図の音としてクリッカーを鳴らすようにすると、猫はなぜご褒美をもらえるのか間違いなく理解する。飼い主は自分の権限を実感できるし、猫にもそれが通じる。そして、すぐにお互いを信用し、息の合ったダンスのように「アクション→クリック→ご褒美」を行い、心から満足感を得られるようになるだろう。手のかかる作業では決してないのだが、これを根気よく続ける気があれば、飼い猫にかなり難しい技を教え込むこともできる。

可愛い我が子をサーカスのステージに出すつもりはないだろうが、サーカスの養成にはクリッカーが使われている。クリッカーの第一人者は、カレン・プライアだ。その著作『猫のクリッカートレーニング(*Clicker Training for Cats*)』や著者が運営するホームページ(www.clickertraining.com)を見れば、粘り強く、広い心で一貫性を持ってトレーニングすれば、言葉や手のジェスチュアで指示するだけで、猫にできる動作だったらほぼ何でもさせられるようになることが分かる。指示通りの動きをしたら、すぐにクリッカーを鳴らし、ご褒美を与えるのだ(*19)。難しいことは何もない。プライアはクリッカーを使って、犬、馬、鳥、それに――冗談抜きで――ウサギもしつけた。

飼い主と猫が最低限、一緒に覚えておくと役立つ言葉は「ノー」だろう。これを教える秘訣も「クリック→ご褒美」だ。キツく「ノー！」と言ってみて、猫が少しでも動作を止めるようだったら、クリッカーを鳴らし、ご褒美を与えよう。コツはとにかくひたすら、この練習を繰り返し、精度を上げていくことだ。クリックをし、ご褒美を与えるたびに、最初は「ノー」と言われると一瞬動作を止めるだけだったのが、徐々に一瞬止まった後、また動き出すのをためらうようになり、周りに注意を払うようになり、最後にはぴたりと止まり、じっとしていられるようになる。これをしっかり覚えさせ、身につけられたら、猫の命を守ってやることができるのだ。猫はパニックを起こすと、見境のない行動をとる。窓から飛び出すこともあれば、走っている車に突っ込んでいくこともある。犬に「止まれ」を教えるのは、ほかの多くのことを教える時と同じで、そんなに大変ではない。そのため、止まるようにしつけられたからといって、特別称賛されたりしないだろう。だが、相手が猫となると話は別だ。飼い主こそ、ご褒美をもらうに値する。もっとも、その愛猫とずっと一緒にいられること自体が、ご褒美と言えるのかもしれない。

しつけを通して、心が通じ合うようにもなる。猫は飼い主の権限を受け入れ、信頼するようになるからだ。制限や境界線に従っていれば安全であるという事実を猫はやがて理解する。その理解が定着したら、雷や吠えかかる犬、やたらと触りたがる子どもなどの恐怖に見舞われた時、猫は飼い主のところに飛んでくるようになるだろう。餌は常に根源的で、しかも生死にかかわる強い欲求にあたる。餌をもらうことが習慣化し、信頼関係も築かれたら、今度は体で穏やかな気持ちや愛情を伝えるようになる。それを最も豊かに表現するのは、触れ合っている時だ。猫は頭を押しつけてきたり、飼い主の顎に自分の顎をこすりつけたり、向こうずねにしっぽを巻きつけたり、太ももに頬を載せて横たわったりする。そして、ゆっくり瞬きをしながら、舌をチラッと出して見せることだろう。

これは前でも説明したが、ここでまた繰り返しても無駄ではないだろう。猫は飼い主をしつけ、ける。体のどのあたりを、どの方向に、どれだけの強さで撫でたらいいか。どういう時には指が、どういう時には手の平がいいのか。「そうそう、そこそこ。そこじゃない。はい、もう十分」と、教えてくれるのだ。注意深く観察していれば、次第に猫の言いたいことが分かるようになる。抱き上げてほしい。散歩に連れていって。窓台に座っているよりも、抱っこしてもらって窓の外を眺める方が好きなんだけど。ちょっと、あの鳥を見て！（猫の全身の皮膚がピクピクしているのを感じ取ろう）。そうやって、注意深く観察するのだ。

ペットについて書かれた本は世にあまたある。しかし、猫に関するパートだけでも読んだら、ペットの猫に感謝されること間違いなしと、私が唯一太鼓判を押す書籍が、リンダ・テリントン・ジョーンズによる『テリントン・Tタッチ（*The Tellington TTouch*）』（＊20）という本だ（なぜ「タッチ」の前にTがつくのかは分からない）。この本は、実のところ、中身を読むよりも、実際に見たほうが覚えやすいのだが、ありがたいことにＤＶＤも１本（＊21）出ているし、ユーチューブの動画も多数ある。基本的にこれは、マッサージの技術である。著者は手始めに馬で試した。本書を読んでいると、次から次へと登場するニューエイジ系の怪しげな内容につき合わされるのだが、それが猫に対しては魔法のように効くのだ。その内容はかなり専門的だ。

まずは首の付け根から、「ウンピョウ（雲豹）Tタッチ」と「横たわったヒョウのTタッチ」を交互に行う。かなりゆっくり1つ1つ円を描きながら、猫の身体の上をあちらこちら、ランダムに移動する（中略）強弱をつけながらTタッチして、反応を見てみよう。

眉唾に聞こえたとしても、とにかく、試してみる価値はあると私が保証する。

猫にとって幸せな生活とはどんなものか。これを定義すべく、全米ネコ科動物施術家協会と国際ネコ科動物医学会は、「ネコ科の動物が幸福に暮らすための5本の柱」に要点をまとめている。その一部は本書の中で述べたことと重複しており、また、この5本の柱に何もかもが網羅されているわけではない。とはいえ、この「5本の柱」は簡単明瞭ながら、猫にとって欠かせないものの本質を突いている。

1．安全な場所

2. 重要な環境リソース。すなわち餌、水、トイレ用エリア、爪研ぎ用エリア、プレイエリア、休憩あるいは睡眠エリアなど、用途別に分けられたエリアが、それぞれ独立していくつも設けられていること
3. 遊ぶ機会や捕食行動を行う機会
4. 肯定的で一貫した、予想を裏切らない、人間と猫の社会的交流
5. 猫にとって嗅覚がどれだけ大切かに配慮した環境（＊22）

「肯定的」や「社会的交流」という言葉だけ見たら、堅苦しい雰囲気を感じるかもしれない。しかし、本書をここまで読んでいる方なら、もうお分かりだろう。その言葉が表す深い心の絆は、適切な物理的環境と同じくらい、猫が幸福な生活を送る上で不可欠なのだ。怠惰な生活も、物憂く退屈な生活も、幸せな生き方とは言いがたい。精神面と感覚面両方の刺激がなければ、猫の生活は本当の意味で幸福だとは言えないし、愛がなければ幸せにはなれないのである。

❀

猫はあまりにも手がかかる点が引っかかり、もっと楽な飼い方があるのではないかと思う人もいるだろう。品種改良して、もっと扱いやすい猫を作ったらどうか。これほどまでに数多く

の骨の折れる世話などしなくて済む猫はできないだろうか。

ジョン・ブラッドショーは著作『猫的感覚：動物行動学が教えるネコの心理』の中で選抜育種について、理想的な室内飼いの猫は、室内の生活により適応し、より懐きやすいかもしれないと言っている。また、小型の南アメリカの野生の猫との交配など、実現しそうもないアイデアについてひとしきり述べてから、イエネコに属する既存の多様な猫が、猫の家畜化を成功させるのに最適の出発点だという結論に落ち着いている。そのコツは気立ての良い猫を選ぶことだが、その際、その子孫たちも将来、ペットとして飼えるように徹底させることだという。

「室内飼いの猫の中から適切な気質を選びたかったら、慎重に人間が選ぶことだ」と、ブラッドショーは述べる。これまでの自然に任せた進化プロセスにただ頼っているだけではだめだという。「猫が繁殖活動を始める前に、去勢を行っている（中略）その場合、友好的であるよりも非友好的な猫のほうが繁殖に有利にはたらく」そうなると結局、猫の子孫は保護施設から引き取った猫にばかり頼ることになってしまう。そのほとんどが野良猫ばかりだと、ゆくゆくどうなるか、ブラッドショーは「イエネコの遺伝子は徐々に野生に戻っていき、現在の家畜化された状態から遠ざかっていく」という考えを述べている（＊23）。

ブディアンスキーはこれとは対照的に、猫が本当の意味で飼い慣らされる、つまり何を考えているか手に取るように分かり、素直で捕食行動もしなくなるのだとしたら、過去1万年の間に多少なりともそうなっていたはずだと主張する。

優生学的な見地での猫の品種改良について、人々の考えはさまざまだろう。私にしてみればこの「何かと手がかかる」ということは、まさしく猫らしさだと思うのだが……。

猫に関する間違った認識は、うんざりするほどたくさんある。幸福ではない生活をしている猫も無数に存在する。必ずと言っていいほどその根源にあるのが、猫の本質を認めない姿勢で、猫にはまるで精神生活などないかのように扱う考え方だ。哲学者のバーナード・ローリンは、ペットを飼うことで私たちが享受している、あらゆるメリットはさておき、「ペットたちにはそもそも本来備わっている価値がある。その価値というのは人から見たペットの有用性から生じるものではなく、血が通い、感情を持ち、感情で理解する生き物であるということだ。しかも、生活にこだわりを持つ生き物として、道徳的に保護されるべき地位を持つことを忘れてはならない」と言う。人がペットに存在価値を認めたら、それはすなわち、1つの契約を交わしたことになる。つまり飼育する――その動物を保護し、餌を与え、寝起きする場所を与え、そして愛する――とは、その動物の暮らしに責任を持つことだ。私たちには、ペットに幸福な生活を送らせる責任がある。

ローリンは、肝心な部分でこの契約に違反する多くの人々を容赦しない。例えば、殺処分を行わないサンフランシスコ動物虐待防止協会のように、比較的珍しいケースを除き、保護施設に戻された猫は、最終的にかなりの確率（41％）（＊24）で安楽死させられてしまう。それを知っていながら、猫を保護施設に返す人や、何の罪もない飼い猫を永眠させるために（こちらは100％実行される）獣医師のところに連れて行く人がいる。

ペットの動物が持って生まれた本質――それも、人間と共に形作られた本質――に沿ったライフスタイルをまっとうする権利を人間が著しく侵害しているとローリンは非難する。その主な原因は、無知だとし、人間の愚かさを批判した。

猫らしさを著しく侵害している行為の中に、増加の一途をたどる猫の動画がある。断っておくが、そのすべてが悪いわけではない。しかし、可愛らしく、比較的害がなさそうなものですら、往々にして身体的な形態異常がある猫であったり、怖がらせて撮ったりしているものがある。ミネアポリス市にある有名なウォーカー・アート・センターが、2012年に「猫動画国際フェスティバル」を立ち上げた。このイベントを運営するセンターが心を砕いたのは、あまりにも多くの猫の動画で売り物になっている、残酷だったり、極端に演出過剰だったりする作品を排除することだった。初回のフェスティバルには、1万人以上の来場者を動員した。このフェスティバルは次の年までに15都市を巡回する一大ツアーになり、その中から花形スターの猫も誕生した（＊25）。

インターネットにおける猫のスターたちの多くが、体に形態異常があり――多くの場合、無害なものなのだが――ファンの反応はといえば、同情半分、嘲り半分、という不思議な取り合わせだ。とはいえ、その反響は非常に大きい。その成功のスケールについてまだ誰も決定的な評価をしていないようだが、ユーチューブの親会社はグーグル、つまり世界を制するビッグデータのリーディングカンパニーであることを考えると、不思議でならない。ユーチューブによれば、同サイトだけでも、現在公開されている猫の動画が200万本以上あるという。公開されている最新のデータは2014年10月のものだが、この時点で、猫の動画の視聴回数は246億回に達していた（＊26）。

サンタクロースに扮した猫。ベランダから落ちる猫。何かの音楽を指揮するかのように、人間につき添われて前脚を振る猫。よくやるように、猫が走ってきて箱に突っ込み、出られなくなっているが、誰も助けようとせずにそれを動画に収めている。鏡に映った自分の姿を見て「ほかの猫」をやっつけようとして飛びかかり、ガラスに頭をぶつける猫。混乱する猫。怒っている猫。死ぬほど怖がっている猫。これを観て人々は笑うのだろう。まったく他意のない、単純にユーモラスな動画もあるのは知っている。それでも申し訳ないが、何もかもがやり過ぎだと思うし、それに本書のテーマとは大きく反れている。ただ、読者の皆さんの中にはもしかしたらこうした動画の視聴者がいるかもしれない。だとしたら、著者である私自身はとにかく一言だけ、動画に出演している猫が体験していることについて考えてみてほしいと伝えたい。

どんな猫にも持って生まれた本質に合った生活を送る権利がある。動画を観て考えてみて欲しい。この猫は幸福に生きているだろうか？

行方不明になってから13日後。朝の6時頃、オーガスタは寝室の窓台の上に姿を現わした。家に入れてもらいたくて「ニャー」と鳴いていた。私はまだニューヨークにいた。エリザベスが泣きながら電話をしてきた。彼女はナイトガウンに裸足という姿のまま外に飛び出し、小屋の窓にすっ飛んでいって、オーガスタを引っ掴んだ。急いで家の中に戻り、オーガスタの餌と水用のボウルを探し出すまでの間ずっと、オーガスタをひしと抱きしめいていた。エリザベスは、絶望のあまり2つともキャビネットの中にしまい込んでいたのだ。

その翌日、1頭の鹿が農場のフェンスを飛び越え、友人の家から帰ってきたエリザベスの車のバンパーも飛び越えようとして、車を避けきれずぶつかった。車のフロント部分がへこみ、鹿は死んでしまった。エリザベスとの会話にはどこか、本音で話せないよそよそしさが感じられた。エリザベスはどうしてオーガスタと一緒に家にいないで、出かけてしまったのだろう？何もかもがどうもまだ、調子が狂っているようだった。私はすぐに家には戻らず、3日間が過ぎるのを待った。この臆病者の役立たず。

オーガスタは元気だったが、やせ細っていた。おどおどと怯えていたが、いつもの日常に戻ろうとしていたし、相変わらず可愛かった。今まで何をしていたんだい？　可愛いおばかさん、一体どこに行っていたんだい？

いつか、私たちが外出中、置いていかれたと思い込んでオーガスタが渡ろうとした橋のすぐ横に、たまにやってくる管理人が滞在する家がある。その管理人は、オーガスタが消えた日に芝の手入れをしていた。後で芝刈り機を物置小屋にしまうつもりだったのだろう。扉は開いたままだった。その翌日、管理人は家を発つ時に物置小屋の扉を閉め、鍵をかけた。オーガスタがいなくなった時、私たちは彼にも電話をかけていた。間違いなく物置小屋の中には猫などいなかったという。そういえば、この管理人は変わり者で、私たちの質問にイライラしていたようだった。たとえいないと言われても、私たちはどうしてその時になんとかしてあの物置小屋の中に入り、だめもとでも捜さなかったのだろう？　少なくとも、ドアの前で名前を叫び、耳を澄ませたりできたのではないだろうか？　大きな音をたてて流れる川があまりにも近くにあるので、そこにいたとしても、オーガスタの弱々しい声は聞こえなかっただろう。私はそう思うことにした。

オーガスタが戻ってきた日、管理人も戻ってきた。今になって思うと、オーガスタが中にいるのを知らずにこの管理人がドアを施錠したため、あの子は閉じ込められてしまい、2週間もの間、ネズミを食べて生きていたのだろう。オーガスタは逃げ出そうとしたのではなかったのだ。私はそう信じている。

7 病気、加齢、そして死

苦しみを表に出さない愛猫に寄り添う

イエネコの祖先であるヤマネコは、病気や怪我、痛みを隠す能力を備えて進化した。弱さを見せたら天敵に襲われる。猫の歴史の中でも近代以降は、もう戦うべき捕食者がほとんど見当たらないのだが、ペットとして飼われている猫は、弱さを隠す能力を維持してきた。その能力が役立つ機会はもはやない。それどころか、明らかにデメリットであると指摘する人もいるだろう。現代の医療を駆使して怪我や病気を治せれば、種の繁殖能力は間違いなく高められる。だが、そもそも助けが必要になった時、猫自身がそれを心優しい飼い主に知らせなければ、医療は受けられないからだ。

しかし、進化の歴史上、猫が人間の庇護下に置かれるようになったのは、つい最近のことだ。現代の猫を見ると、飼い慣らされているとつい思いたくなるが、その薄い皮の内側では野生に

the Inner Life of Cats

7

病気、加齢、そして死

生きた祖先がまだ息をしている。弱みを隠す能力は、それを表す完璧な例と言えるだろう。

２００４年の夏、オーガスタは股関節の形成異常による何らかの兆候を見せていたのかもしれないが、私たちはそれに気づかなかった。その年は前年に引き続き、ボールダーのイーストフォークに小屋を借りていた。気に入ったわけではなくて、そこしか押さえられなかったのだ。オーガスタの大のお気に入りだった大木が茂る、うっそうとした森を想うと懐かしさで胸が締めつけられる。オーガスタはことのほかその場所が好きで、来る日も来る日もあまりにも長くいたので、私たちはそのうちそこをオーガスタの「職場」と呼ぶようになった。

東ボールダーという土地はどこにいっても日が照り、埃っぽい。しかもあの8月は暑かった。それにもかかわらず、オーガスタは屋根の上でのんびり過ごし、日に当たっていた。豆粒みたいな頭が熱でやられそうなのに、と私たちは笑っていた。オーガスタが屋根から下りてきた頃には、黒い頭は触れられないほど熱くなっていた。オーガスタが高い場所にいたがるのには、理由《わけ》があった。

その年もまたガラガラヘビがあたり一面にいて、なかには大きいものもいた。一度、8月の中旬くらいの時期に、夕方近くになってもオーガスタが帰ってこない日があった。不安な気持ちが尖った氷のように、私の喉元までせりあがってきた。私は心当たりをくまなく捜した。その晩は友人宅での夕食に招待されていた。もちろん、キャンセルせざるをえなかった。暗くなってきたので、私は懐中電灯を持って捜し続け、名前を呼んだが、自分の声だけが虚しく響いた。

オーガスタがまたいなくなってしまうなんて、そんなことはありえない。

もう、その晩の捜索を諦めようと思いかけた頃、盛り土の下を通る排水溝の奥、直径にして20センチメートルもないところを光で照らしてみた。すると、緑がかったゴールドに光るオーガスタの目が見えた。オーガスタは身体をできるだけ小さく丸め、排水溝の真ん中あたりの位置にいた。困ったことに、頑として出てこなかった。怯えていたのだ。きっとコヨーテに出くわして、そこに逃げ込んだのだろう。この排水溝はコヨーテが入ってくるには小さすぎたし、涼しかった。なんて機転が利く子だろう。「だけど、頼むからこっちにおいで」あたりは暗く、私の身体も冷えてきていた。そしてようやく、オーガスタは排水溝から出てきた。

それ以来、オーガスタはそれ以上遠征をしなくなったのだが、相変わらず屋根の上まで登っては脳みそを炙り続けていた。日陰で何の心配もなく休めそうな高い場所は、ほかにいくらでもあった。もしかしたら、身体を温めて腰の痛みを和らげようとしていたのかもしれない。当時の私はそんなことを思いつきもしなかったのだが、今なら分かる。

どうやら、歳を取るペースは猫によって違うようだし、どんな症状が出てもたいがい、獣医師のところに行けば治療が受けられる。その症状とはつまり比較的珍しくない、もろもろのトラブルを指す。明らかに分かるオーガスタの骨関節炎もそうだし、腎障害や誰もが経験する加齢に伴う衰えもある。最近まで、猫の健康に配慮することなど、誰もほとんど気にしなかった。唯一、厳禁だとみなされてきたのは肥満だ。現在ではついに、ある科学者のグループが猫が歳を取っても健康でいられる方法について、あらゆる肉体的な要因を論文にまとめている。アメリカ国内で生活する猫のうち20%以上が11歳以上であるのを考えると、タイムリーな情報と言えそうだ。論文はかなり専門的であり、獣医師向けに書かれているが、私としてはそれが専門家たちの間に広く伝えられるのを祈るしかない。その中では、認知能力から健常状態、筋骨格の健康、五感の反応、歯と歯茎の状態、胃腸、呼吸器、心臓、腎臓、内分泌系からの診断、それに実にたくさんの種類の血液化学マーカーについてまで、具体的な指針が説明されている。この「猫の加齢を見極める：健康と疾病の見分け方」というタイトルの論文は、軽く読めるものとはいえないが、猫全般の生き方と幸福について考える時に大いに参考になる（＊1）。

その年も12月になろうとする頃、9歳になったばかりのオーガスタは、朝食のために階下に向かう際、もうウサギのように駆けられなくなっていて、走るというよりむしろ足を引きずるようになった。階段を上る時だったら、勢いよく上れることもたまにあった。よく階上で足を引きずっていたので、股関節がすり減っていくのが、私にも手に取るように感じられた。痛かったのだろうか？　当然、痛かっただろう。気力で頑張っていたのだろうか？　そうではない、オーガスタはありのままを受け入れていただけなのだ。つまり、文句も言わず、ただ歩いていた。オーガスタの心が折れることは決してなかった。

私たちはオーガスタに「メタカム」という非ステロイド性の抗炎症剤を投与し始めた。これを服用すると楽になるようだった。しかし数カ月も経たないうちに、高い位置にあるベッドに跳び乗れなくなった。そこで、高いところにある本を取るために使うこじゃれたマホガニー製の3段の踏み台を見つけてあげると、オーガスタはそれを好んで使うようになった。ただ、その動作は少々年齢を感じさせた。

猫というものは、絶対に苦しみを表に出さない。ふさふさのしっぽを踏んだら、それはオーガスタでもギャッと叫ぶだろうが、もし癌細胞があの子の骨髄を蝕《むしば》み、それが昼も夜も痛んだとしても、立ち上がれなくなり、手遅れになるまではきっと誰も気づかないだろう。

だとしても、注意深く観察したほうがいい。発見しにくく、恐るべきスピードで死に至らしめるさまざまな病気が実に多くあることを、覚えておいたほうがいい。そのサインは見分けがたい。姿を隠したり、食欲が落ちたり、遊ぼうとしなくなったり、素っ気なくなったりするのは、病気の初期段階かもしれない。最近、さまざまな専門分野の獣医師19人を集めた国際パネル展で、動物が痛がっていることを示す25のサインを特定した。このどれもが、「痛みを示す十分な根拠として考えられている。この中の1つもないことが動物にとって大切だ」という。研究者たちは、「痛みの深刻さや激しさ……これは定義づけも、数値化も難しい」としている。したがって、目安となるサインは単なる「ちょっとしたきっかけ」（*2）に過ぎないのだという。だとしても、覚えておくに越したことはない。専門用語をできるだけ平易な言葉に置き換えたリストを紹介しよう。

・歩行困難
・なかなかジャンプができない
・歩き方に異常が見られる
・動きたがらない
・触診（手で軽く押す）を嫌がる
・逃げ出したり、隠れたりする
・毛繕いをしなくなる
・あまり遊ばなくなる
・食欲がなくなる
・全体的に活発ではなくなる
・人に身体をこすりつけなくなる
・普段から情緒が不安定になる
・性格が変わる
・身体を丸める
・重心を移動させる
・特定の身体の部位を舐める
・頭を低くした姿勢をとる

・目を細める
・餌の食べ方が変わる
・明るい場所を嫌がる
・ゴロゴロと喉を鳴らす
・うめき声を上げる
・まぶたを閉じる
・排尿の時に力む
・しっぽをぱたぱたさせる

さらに、獣医師のジェニファー・コートはこうつけ加える。「このリストはとても便利ではありますが、ここでは目立つ兆候しか取り上げていません。例えば、歩き方に異常が見られる猫は確かに痛がっているのかもしれませんが、それ以外の痛みのない状態（例えば神経の病気など）が原因の場合もあります。猫の行動の変化についてほかに理由が見つけられず、最も有力な原因は未確定の痛みとしかいえない場合、私はよく、治療に対する反応をもとに判断します。私は患者の猫に数日間ブプレノルフィン（鎮痛剤）を投与します。私はこの薬をよく子猫に使うのですが、これでその子猫の振る舞いがいつも通りに戻ったら、原因は痛みだったと分かります」（＊3）

研究者たちは猫が抱える痛みを見極める、別の新しい方法を発見しつつある。人間の赤ん坊が感じている痛みを見分けるために開発された顔の表情のレベルをたたき台にして、猫の表情のモデルを新たに編み出したのだ。そのモデルでは、鼻の変化や頬の筋肉の伸び具合、耳やひげの動きなど、ほとんど分からないほどの微かな変化を計測し、それぞれに痛みの強さを示すスコアを対応させている。また別のアプローチである猫の抱えている痛みの総合評価基準（CMPS–F）では、行動の変化に数字でスコアをつけている。そのチェック項目には、発声、姿勢、傷への関心、触れられた時の反応や、人への反応などがある（＊4）。

誰でも家庭でチェックできるポイントもある。もし猫が、自分のトイレの外に粗相してしまったら、次にこの猫がトイレに近づく時に、箱のへりを登って中に入るのに苦労していないかを気をつけて見てみよう。苦労していたら、脚に痛みがあるのかもしれない（＊5）。多くの問題は、早期発見さえできれば、獣医師がきわめて効果的に対処できる。

また、医学的な症状が出ていなかったとしても、猫を獣医師のところに年に1回は連れて行くべきだ。猫しか診察しない獣医師を見つけられれば、言うことはない。何しろ、猫は獣医師のところに連れて行かれただけで怖じ気づいてしまうこともあるが、こういう猫専門の診療所なら、ワンワン吠える犬たちに囲まれながら順番を待たされる心配はないからだ。さらに大事なポイントは、猫の専門医だったら猫の病気や怪我、猫ならではの症状を診断するのに、ほかの動物も扱う獣医師よりも経験が豊富であることだ。

また、24時間対応の動物医療センターが近くにないか、知っておく必要がある。こうした施設は間違いなく普通の診療所ではなく、設備が整った病院だろう。ここに、至急治療が必要かを見極めるための簡単なチェックリストがある。タフツ大学のカミングス・スクール獣医学部の広報紙で見つけたものだ（＊6）。

・トイレに何度も行く
・呼吸が苦しい
・ひっきりなしに吐いている
・けいれんが起きる
・ふらついたり、よろめいたりしている
・出血している
・症状が治まらない、あるいは、どんどん悪くなっている

痛みを抱えている猫が見せる兆候の中でも、もしこれが見られたら何を置いてでも猫をすぐに獣医師に診せるべきだという3つのサインを、各国から集まった獣医師たちが選び出した。その3つとは、「速くて浅い呼吸」「瞳孔の拡張」「やぶ睨みするような目つき」だ（＊7）。

タフツ大学のチームは、全米各地にいるほかの獣医師たち――その全員が救急医療について

専門機関から認証を受けている——とも連携して「レベルIおよびレベルII獣医学外傷センター」と銘打ったネットワークを構築しようとしている。獣医師がどこに住んでいても、専門的な手当てが至急必要な時に患者をどこに運べばいいか、すぐに分かるようにするのが目的だ。インターネットにアクセスできたら、地方の獣医師——そのほとんどが、高度な設備を備えた医療機関から離れた土地にいる——もすぐに必要な情報が得られる。そのうち僻地に住んでいる獣医師も緊急時の対応を覚え、活用できるようになるだろう。このグループは、ほかにも世界中から集まった治療結果に関するデータを蓄積・共有している。「5年から10年かけて、何をすれば治療効果が上がるかを学んでいくつもりです」と、チームメンバーの1人、ミネソタ大学のケリー・ホールは語る（＊8）。

2006年に私たちがモンタナ州スウィートグラス郡で借りた家は、オーガスタにとっては理想郷のようなところだった。公道から離れていて、流れの速いスウィートグラス川が近くにあったので、川に沿ってにおいをクンクン嗅ぎながら散歩できた。また、森には倒木、あるいは倒れかかった木がたくさんあり、その間をうろついていれば野ネズミを見つけられたし、ネズミがうじゃうじゃいる緑豊かな牧草地もあった。私にとって特にありがたかったのは、高地のため、ガラガラヘビがいなかったことだ。オーガスタが夕暮れまでに戻り、日が昇るまで外に出ないように注意していれば、コヨーテに襲われる心配もない。コヨーテが普段から好んで捕食するげっ歯類やウサギはいくらでもいたし、大農場の多い土地で何世代にもわたって暮らしていたため、人家に近づけば命取りになりかねないことを彼らはわきまえていた。コヨーテは賢く、順応性も高い。

到着から2、3日も経たないうちに、オーガスタの毛の色艶が都会にいる時とは見違えるほど良くなった。獲物を求めて外をうろつく時、オーガスタはヒョウのように身を低くして、怠りなくあたりを見回しながら、耳を前に向けてピンと立てていた。そして、面白そうな、あるいは警戒が必要そうな物音が少しでも聞こえたら、すぐに耳をくるりとその方向に向けた。90センチメートルはある柵のてっぺんまでジャンプできたし、その柵の上で危なげもなく小踊りするように飛び跳ねることもできた。

オーガスタが私たちのところに持ち帰る戦利品のおみやげには、生きているもの、死んでいるもの、その中間のものがあった。濡れた落ち葉や藁、クモの巣を、ひげや毛にくっつけたまま狩りを終えて家に戻ってくることもあった。そんな時は、ブラシを見せて「ブラッシングする？」と聞けばいい。そうすると、オーガスタはいつもの姿勢、スフィンクス座りをした。小さな前脚を揃えて頭をそびやかし、そっぽを向いたら、準備完了だ。オーガスタはブラシをかけてもらうのが大好きだった。その夏はまだ、毛が艶やかに光り、滑らかになることをとりわけ好んでいたのだった。

若い頃よりも動作が緩慢になっていたし、眠っていることが多くなった。以前よりもさらにすっかりリラックスして眠っているように見えたし、むっくり起き上がって伸びをした時の身体の様子と顔の表情には満足感がみなぎっているように見えた。その時、関節炎には少々響いていたのかもしれないのだが。

獣医師のキャシー・ブルーメンストックによれば、猫は7歳くらいからが、高齢に区分されるのだという。オーガスタはその年の8月に11歳になろうとしていた。ブルーメンストックは「老後の訪れをしなやかに受け入れられる動物がいるとしたら、それは猫でしょう」と書いている（＊9）。

私が1人の時、オーガスタはベッドのエリザベスがいつも寝る側で眠ったのだが、たとえエリザベスがいなくても、敬意を表して、普段彼女の足があるあたりで寝た。エリザベスがいる時、とりわけモンタナならではの冷える夜には、オーガスタはこっそりと、エリザベスの膝のところまで、よくよじ登ってきた。エリザベスが寝返りを打つと、オーガスタもゆっくりと同じように身体の向きを変えた。オーガスタはエリザベスの寝返りに合わせて動けたし、そうすれば、エリザベスの両脚の間に自分が入るためのすき間をずっと維持できた。しかもその間、決してエリザベスを起こすことはなかった。

朝になるとオーガスタはむきだしになったエリザベスのくるぶしか、スリッパを履いていたら、かかとを甘噛みした。しっぽをピンと立て、頭を片方にかしげて口を半開きにしたまま、ローブを着たエリザベスをよく追い回していた。顔には、独特の表情を浮かべていた。私たちはこの顔を「かじりんぼ」と呼んだ。

サンフランシスコに戻ると、オーガスタは餌を残すようになった。新しいブランドの餌を見つけてあげても、食べてくれるのはほんの束の間だった。マスクメロン、それも甘い香りがたつほど熟れたものは、食べてくれた。そんなものをそこまで夢中になって食べる猫がいるなんて聞いたことがない。しかも、食べるのはマスクメロンだけで、ハニーデューメロンやクレンショーメロン、ペルシアメロンも、香りの良いシャラントメロンですら受けつけなかった。たまに、私が鶏のレバーを調理して与えることもあった。私たちがシリアルを食べ終わった後の器に残った牛乳は好んだ。エリザベスはよくその器をキッチンにあるオーガスタの餌置き場まで持って行き、少し甲高い、きびきびした声で「ミルク?」と何度も繰り返した。その時のオーガスタの「ミュウ?」という返事は、自分が言った「ミルク?」という言葉をおうむ返ししているのだとエリザベスは言い張った。エリザベスが食べるつもりでダイニングテーブルに置いておいた牛乳入りのシリアルにこっそり近づき、かすめ取って逃げることもあった。オーガスタは弱っていたから、悪さをしても大目に見てもらえたのだ。

ペッツ・アンリミテッド動物病院〔現在のサンフランシスコSPCA動物病院〕は大病院だったが、延々と待つのが嫌だったら、主治医ではなく、手の空いている獣医師に診てもらうことができた。1人の獣医師はオーガスタの関節の痛みのために「メタカム」を処方したが、2005年には別の獣医師がこれに軟骨の変性を遅らせる「コセクイン」を加えた。当時オーガスタがこの病院に行くのは年に数回で、毎回違う獣医師に診てもらっていた。2006年の夏、ランディ・ボウマン医師にたまたま診てもらった時、私たちは心から運が良かったと思った。この医師は説明を理解できたかを確認してくれたし、オーガスタをとびきり優しく扱ってくれた。今後はできるだけ、ランディに診てもらうことにしようと私たちは決めた。オーガスタの体重は、通常であれば4・5キロのところ、4・3キロに落ちていたのだが、ランディは何も心配はいらないと言った。

その年の12月、オーガスタの体重は、4・1キロにまで落ちた。動きの敏捷さも次第に失われていた。ランディがオーガスタの後脚を手で動かすと、痛そうに声を上げた。ランディは今までよりも少し強い薬に切り替え、ステロイド系の抗炎症薬である「プレドニゾロン」をオーガスタに投与すると決めた。これを服用すれば、炎症が抑えられるので、痛みも減るはずだった。少しばかり食欲が増す可能性があり、それは好ましいのだが、注意深くオーガスタを見守り、太らないように気をつけなければならないと彼は言った。免疫系の働きも抑えられてしまうので、感染症にかからないように目を光らせておく必要もあった。副作用として下痢を起こす場合もあったが、すぐに症状は消えるはずだった。もしそうならなかったら、すぐ電話するように言われた。そのほかにも、ランディに渡された情報シートには、想定される副作用について、たくさんの説明があり、なかには痛々しいことも書いてあった。ふたを開けてみれば、プレドニゾロンが引き起こしそうな悪い副作用は、オーガスタに現れなかった。もっと言えば、容態はかなり回復した。抱えていた痛みはすこぶる軽くなったし、ちょっとやそっとではくじけない芯の強さも相変わらずだったのは、見ていて分かった。

それでもこの頃、オーガスタは夜更けに正体不明の何かに見舞われるようになった。それが何であるのかは私たちには分からなかったのだが、きっと恐怖心のようなものだったのだろう。そして、オーガスタはたまに私の仕事部屋で眠るようになった。いつも寝場所にしていた私たちのベッドの足元ではなく、私の机のそばに置かれた丸型の寝床の中で眠った。

そのうち、時折、寝静まった夜更けに寝床から抜け出して、廊下にまでやってきて、声を張り上げて鳴いた。それも、聞いたことのないトーンの低い、迫るような声で。たぶんオーガスタは、「こっちに来てあたしを見つけて」とか、「どこにいるか分かる?」と伝えようとしていたのだろう。大きな声で1回呼んでやれば、オーガスタは自分の寝床への帰り方、あるいは自分がいる位置を理解し、普段はそれで気が済んで寝床に戻っていった。そういう時に私はよく、オーガスタのそばに行って、心配することは何もないのだと言い聞かせてやった。そして、抱き上げてベッドまで連れてきたが、普通はそこにじっとしてはいなかった。オーガスタはたいがいそっと寝床まで戻り、その晩はもう鳴かなかった。しかし、翌日になったらまた鳴くこともあった。私たちはいぶかしく思いつつも、夜な夜な繰り広げられるオーガスタの「アリア」

について冗談を言い合っていた。というのは、オーガスタはさまざまな声色を出そうとしていたし、その多くが今まで聞いたことがない声であり、毎回必ず大声だったのだ。それ以前にオーガスタがやかましく鳴いたことなど、一度もなかった。

この現象について獣医師であるジェシカ・レミッツが最近書いた本を、もし当時の私たちが知っていたら、もっとおろおろしていただろう。ただ、残念ながらこれは高齢の猫によくあることで、私たちでは何もできることはなかったと思う。「(早期アルツハイマーや認知症のように) 認知障害を抱えている猫は、夜になるととてもやかましくなり、迷子になったように鳴き声を上げる」(＊10) というのだ。もしオーガスタが実際に認知症を抱えていたのだとしても、こうした行動を見せるのは、たまにだった。

オーガスタと私は2007年の夏、まるまる2カ月間スウィートグラスで過ごしたが、オーガスタにとってその夏はパラダイスだった。何日か、くたくたになるまで狩りをしたあげく、ベッドの足元で少しの曇りもない安らぎと心地良さに包まれて眠っていた。そうでなければ、ベランダのデッキにお尻をつけて座り、我が家に鳥たちがやって来ては飛び立つ姿を満足気に眺めていた。家からはまったく見えないほど離れた場所にあるポプラの木立の中に入っていく時でも、オーガスタはいつだって家に戻る道順を正確に覚えていた。鹿に吠えられる、あるいは晩ご飯の時間だと私に呼ばれれば、全速力で戻って来た。スウィートグラスでは夜に叫ぶこともなかったし、自分がどこにいるか分からなくなった様子も一切見られなかった。

その夏真っ盛りの頃、私の誕生祝いも兼ねて、エリザベスや友人たちと一緒に馬に乗って道なき道を散策していた。その時、私の馬がいきなり後脚で立ってから仰向けに倒れ、私は振り落とされた。もしこの馬が着地の際にバランスを崩していなかったら、私は馬の下敷きになって死んでいるところだった。私はあばら骨を何本か折り、仙骨関節も捻挫してしまった。

その後数週間、私はベッドで寝たきりだったが、オーガスタはいつもと変わらずそばにいてくれた。オーガスタは私が痛がっていることを分かっていたに違いない。私もオーガスタが痛がっているのを分かっていたが、オーガスタはそれを知っていたのだろうか?

2007年の12月、ペッツ・アンリミテッドへいつもの検診にオーガスタを連れて行った。この日診てくれたのはランディ・ボウマン医師ではなかった。オーガスタの体重は3・3キロにまで落ちていた。後から考えると、これはとんでもないことだった。前年の12月よりも0・7キロほど体重が減っていて、これは元の体重から18%も減ったことになる。さらにひどいことに、今になって計算してみると、それまでの2年間でオーガスタは約1・8キロ、つまり、元の体重の26%を失っていた。一体どうして、私たちだけでなく、このトップレベルの病院に勤務するドクターたちも、誰1人としてこれほど急激に体重が減っているのに、しかるべき注意を払わなかったのだろうか?

私たちは当時、オーガスタのために最善を尽くしていると信じて疑わなかった。救いだったのは、オーガスタの痛みがずいぶんと軽くなっていたことだ。もし、体重が減ったとしても、

the Inner Life of Cats

7

病気、加齢、そして死

それほど悪いことだろうか？　オーガスタの関節への負担が軽くなっているということじゃないか、と私は自分を納得させようとした。

２００８年の６月、私はスウィートグラスの小屋で１人きりで過ごしていたが、７月になるとオーガスタとエリザベスが合流した。毎日一緒にいると、往々にして、飼っている猫のじわじわとした変化には気づきにくい。モンタナにやってきたオーガスタと１カ月ぶりに顔を合わせた私は、その姿を見てショックを受けた。そのほんの数日前にプレドニゾロンをたった５ミリほど服用したばかりなのに、毛並みが冴えず、わけが分からなくなっているように見えた。どうやら、最近、自分で毛繕いをあまりしていなかったらしい。２、３年前からひげが白くなっていたが、オーガスタの鼻と口の周りの柔らかい部分も微かに灰色がかってきていた。

それでも、大自然の故郷《ふるさと》に戻ったとたん、オーガスタはいつものように表情が明るくなり、春から夏の間にぐんぐんと伸びた草の間を恐る恐る歩きだした。オーガスタの瞳は満足気に輝いていた。しきりに空中に飛び上がっては、若い頃のようにバレリーナさながらの弧を描き、そのうち何回かはハツカネズミやら、トガリネズミを捕まえてみせた。

２００８年の９月の終わり、オーガスタは「高齢者健康診断」を受けた。検尿だの、血液検査だの、ありとあらゆることを徹底的に調べ上げ、猫がかかるジステンパー〔感染症の一種〕や狂犬病のワクチンも打ち直した。オーガスタは以前よりも頻繁に吐くようになっていたが、餌用のボウルの位置を今よりもほんの数センチ上げれば、食べ物が呑みこみやすくなると獣医師がアドバイスしてくれた。そのほかにも、魚が嘔吐を引き起こしている場合が多いため、魚をベースにして作った餌を食べると吐きやすいのかを、観察しなければならなかった。

検査結果を見ると、オーガスタの赤血球と白血球には問題がなく、肝機能も正常、カルシウム量も平均的で、電解質の濃度にも問題はなく、中性脂肪の量が低かった。甲状腺機能亢進《こうしん》の検査結果は陰性だった。何よりも幸いだったのは、腎臓は2つとも異常がなかったことだ。泌尿器に問題があると、高齢の猫の場合、命取りになる。ドクターはオーガスタの健康状態を「13歳にしてはきわめて良好」と言い切った。ところが、その時のオーガスタの体重は3キロにまで減っていて、9カ月で9%も落ちていた。合計すると、元の体重から約1・5キロも減っている。元々あった体重の3分の1が、消えてしまったのだ。オーガスタの体重がこのまま減り続けるようなら、「腹部に超音波を当てて、しこり、つまり、腫れとか腫瘍とかがないかをチェックしましょう」と医師は言った。

2009年の4月初旬に診療に行った時、ランディ・ボウマン医師にまた当たった。私はランディにしばらくの間、オーガスタはちゃんと食べていたのだが、さらに0・2キロほど減り、体重が2・8キロになっていたことを伝えた。それまで食べていたキャットフードには見向きもしなくなっていたので、私はネットで盛んに宣伝されていて、値段も高いキャットフードを何種類か試し続けていたが、大した効果はなかった。最近オーガスタはしょっちゅう私に、「ちょっと何か飲ませて」とねだるようになった。台所のシンクの蛇口を緩め、そこからポタポタと滴り落ちる水を飲むのが好きだったからだ。オーガスタはいつも喉が渇いていた。それはたぶん、プレドニゾロンの副作用だろうとランディは言った。骨盤と後脚を触診すると、前回の診察時よりもかなり悪くなっていた。ランディはオーガスタの毛並みもあまり良い状態ではなく、脂っぽく、もつれていることも指摘した。そして、体温を測り、眼球や歯、口の中を点検し、リンパ腺の腫れた場所はないかチェックした。ランディに言わせれば、体重が減った点以外は、オーガスタはすこぶる健康そうに見えるのだそうだ。「ちっとも老いぼれてなんかいませんよ」という。

体重減少に関しては、直近に受けた検査で結果がいくら陰性でも、1つの可能性として甲状腺機能亢進症が考えられた。もしそれが原因だったら、かなりの部分が治療で回復できる。そこで、甲状腺に特化した血液検査を受けることにした。炎症性の大腸炎という可能性もあったが、そうだとしても治療はしやすい。リンパ腫の可能性もあった。ランディによると、リンパ腫も化学療法で治療できるという話だったが、この方法はお金がかかる。なにより、身体にかかる負担が大きかった。もしこの病気だったらどう転んでも、命が危ない。

翌日には結果が聞け、甲状腺や大腸性疾患の検査は、どちらも異常なしだった。もしかすると、オーガスタは癌を患っているのかもしれない。私たちはどうしても頭に浮かんでくるこの可能性を、どうにかして考えまいとしてきた。もしあの時、私たちがその可能性を認めていたら、超音波検査を受けさせていただろうか？　もしリンパ腫だと診断されていたら、そこで私たちは何をしていただろう？　手の施しようがない病気だと分かっても、私とエリザベスはそれまでにやってきたことと同じことをするしかなかったはずだと私は確信している。オーガスタは間違いなく日々の生活を楽しんでいた。それならば、私たちにはせいぜい、その楽しさをできるだけ長く続けさせてやるくらいしかできない。

ランディの指示に従い、大衆向けの安いキャットフードをいくつも試してみたところ、オーガスタは気に入ってくれたようだったが、それも最初のうちだけだった。そのタイミングで見つけたのが、クリーム状の白いペーストがたっぷり入った「ファンシー・フィースト」だった。これだったら、オーガスタはモリモリ食べた。

２０１０年5月には、オーガスタの体重は3キロにまで戻っていた。体重が増え始めると、真夜中にアリアが聞こえてくる回数も減った。飛行機でモンタナに連れて行っても大丈夫かを尋ねようと、7月に病院に連れて行った。徹底的な検査ののち、獣医師はオーガスタに「健康状態良好」というお墨つきをくれた。オーガスタの体重はほんの少しだが増え始め、３・２キロになった。エリザベスは、体重が増えたのはファンシー・フィーストのおかげに違いないとた。しかし、今になって思えば、腫瘍が大きくなっていたせいだったのかもしれないと考えそんなことはそれまで一度もなかったのだが、オーガスタはモンタナにいる間中、ずっと元気がなかった。毛並みの色艶も良くはならなかったし、瞳の輝きもない。少しばかり狩りをするつもりで出かけたものの、そのうち自分がどこにいるのかが把握できなくなったらしく、くるりと向きを変えて家に戻って来ることがよくあった。しきりに吐き、ポーチの上の陽だまりの中に座りたがってばかりいる。エリザベスと私は、飛行機に乗るために窮屈なキャリーケースにオーガスタを詰め込むくらいだったら、一緒に車で帰った方がまだましだろうと判断した。サンフランシスコの自宅に戻ってからは、8月の終わりにかけて日増しに弱っていった。その夏、オーガスタは15歳になった。

最近では獣医学が高度に発達したおかげで、猫は昔よりも長く生きられるようになった。ところが高齢になるにつれて事故や感染症、癌、寄生虫に悩まされることが多くなり、若い頃にはあまり気にならなかった身体の不調を抱えるようになる。現代では、その多くが治療可能だが、猫が歳を取っていくにつれて、それまではあまり深刻ではなかった病気が命を脅かすものになる場合がある。死を待つしかない病気や怪我に見舞われる機会がますます多くなるのだ。しかし、獣医学の研究と臨床が進歩したおかげで、現代ではこうした末期の猫でも、その終わりを先延ばしできるケースもある。

獣医学界では、ペットに対する治療をどこまで行うかという問いを巡る論争が盛んに行われている。ここ数年、獣医学でも専門化が急速に進み、従来は人間にだけ使われていた技術の採用が劇的に増えている。人間を診察する医師の間でもそうであるように、獣医学の専門家たちも担当領域のケースについては、できる限りの治療をしようという意気込みが十分にある。それに、私たちが受ける医療の世界で自分にとって何がベストの選択かを自分で考えなければならないのと同じで、獣医師から伝えられる言葉がすべて、飼い主自身や飼い猫にふさわしいものとして受け入れられるとは限らない。獣医学の世界における癌の専門家を例にとると、彼らはいまや動物向けの化学療法、放射線治療、そして人が癌と闘うために開発された治療法は、ほぼどれでも、好きに選べるようになっている。

こんな状況に立たされていると考えてみてほしい。「あなたの猫は癌です」と宣告され、化学治療を受ければ、寿命が6カ月から1年に延びると言われたとする。あなたは悲しみに暮れながらも化学治療となると、費用がかさむのを思い起こす。だけどそれを受ければ、猫とあと1年は一緒にいられ、その子が元気で、喉をゴロゴロ鳴らし、あなたを愛し、あなたに愛されるようにしてあげられる。しかし時には、自分の心の奥底にある本音を見つめる必要がある。寿命を延ばしてやるのは果たしてその猫のためなのか、それとも自分のためなのか。

動物の癌専門医は患者の苦しみを軽くできる自分たちのスキルについて、自信たっぷりに主張する。獣医師のジョアンヌ・インタイルはこう記している。「自分のペットが手術を乗り越えるには歳を取り過ぎていると飼い主が考えているがゆえに、積極的な手術を受けるのが現実的ではない場合、動物の癌専門医は、それほど集中的ではない化学療法を勧めるでしょう。その治療はたいがい、生活の質（QOL）を高く維持したまま、腫瘍の成長や転移を遅らせるように考えられています。この場合、治癒する機会を最優先にはしないのですが、その動物の余命を延ばせますし、それと同時に間違いなく、この子たちに残された時間を可能な限り幸福で、健やかに過ごせるようにしてあげられるのです」（*11）しかし、猫が幸せかどうかは、そう簡単には読み取れない。だからこそ、こうした治療の真価を見極めるのは難しいのだ。

奇跡的な回復を見せるレアなケースはどんな時でもあるにはある。そのため、希望という灯は、揺らめきながらも燃え続ける。愛すべきペットを膝の上に置きながら、しかもそのペットがかなり重い病気にかかっている時に、数字のことなんてとうてい考えられない。医療費がこれから何十万円もかかるかもしれない状況で、飼い主は「もし、仮に今、治療を途中でやめてしまったら、私はこの先、一生罪悪感に苦しむのだろうか？」と考える。こんなことも心に浮かぶ。「お金が惜しくて、あの子を殺してしまったのではないか、という心のささやきをこれからずっと、聞き続けることになるのだろうか？」

また別の獣医師、ジェシカ・ヴォーガルサイングはこう記す。「途方もなく医療費がかかる病気にかかった場合の助けになるよう、たくさんの人がペット保険に加入しています。これは、もしもの時に、命を救える何よりも現実的な方法です」そして、「医療費に4万ドル以上かかったという話も珍しくありません」（*12）とつけ加える。

死期をどう迎えるかという問題は、ごく最近までもっとシンプルだった。古くから言われているように、「その時が来れば動物のほうから教えてくれる」ものであり、飼い主はただそれを受け入れる。飼い猫がもはや生きるのを楽しんでいない、あるいは、それまでは喜々としてやっていたことのほとんどが、もはや自力ではできなくなっているのがはっきりしたら、飼い主は気づくだろう。毛繕いをしなくなり、太陽の光が当たるお気に入りの場所を探さなくなり、食べなくなり、転ぶようになる。横になっていても、リラックスしていないのが分かる。痛いからだ。そこで飼い主は察知する。

あるいは、今だったらステロイドなり、化学療法なり、または、何か別の最先端の延命治療が利用できる。だから飼い主は、推測しなければならない。果たしてその猫の引き延ばされた寿命が、生きるに値するものかを。

回復の見込みはあるのか？　化学療法を6カ月続ける費用を払えば、確実にその後3年間を健やかに過ごせるのか？　医師に告げられた答えをどれだけ信用できるか判断するのは、それほど簡単ではないはずだ。担当の獣医師とこれまで長く、いくつもの経験を共にし、理屈抜きの信頼が寄せられるなら、それほど戸惑わないかもしれない。とはいえ、初対面の専門家や治療を受けないスタンスを支持する獣医師を相手に結論を出さなければならないこともあるだろう。状況はどうあれ、その猫の命にかかわる場合、次のステップとしてセカンドオピニオンを聞いてみる価値はありそうだ。

かかりつけの獣医師に紹介状を書いてもらいにくい場合もあるかもしれない。あなたは診断内容に疑問を持ちながら、彼らにどうも失礼なことをしているように感じるかもしれない。だが、そんな考えは不要だ。セカンドオピニオンを求める紹介状は、獣医師の日常業務の一部なのだから。彼らは書き慣れているし、そこから学べることもあるだろう。そして、そのセカンドオピニオンがあなたの猫の命を救う場合だってあるのだ。

余命少ないペットを対象とする、比較的新しく考えられたサービスが、動物用のホスピスだ。これは人間用のホスピスと、とてもよく似ている。動物用のホスピスが1つの施設として存在することは、きわめて稀であり、むしろ医療システムの1つと言ったほうがいいだろう。死期が近づいている動物のあらゆるニーズに応えることを目指し、そのサービスは痛みの管理、栄養・水分補給、衛生管理、身体の快適さなど、飼い主でもなかなか手の届かない範囲にまで及ぶ。

アリス・ヴィラロボスという獣医師が科学的根拠に基づき、ホスピス職員たちが判断を下すための目安「生活の質（QOL）スケール」を考案した。これはおそらく、ホスピスには預けられず、決断を下せずに迷っている飼い主たちの役に立つだろう。これも簡単ではないのだが、飼っている猫の命を終わらせる決断を、重要ないくつかの要素に分解し、それに数字のスコアを割り振っている。理性的な判断をする助けになるだろう。各項目を0から10のスコアで採点するのだが、10点が理想的な状態である。

痛み（0～10点）
呼吸も含め、痛みについてのしかるべき管理が最優先、なおかつ最大の留意事項である。その猫の痛みが思い通りに管理できているか？　酸素が必要か？
飢え（0～10点）
十分に食べているか？　手から食べさせてやらなければ摂食が難しい状態か？　栄養チューブが必要か？
水分補給（0～10点）
脱水症状になっていないか？　水を飲まない、あるいはたっぷり水を含んだ餌を食べていない猫の場合は、1日2回皮下への輸液を行い、水分摂取を補う
衛生状態（0～10点）
普段からブラシをかけ、清潔にしておかなければならない。これは、喉頭癌を患っている猫には何よりも肝心な点で、排便後に身体が汚れていないかをチェックしよう。床ずれを起こさないように注意し、傷があったら必ず清潔に保とう
幸福さ（0～10点）
喜びや好奇心を表現しているか？　身の回りにあるもの（家族、おもちゃなど）に反応するか？　体をかいてもらったり、撫でられたりした時に喉をゴロゴロ鳴らすか？　落ち込んでいたり、寂しがっていたり、不安だったり、退屈していたり、怖がったりしていないか？　猫が孤立

しないように、猫の寝床をキッチンの近くに置いたり、家族が活動している場所の近くに移したりできるか？

可動性（0〜10点）

助けがなくても起きられるか？　けいれんを起こす、あるいはつまずいたりしていないか？根治手術よりも安楽死の方が望ましいと感じる介護者もいるが、猫には回復力がある。猫の可動性が限定的でも、まだ機敏で、反応力がある場合は、家族がしっかりとした介護をする覚悟さえあれば、質の高い生活を楽しめる

症状の状況・頻度（0〜10点）

具合の悪い日が、具合の良い日よりも多い場合は、死期が近い。健康の上に成り立つ人と動物とのつながりがもはや望めないならば、安楽死という判断を下して、その猫を痛みから守ってやるのが自分たちの役割だと、割り切らなければならない。もしその猫が呼びかけにも応じられないほど病気で苦しんでいるようだったら、決断しなければならない。自宅にいながらにして死が穏やかに、痛みもなく訪れたら、それで十分だ

合計スコア

35点より高ければ、ホスピス医療を続けることに意味はあると判断できる。（**＊13**）

猫自身は苦しんでいて、回復の見込みがまったくないにもかかわらず、その命の灯を消す覚

悟ができていない猫の飼い主にとって、ホスピスケアは良い選択肢かもしれない。

情け容赦なく、次から次へと耐えがたい決断を迫られ、自分で最終判断をせずに自然の成り行きに任せることを選ぶ人もいる。決めかねているうちに、いつの間にかあなたの背後に天からの迎えがそっと現れていることもあるかもしれない。猫の様子を見に行ったら、もう冷たくなっていたという具合に。

アメリカ獣医師会は安楽死について、その基本原理と手順を獣医師向けに詳しく説明している。思いやりの気持ちにあふれた、よく考えられたガイドラインは102ページにもわたる。そこで説明されている項目も「ストレスや悩み」それに「人道的意思としての安らかな死」から、「人道的技術としての安らかな死」「安楽死の方法論で許されることと許されないことのルール」「飼い主の前での振る舞い」と実に幅広い（*14）。

ひと世代前の獣医師だったら、現在の大半の獣医師よりもはるかに鈍感でいられた。何の罪もなく、何も分かっていない動物を日々殺しながらも、悲しみに暮れる飼い主の立場に立って考えるなどということが、たやすくできるはずがない。自分自身の感情、それもしばしば激しく、なおかつ複雑な感情を押し殺し、飼い主の嘆きに巻き込まれないように壁を作って距離を置くほうが、少なくともほんの束の間であれば、神経をすり減らさずに済むのかもしれない。これはまさしく人間相手の医療の現場で多くの治療者がしていることでもある。それを考えると、オーガスタを診てくれた獣医師たちの良識と真摯な姿勢を思い出すたびに、感謝の気持ちでいっぱいになる。

自分の感情の乱れで、少しも余裕がない時には、誰かへの感謝の気持ちを思い起こすことなどできない。だから、猫の命を終わらせるためにクライアントの家にまで行く獣医師もいるという話を聞くと、驚きを通り越してしまう。慈悲の心から、言葉にするのもはばかられる役を引き受け、バッグを携えて車や電車に乗ったその獣医師の心境を想像してみてほしい。現代では、人の安楽死が許されている場所もあるため、こうした注射器を用意して現場に向かう人は、動物を安楽死させに行く獣医師たちと同じ、あるいはそれ以上に心を痛め、葛藤しているはずだ。いや、そうとは言えないかもしれない。なぜなら、人間の場合、選択したのは患者自身であり、ある程度の覚悟と理解をした上で死と向き合う。だからこそ、「自殺ほう助」と呼ばれている。医師の責務は倫理的にも哲学的にも、その自殺を手助けすることにあり、勇気はいるが、心から感謝される。一方、獣医師の責務はすべてを引き受け、心に秘めておくことだ。猫は最後の瞬間まで、何も知らない無邪気なまなざしを一瞬たりともそらさずに、獣医師に向け続けるだろう。とてつもない慈悲の心から、とてつもない苦痛を引き受け、獣医師は皮下注射を押し下げる。

一緒にいられる最後の時が来たと悟る瞬間が来る。臨終に立ち会うのも立ち会わないのも自由だ。辛い瞬間だが、できれば最期を見届けたほうがいい。望むなら、抱いてあげても構わない。最初に鎮静剤を1本打つと、猫はトロトロと少しずつ意識を失っていく。そのあと2本目を静脈に打ったら、猫は一度深い呼吸をし、もしかしたらもう一度だけ呼吸をして、それから息を引き取る。


この出来事は、あなたの人生にぽっかりと穴を空けるだろう。

あの子には、無条件の愛があった。あなたが長い間、家を空けていて帰ってきた時にも、あの子はすねもせず、嬉しそうに出迎えてくれた。あの子はあまりにも屈託がなかった。人を疑うことを知らなかった。あの子ほど純粋にあなたを愛した人間はいない。

それまで誰にも打ち明けたことのなかった思いをあの子に語ったこともあっただろう。あなたがそこにいるだけで――あなたが存在している、ただそれだけで――あの子はゴロゴロと喉を鳴らしてくれた。

家のあちらこちらに残されたあの子の持ち物が目につき始める。ベッドはどう処分する？　おもちゃは？　あなたに挨拶をしようとして、タッタッタッとあの子が小走りに駆けてくる時の肉球が床にあたる音が聞こえてこないか、懸命に耳を澄ませるが、もうその音は二度と聞こえない。

眠れなくなったり、やけ食いをしたり、あるいは食が細くなったりと、自分がどうかなってしまったのではないかと、あなたは考え始める。「くよくよするなよ、たかが猫じゃないか」と誰かに言われたくないというだけの理由で、家に引きこもる人は大勢いる。

子猫を1匹飼ったらどうかとアドバイスしてくる人もいて、あなたはちょっと考えて「ノー」という結論を出す。あの子の代わりになる子猫なんて、いるはずがない。その判断は正しい。自発的に飼いたくなるまでは、子猫を飼ってはならない。そうでなければ、亡くなった猫ばかりが良く見えて、ひいき目な比較ばかりすることになる。スコットランドでとある研究が行われた。この対象は犬だったので、猫を飼っている家にも当てはまるとは言い切れないが、以前から飼っている老犬の死期が近づいている時に子犬を飼えば心の痛みは和らぎ、とりわけ家族に子どもがいる場合には効果が大きいことが証明されている（＊15）。

何にせよ、悲しみのあまり子どもたちは情緒不安定になるが、2、3日もすれば、そのことでめそめそしなくなる子は出てくるかもしれない。子どもは幼ければ幼いほど回復力がある。ただ、飼っていた猫を安楽死させた場合、子どもは年齢にかかわらずあなたを責めるだろう。

あなたは自分自身も責めるかもしれない（＊16）。今味わっている悲しみと、ごく身近な誰かが亡くなった時に味わった悲しみとをこっそりと比べ、愛猫を失った悲しみのほうがより堪えているのに気づく。そのことについても、自分を責めるかもしれない。ペットの死による悲しみと人の死による悲しみは、どちらも気持ちの上で同レベルであることが、れっきとした研究で示されているのを知ると、ほっとするだろう（＊17）。

もしほかのペットも飼っていたら、そのペットたちだってやはりその死を悼む。深い悲しみを抱くことも少なくない。ほかの猫はおそらく見当たらなくなった仲間を捜し、一緒に過ごした場所に何度も何度もやって来て、その残り香を嗅ぎ回るだろう。これまで一度も聞いたことのない声で鳴くかもしれない。喉の奥から絞り出すような悲痛な声で、仲間に戻っておいでと呼びかけるように。そして、ぼんやり窓の外を見つめるかもしれない。眠れなくなったり、食べられなくなったりすることもあるだろう。慰めてもらいたくてあなたにつきまとう、あるいはしつこいほど毛繕いをして落ち着こうとするかもしれない。この子の悲しみは、あなたの悲しみと同じように、すぐには消えないだろう。あなたには何ができるだろう？　いたわり、優しくし、愛情を注いでやればそのすき間を埋める助けになるかもしれない。それに、悲しみに暮れる動物を慰めているうちに、あなた自身も慰められる可能性もある。

では、同じ屋根の下に住んでいる人が悲しんでいなかったり、気にしていなかったりしたら、どうすればよいだろう？　これはひどい話だ。ペットに死なれた夫婦の離婚率は23％にも達することが分かっている（＊18）。

深呼吸してみよう。まだそんな気になれなくても、心配はいらない。いずれは自分で立ち直らなければいけないのだと、ちゃんと分かっているはずだ。次に挙げる方法は、どれも涙を流しながらでも実行できる。

まずは、思い出してみる。時系列に沿っていなくても構わない。あの子との思い出を大事にすることは、すなわちあの子を大事にすることだ。そして、何もかも覚えておこう。あの子のぬくもりや、息づかいを感じていたし、時折あの子の胸の少し下あたりに手を当てて、心臓がびっくりするほど激しく脈打つのを確かめることもあっただろう。触ると毛並みが艶やかで、撫でつけてもすぐにふっくらと戻ったし、あの子が寛いでいる時には静かに深々と息を吐いているの分かった。誰かがやって来た気配にあなたが気づくよりも早く、あの子が玄関の方向に耳をくるりと回す様子を覚えているだろうか。こうした思い出がとめどなく浮かぶだろうが、あふれるがままにしておこう。書き留めるもよし、声に出して録音するもよし。思い出が生き続けられるようにしよう。

❋

気晴らしに、小さな足でシンクを叩いていた。程良い量で規則的に落ちる滴を蛇口から出してくれるのを待つ——ポタン、ポタン、ポタン、ポタン、ポタン——手で水滴を横からはたく。それに飽きたら、頭を横向きにして舌を出すと、糸のように細い水流を舐める。風がそよいでオーガスタの毛を背中側から波立たせると、見たことのない模様が現れた。こげ茶色とそれよりもワントーン濃いこげ茶色の縞模様だ。

脚と口元をぴくぴくさせ、薄目を開けて夢を見ていることもあった。一体何の夢を見ていたのだろう。オーガスタならではの仕草で私をよく突っついた。オーガスタのかかと側には、柔らかくひんやりした毛が生えていて、温かい肉球部分はある方向に撫でると、トカゲの皮膚のようにざらざらしていた。耳の横にある小さなくぼみの周囲は、何ともいえない柔らかな毛で縁取られていた。あの小さなスポットはもしかしたら、聴覚の精度を高めるためにあったのだろうか？　そんなことよりも大事なのは、そのスポットこそ、オーガスタが私に全幅の信頼を置き、指を差し込んで内側から撫でてもらうのを待ちわびていた場所だった。この信頼感があったからこそ、指をまぶたに沿ってそっと優しく撫でて、時々ついでに目やにを取ってもらうのが大好きだった。お風呂に入っている時には、ピンク色の舌をのぞかせていた。いつも私が玄関の階段を上がってくる足音を聞き分け、必ずしっぽを高く上げたまま走ってきて出迎えてくれた。

私は思い出していた。朝目覚めると真っ先に、私が伸ばした人差し指をクンクンとまるで初めて見るものを扱うように興味津々で嗅ぐオーガスタ。乾燥器から出したてで、まだ温かい洗濯物の山に飛び込むオーガスタ。ダイニングテーブルに飛び乗り、花に噛みつくが、なかでもチューリップがお気に入りだったオーガスタ。まだまだ数えきれないほどある。トイレを使っている最中、私たちに見張っていてもらいたがった。古いトイレ用の砂を捨て、箱を洗い、新しいにおわない砂をたっぷり入れてあげると大喜びした。オーガスタは身じろぎもせずにその場で待ち、興奮して、埃がまだ立ち上っているというのに、トイレに飛び込み、何かにとりつかれたように穴を掘り、歓喜に震えながら両目をじっと閉じたまま、早速ほやほやの立派なものをそこにした。

立ち去る時はいつだって、ツンと澄ましていた。私が「オーガスタ、オーガスタ!」と呼んでも、わざわざいつもの隠れ家まで行って「オーガスタ、降りておいで!」と声を張り上げても、頑として現れないことが何度もあった。そういう時のオーガスタは、周囲の声など一切聞こえない恍惚状態のまま、木の枝の上や屋根裏の隅など、とにかくはまりこんでしまった場所で爪先立ったまま、行ったり来たりしながら惨めな声でニャアニャア鳴いた。私のほうをチラリとも見ずに「お願いだから助けて!」と訴えかけるのだ。そのわりには、私が「オーガスタ、来るんだ!」と繰り返すのに、応えようという気が微塵もない。結局、私がぐらつく梯子のてっぺんまで登り、オーガスタの痩せこけた細い首根っこを捕まえるしかなくなる。しかも、助けてもらったというのに、オーガスタはどうにかして私を噛んだり引っかいたりしようとする。しまいには優しくというよりも暴れる子どもを炎の中から救い出す消防隊員のように、あの子を胸元でぎゅっと抱き締めた。

こうしたあれやこれやの思い出をいくつも、私はとにかく、書いて、書いて、書きまくった。あの子の呼び名を書き連ねたリストも作った。ビーディングル、ビードンブル、お澄ましさん、うんち頭、おばかさん、おチビちゃん、メスヒョウちゃん、へなちょこ、うすのろちゃん、こんこんちき、可愛い子ちゃん。あふれ出る記憶に浸った。オーガスタ? オーガスタ!

とてつもなく悲しい。救いようもないほど。

2010年の9月、オーガスタの食はどんどん細くなっていた。お腹が空いていそうな素振りを見せるが、かじるのはほんの2口か3口だけ。感情表現もはっきりせず、ぼーっとしていた。それに、動作がひどくのろかった。6週間でさらに体重が20%も落ちた。オーガスタもお気に入りの担当医ランディ・ボウマンが、オーガスタの下腹部に固いしこりを見つけた。これが大きな腫瘍であることがX線検査で判明し、調べるとリンパ腫のようだった。

この子はもうすぐ死ぬ。

ランディは歯茎に塗る鎮痛剤と食欲促進剤を処方してくれたが、オーガスタは薬を飲み下すこともできなかった。そして、エリザベスのクローゼットの中に隠れるようになった。私が中をのぞき込むと、私を見返し、それまで聞いたことのなかった低いうめき声で鳴いた。

好物だった餌は全部試した。マスクメロンは飛びつかんばかりににおいを嗅いだが、食べようとはしなかった。オーガスタが好んで食べたカリカリもいくつか皿の上に出しておいたが、どうやらそれを見つけることすらできなかった。オーガスタはエリザベスのクローゼットの奥に、すぐに戻っていった。エリザベスはその晩、オーガスタと少しでも近くにいられるように、そのクローゼットのすぐそばに寝袋を置き、その中で寝た。

朝になると、オーガスタは自分で目を覚まし、階下に向かった。キャットフードをちょっとだけ口にし、トイレを使い、キッチンマットの日の当たる位置に陣取って寝そべった。オーガスタの表情は明るくなり、階段を駆け上がっていったので、その日死ぬことはなさそうに見えた。そして、私たちは決めた。もし、あの子が明日も調子が良さそうだったら、そのうち食欲も出て、気分も良くなりそうか見守りながら待つことにしよう。だけど、もし、悪くなるようだったら、私たちは覚悟を決めて眠らせてあげよう。様子が変わらないようなら、その時にまた決めればいい。

その晩、私はほとんどの時間をオーガスタの隣に置いた寝袋の中で過ごした。私が寝ている間にクローゼットから少なくとも一度は出てきた形跡があり、その近くに置いておいたハンバーグはかじられ、廊下をはさんで向かい側にある猫用トイレも使われていた。

翌朝、オーガスタはぱっちりと目を覚ましていたが、クローゼットから出てくる気配はなかった。ひと晩じゅう眠らなかったのだ。目を見開き、表情は虚ろで、何の感情も浮かべていなかった。そして、ひっきりなしに喉をゴロゴロ鳴らしていた。猫がゴロゴロと喉を鳴らし続けるのは、自分がもうすぐ死ぬこと、それに死ぬと楽になることを知っているからだという記事を、昔どこかで読んだ覚えがあった。

今日にしよう。エリザベスと私の考えは同じだった。これ以上生きていてもオーガスタの体重は減り続け、ますます弱っていくだけだ。臓器が機能しなくなるのも、時間の問題だろう。最近では、嬉しそうに見えるのは、撫でたりブラシをかけてやったりするほんの数秒だけだった。しかも、それすらすぐに煩わしくなって、どこかへ行ってしまうのだ。

私たちは病院に連絡し、ランディ・ボウマンの診察を予約した。オーガスタはクローゼットの奥の奥にある暗闇の中で、喉をゴロゴロ鳴らしながら、身体を丸めて寝そべっていた。時々、とてもゆっくりと身体の向きを変えていたが、それすらも痛そうだった。折に触れ、頭を撫でてやると気持ち良さそうにしていた。時々私のほうを見ることもあれば、目を閉じていることもあったが、ほとんどの時間はただ虚ろな目をしていた。

12時40分、私たちは病院の冷え冷えとした検査室に通され、少し経ってからランディもやって来た。私たちは冷たい金属のテーブルに置かれたマットの上に、オーガスタが愛用していたタオルケットを敷き、その上にオーガスタを寝かせた。あの子は大人しくしていた。ランディは説明する。まず初めに筋肉注射を打つが、それは5分から10分かけて徐々に効いてきて、オーガスタを落ち着かせ、意識を遠のかせると。

12時45分にランディが注射を打つと、オーガスタは痛がり、身もだえ、ランディに噛みつこうとせんばかりに身体の向きを変えた。オーガスタはほんの一瞬、エリザベスと目を合わせた。すると、たちまち気を緩め、まっすぐ前を見据え、そのままますぐに動かなくなった。息をするたびに脇腹の筋肉が動くのを私は見ていた。呼吸が少しずつ遅くなっていく。時計の短針のように、見えるか見えないほどのささやかな動きで、オーガスタは頭を下げてタオルケットに押しつけた。私たちは優しく身体を撫で続けた。そのうちに少しずつ、少しずつ、オーガスタの力が抜けていくのが分かった。

12時50分になる頃には、オーガスタの鼻はタオルケットについていた。もっと楽に息ができるようにと、私は顎を上げてやった。ランディがオーガスタの瞳孔を確認すると、まだ反応があった。2分後、その反応もなくなった。ランディは場違いなほど騒々しい音が出る電気カミソリを取り出し、右前脚の前面の毛を刈り、そこにある静脈を見つけやすくした。オーガスタはこの音にもまったく反応しなかった。普通の状況だったら、間違いなく、あの子を怯えさせたほどの騒音だったのに。

オーガスタは両目をぱっちりと開いていたが、もう意識はなかった。エリザベスも私もオーガスタを撫で続けていた。オーガスタの心臓の鼓動を感じるにはどこに手を置いたらいいのか、エリザベスはランディに尋ねていた。

12時55分、ランディは毛を刈り取ったオーガスタの前脚の静脈に、バルビツール酸系睡眠薬の入った太い注射器を刺した。あの子の心臓は即座に停止した。脳もほぼ同時に機能停止したとランディは私たちに言った。これまで色々な記事を読んできたので、起こりうるいくつかの現象、つまり、今際《いまわ》に見せる深く激しい一連の呼吸、身体の震え、失禁、脱糞などを私たちは覚悟していた。ところが、そんなことは1つも起きなかった。オーガスタはただ、ぴくりともしなくなっただけだった。

私たちは2~3分、オーガスタのそばにいた。生きている時と何ら変わらないように見えた。まぶたを閉じてあげようとしたが、うまくできなかった。私はオーガスタのつま先の間に指を入れてみた。生きている間、こうされるのをすごく嫌がったのだ。でも、私はその感触がたまらなく好きだった。


オーガスタは生涯、一度も私たちを怖がることはなかった。もちろん、たまにしっぽを踏んづけてしまったり、足元にオーガスタがいるのに気づかず、つまずいてしまったりすることもあったが、決して根に持つことはなかった。私たちに危害を加えられるなんて、思いもよらなかったのだ。

すぐに、オーガスタにまつわるものをすべて運び去った。トイレも、餌を入れるボウルも、いつもいた丸型のベッドも処分した。餌をしまっていた棚は、今や空っぽになった。私たちのベッドに登ってこられるように入手した本棚用の踏み台も、地下にしまい込み、バザーに出す機会に備えた。

亡くなった日の朝でさえ、私が呼ぶと、その時にいるのが階段の上だろうと下だろうと構わず、私のところにやって来た。「オーガスタ、おいで！」私は心の中で、そう呼び続けずにはいられなかった。

❀

私はオーガスタのおもちゃやブランケット、リボンを集めた。そして、裏口のドアの脇を掘りに掘って、1メートル近い深さの穴を作った。遺灰が入ったちっぽけなパイン材の木箱が火葬場から届き、私たちは最後のお別れをした。私は身をかがめ、木箱を穴の底にそっと置いた。その上にオーガスタの持ち物を載せていった。アンチョビマウス、スパイダーボール、丸型のベッドから切り取った「オーガスタ」と名が記された布切れ、書きつづった思い出。そして、その上から土をかぶせた。エリザベスと2人で背の高い、コプロスマの木を植えた。

こうしておけば、オーガスタが何度となく出入りしていたドアを、私たちが出入りするたびにこの木が目に入るから。

8 猫と育む無償の愛

愛猫の死と向き合い、新たな子猫を迎え入れる

猫には人を愛する能力がないという考えとは、本書は相容れない。この考えについての論議をお探しならば、別の本をご覧いただいたほうがいいだろう。

とはいえ、ぜひ考えていただきたい。私たちは果たして何ゆえに、この動物を飼おうとするのだろう？　どれだけ頑張っても、どれだけ多くの研究をしても、結局は理解しえないこの生き物を、なぜ愛してしまうのだろう？　時々、椅子の上でうたた寝をしているオーガスタを見ていると、そもそもどうしてこの子はここにいるのか、つまりどうして人間の暮らしの中にいるのか、どう考えても不思議に思えてくることがあった。

アメリカでは3600万から4300万世帯が猫を1匹以上飼っている（＊1）。ということは、アメリカで飼われている猫は何匹くらいいるのだろう？　答えは、7400万〜

9600万匹だ（＊2）。イギリスでは飼い猫が800万匹、フランスは1000万匹だ。イタリアは人口が6000万人の国だが、猫は900万匹いる（これは飼い猫だけの数字で、このほかに野良猫が数百万匹いる）（＊3）。だから、猫を飼うのは不思議ではなく、普通のことなのだ。それでもなお、その理由が気になる人々もいる。

精神科医のアーロン・キャッチャーは、私たちの精神的、身体的均衡状態を保つ手段として、動物が役立っている可能性があると主張する。人とペットの「やりとり」によって得られる4つの要素「安全性、親密性、家族意識（類似性）、不変性」が、互いの絆をより深めてくれるとしている（＊4）。これらの要素は重要なので、ここで個別に詳しく紹介していこう。

ペットとのやりとりで「安全性」が得られる好例として、キャッチャーは犬を連れていない人よりも、犬を連れて歩いている人のほうが話しかけやすいことを挙げている。同じことが赤ん坊を連れて外を出歩いている人についても当てはまるという。さらに、「知らない人に触ることが、常識的にほとんどしてはならないことであると考えると、挨拶の手段として、子どもや犬に触ることができることに注目することは重要である」という。飼っている猫を連れて歩いている人はあまりいない。もっとも、仮に猫とうまく散歩できる人がいたとしても、いきなりその猫を撫でるのはいかがなものだろう。会話のきっかけとしては理想的に違いないが。とはいえ、キャッチャー曰く、人が「1対1の関係」にある時、ある種の「三者関係」を築き、最初は相手のペットに対して、そのうちペットを通して飼い主と話すようにすれば、いつの間にか打ち解けて、難しい話題でも議論できてしまうこともあるという。彼は著書で「動物が、人に対する人の安全を保証する」と記している。

第2章で紹介した動物行動学者のヴィクトリア・ヴォイスは、この安全性について鋭い意見を述べている。「人類は、ほかの動物と隣り合わせの社会集団の中で進化してきた。（中略）動物たちはお互いを危険から守る見張り番の役割を果たす。（中略）人間の周囲にいる動物たちが落ち着いているようなら、『すべてがうまくいっている』という証拠だ。私たちは警戒心を緩められる。怖がっていない動物の存在によって発信される1つのメッセージは『この近辺には捕食者がいないので、安心だ』であり、これは人類が進化を遂げていく中でとても役に立つことだった」（＊5）

ペットとのやりとりで得られる2番目の要素「親密性」の特徴の1つは、キャッチャーによると「話すこととやさしく触ることとの組み合わせ」である。自分の猫にただ話しかけるだけではなく、秘密を打ち明ける人は多い。どれだけたくさんの人が、猫は人の言うことを理解していると考えているかについては、定かではない。しかし、ヴォイスの研究の被験者のうち92％が、飼っている猫は少なくとも自分の気分に合わせてくれていると信じている。ヴォイスは「ペットは幸福感や愛されているという感覚を抱ける。飼い主がいなければ恋しがり、現れたら嬉しそうにする。触ってもらいたくて飼い主を捜す。しかし、それよりも人間に触れて、柔らかく温かなスキンシップをしようとするということが重要だ」と言っている。

キャッチャーは犬に注目しながら、親密性について観察しているが、そのほとんどの例が猫にもそのまま当てはまる。「人は、視線を犬に向け（中略）犬は人から撫でられたり、話しかけられたり」する。そして、「声も優しくなり、（中略）抑揚も変化して、ゆっくり話すようになる。あたかも犬とおしゃべりしているかのように、問いかけては相手の答えを聞くために沈黙し、また問いかけるのだ」やがて血圧が下がると、「表情も変化する（中略）リラックスして、微笑みを絶やさなくなるなど、顔が穏やかになるのである」

キャッチャーが唱える3番目の要素が「家族意識」だ。ヴィクトリア・ヴォイスの実験で、被験者の99％が飼い猫を家族の一員とみなしていたことを思い出した。キャッチャーは見事な例をいくつも提示しており、いずれも犬の例だったが、その主語を「猫」に置き替えたとしても通用するものばかりだ。「家の周辺で家族のポートレイトが撮られる時には、犬《ネコ》を入れる傾向がある。犬《ネコ》は両親のベッドやベッドルームを共有する。犬《ネコ》は餌を与えられるので、自分では餌を採らないし、ひっくりかえって肛門や性器を見せることも許される。犬《ネコ》の排泄の仕方は、みんなにとって恥ずかしいことではなく、関心と努力そして会話の対象になる。犬《ネコ》は話しかけられるが、言葉を使うとは期待されていない（中略）。犬《ネコ》に向けて使われる話し方は、幼い子どもたちに使われるものとよく似ている。それは『母親語』という快活で、単純な言語である」

動物をペットとして飼うことがもたらす4番目のきわめて重要な要素としてキャッチャーが挙げているのは、「不変性」だ。彼はここで、子どもとペットを異なる存在として、はっきりと区別している。ここでもまた、主語を犬から猫に置き替えて読んでみよう。「大人になると期待されていないため、犬《ネコ》が知的、道徳的、あるいは社会的達成度の軸に沿って進歩することを要求されることはない。犬《ネコ》は同じままでいいのである。犬《ネコ》は決して、大きくなったり、話し方を覚えたり、あるいは自分で自分の世話ができるようになったり、おしりを隠すために服を着るようになったりしない。犬《ネコ》は決して恥ずかしいということを学びはしない」

　キャッチャーはまた、本来あるべきペットの飼い方についても、いくつか主張している。動物に人間が考えた性質や人格を与えたりすると、「実際の動物の存在を認めることができなくなってしまう。そのうえ、それはとてもナルシスティックな愛着であることが多い。その場合、動物への愛情は、実際には自分に向けられたものなのである。（中略）このように動物を愛する人びとの方が、動物を失った時に傷つきやすく、喪失によってひどいうつになることがある」

　これにはギクリとした。オーガスタに対する私の悲しみは、非常にナルシスティックな愛着なのだろうか？　オーガスタは、私があの子に望むイメージの投影にすぎなかったのだろうか？

　言うまでもないが、人は自らの欲求を可愛がっているペットに投影する。愛すべき対象が人である場合も、私たちは自らの欲求を相手に投影する。また、自らの欲求を映画スターやアート作品や愛する風景に投影する。これは間違いない。だからこそ覚えておかなければならないことがある。猫は自我を持つ動物であり、人間は猫の自我をおぼろげにしか理解できないが、それでも敬意を持って接し、理性的に理解しようと努力しなければならない。その見返りに、猫は自分のありのままの姿を人に教えようとしてくれる。

私自身はそれほど、猫の動画を好むわけではない。そのため、どれだけ多くの人々がありとあらゆる方法を駆使して、気の毒な飼い猫を何か別のものに仕立て上げているかをつい忘れてしまう。こういう人たちは、猫を笑いものにしようとしているのだろうか？　そうではない。なぜなら、猫にはどうやら羞恥心を感じる能力が備わっていないらしいのだ。とはいえ、どうして猫にサンタクロースの格好をさせたり、人を笑わせるために猫を道化役に仕立てたりしなければならないのか、私には分からない。猫はそのままの姿で、人を楽しませられるのに。私はここで、アーロン・キャッチャーが提示した人間と動物の「やりとり」がもたらす重要な要素に5番目の項目をつけ加えたい。「楽しみ」だ。猫は人を楽しませる。そして、受け取ったものを返すつもりが私たちにあるのなら、人も猫を楽しませる。

これは、双方の義務である。オーガスタが私たちの生活の一部になって間もなく、私たちはオーガスタとの遊びから得られる豊かさに目覚めた。この世に猫よりも楽しいものなんてあるだろうか？　たぶん私は何でもすぐ面白がる性格なのだと思う。だとしても私がオーガスタを面白がらせている間、少しも途切れることなく、オーガスタはお返しにその50倍は私を面白がらせてくれた。ダイニングテーブルの上にこっそりと乗っかり、チューリップの葉をむしゃむしゃ食べようとしたこともあった。私たちをイライラさせようとして、わざとやったことだったが——実際、カチンと来たけれど——同時に、これはあの子にとっても想定外だったと思うのだが、大いに笑ってしまった。オーガスタはお腹が空いたり退屈したりすると、仕事机にある書類ラックからぶら下がるゴムひものついた小さな猿に体当たりをしてバウンドさせ、私の気を散らそうとした。あの子が面白がってそうしていたのは分かっている。キッチンカウンターの上に座っているオーガスタの横に私がボールペンを置くと、あの子はそれをはたいて床におとす。そうしたら私がそれを拾って戻す。またそれを床にはたき落とす。戻す。はたき落とす。戻す。これがエンドレスに続くのだ。この遊びであの子と私がどれだけ盛り上がったか。私はあの子が寝ているところを眺めているのが好きだった。たまにあの子が片方の目を薄く開けて、まだ私がそこにいるのかを確かめている様子からすると、あの子も寝ている間、私に見守られているのが好きだったに違いない。

　互いに相手を楽しませて得られる喜びについて考えると、猫と人間との関係性に欠かせない6番目の要素がおのずと見えてくる。「愛」だ。私たちは飼っている猫を混じりけのない、寛大な心で愛する。これは配偶者や両親、子どもにすら抱いたことのない種類の愛情だ。飼い猫に対して抱くような裏表のない愛情を人に向けようにも、人間は複雑すぎる。この愛は、「無償の愛《アガペー》」でも「仲間への愛《フィレオー》」でも「人類愛《カリタス》」でも「恋愛《アモール》」でもないし、ましてや「性愛《エロス》」でもない。この愛にはまだ名前がつけられていないのだ。私たちが猫に捧げる愛は、人間の幼児が母親を絶対的に愛するのと似ているが、そこに見られる完全な依存状態は、猫との間にはない。この愛は自由意志に委ねられている。無償の愛であり、祈りのようなものであり、祈りと同じように静けさの中にある。人間のこの祈りのような無償の愛が、猫に力を与えているのだ。

目に見える証拠も欲しいという人には、愛着や愛情に関する神経化学的な研究がいくつもある。例えば、情緒的愛着を示す指標の1つに視床下部から放出されるオクシトシンホルモン量の増加がある（＊6）。これはずいぶん前から、人の脳に関する研究ではおなじみだったが、飼い主と愛情に満ちた交流がある場合に、同じ現象が猫の脳でも起きていることがごく最近の研究で証明された（＊7）。

「人はそもそも、動物と協力して生きるようにできている」と記したのは、精神科医のジェームス・A・ナイトだ。

さまざまな意味で、人類は100万年前から変化しておらず、その意識のどこかのレベルで、動物とかかわりをもちたい欲求を今も持っている。（中略）これは人間の精神の中でも普遍的なものの1つで、この普遍性は人間が見る夢や民話、絵画や動物との関係性の中にも見い出せる。人類がかつて無防備な瞬間や戦略的に重要な瞬間に達成した、肉体的・精神的ブレークスルーは、象徴や神話の中に残っている。

人間を理解したかったら、私たちの意識、そして無意識の心の中で動物がどのような意味を持っているか、そして、その意味が人類の進化にどのような影響を与えてきたのかを理解せねばならない。（中略）「動物の心」を受け入れる。これが、一体感があり、充実した人生には欠かせないのである。（＊8）

常に変化し、新しいものを追い求め、先行きの不安が尽きない世界や暮らしの中でも、猫たちは絶対に変わらない。我が家では、オーガスタは自然の化身だった。

❈

我が家の猫たちは、みな私たちを置いていなくなってしまい、私たち夫婦だけがぽっかり空いた暗黒にただ残された。離婚をして、相手が猫を引き取るケースもある。事故で猫に死なれてしまう場合もある。かなり稀だが、誰かに猫を殺されてしまうこともある。病気にかかり、若くして亡くなる猫もいる。単にいなくなってしまう猫もいる。飼い主が先に死んでしまい、誰かに引き取られる猫もいれば、引き取ってもらえない猫もいる。

飼い猫の死に耐えられない人には、死後の世界を信じるという手もある。そういった信仰にあまり頼らない人だったら、喪失感の後に残るのは虚しさばかりだろう。これは欠落感というよりも傷であり、引き裂かれたその傷はなかなか癒えない。詩人のクリスチャン・ワイマンはこう書いている（これは人が愛する対象を失くしたケースだが、可愛がっていた猫が死んだ場合にも当てはまる）。

何にせよ、とてつもない悲しみの中に深く沈んでいる時でも、ことさらに心痛むのはこの痛みもいずれは薄れていくのが分かっていることだ。（中略）だからこそ、多くの人がどうにかして抱えている傷の生々しさを風化させまいとする。なぜなら、傷の中には少なくとも喪失感があり、その喪失感の中にはあなたが共有した暮らしがあるからだ。あるいは、そう思えるからだ。現実には、あなたが共有した暮らしは、それを共有する誰かがいたおかげで、喜びや光で美しく彩られている。（中略）胸が張り裂けそうな悲しみ、それも人を完全に無力にしてしまうほどの悲しみによって、その根源にある愛をたたえることはできない。（中略）亡くなった者は私たちの中に宿る。これからもずっと。だからもし、心の中で死者と共にいられるようになったなら、一見矛盾するようだが、その時こそ、死者を旅立たせてやることができるのだ。（＊9）

まったくもって言い得て妙だ。時が経てば間違いなくその通りになるだろう。だが、強引にその状態を作り出すことはできない。オーガスタが死んでから、私は少なくとも2カ月ほど何も手につかなかったが、そのことを恥じてはいない。度が過ぎていたと言われるかもしれないが、それを判断できるのは私自身しかいない。誰かに対して言い訳することもあれば、自分自身に対して言い訳をすることもあったが、それよりも猫の死を神秘的に語る人々に対して抵抗を感じることのほうが多かった。時間が経つにつれて、彼らの話を聞くたびにイライラするようになり、距離を置くようになった。こんな時、人は孤立し、悲しみを1人で抱え込む。

そして、家にこもる。友人たちが夕食に誘ってくると、断る口実を探す。このたった1つのこと以外、何も集中して考えられなくなる。「喪失感の中には、あなたが共有した暮らしがある」とワイマンは言う。そろそろ、人生の中にある喜びや光を見るべきだし、何であれ、その人生の中で生きるべきだ。だが、どうしたらそんなことができるだろう、最愛のあの子が死んでしまったというのに。

そのうちゆっくりと、氷霧に霞む北極のオーロラに負けないくらいゆっくりと――それに信じがたいことに――1つの考えが形になっていく。もう一度ワイマンの言葉を引用しよう。「喪失感の中には、あなたが共有した暮らしがある」時間をかけながら「不在」が「存在」に変わっていく。この痛みは愛する対象を「失った愛」が存在するがゆえの痛みだ。心が空っぽでも、両手が空っぽでも愛すればいい。ただ、愛は単独では存在しえない。「愛する」という動詞は対象がなければ成立しない。

オーガスタを取り戻すことはできない。けれど、手に入るものもある。子猫だ。子猫だったら愛せるのではないだろうか？　その愛は少しでも、失った猫への愛と重ならないだろうか？　この、疲れ、傷ついた、からっぽの愛は1つの特別な愛、つまり、1匹の猫への愛だ。その猫は永遠に旅立ってしまったけれど、とりわけ猫という生き物にこそ捧げたい愛がある。その愛は新しい車を買っても、恋人や赤ん坊を相手にしても満たせない。あなたは猫を1匹飼うのだ。

これが解決法なのだろうか。これは衝動でしかない。だが、こんな考え方をしてみたらどうだろう。保護施設には猫があふれかえっていて、引き取り手が現れずに日々殺処分になっている猫がごまんといる。最大収容数を超えたら、子猫は受けつけない保護施設もある。オーガスタもそうだったのかもしれない。だから、あの子を元々飼っていた、救いようのない人間の元飼い主が、あの晩あの子を雪の中に無造作に放り出したのだ。オーガスタと一緒に生まれた兄弟たちは、あの晩雪の中で息絶えてしまったのだ。そう私はこれまでずっと考えていた。

エリザベスと私はこの考えについて話し合った。私たちが今度飼う猫（もう次の猫のことを考えているなんて。オーガスタ、許しほしい）は雌であるべき――私の考えでは、雄猫には気立ての良さはあまり望めないので――だし、オーガスタとは似ても似つかない外見でなければならない。それに絶対に子猫であるべきだ。子猫なら、私たちとの間で学びながら成長を見守ることができる。オーガスタに対してやり方が間違っていた事柄を私たちは振り返り、新しく飼う猫にはそういうことは決してやらないと心に誓った。何よりも肝心なのは、新しい子は絶対に長時間、放って置いたりしないことだ。

「そろそろいいんじゃない？」

「まだ」

「今だったら？」

「まだまだ」

猫の出産ラッシュのピークにさしかかっていた。早春に出産シーズンは始まり、秋まで続くが、その最盛期は真夏だ。だから、そこから12週間から14週間も経てばちょうど良い年頃の子猫がたくさんいて、その中から選べる。エリザベスはオーガスタを通院させていた病院で保護施設もあるペッツ・アンリミテッドのウェブサイトのURLを私に送ってよこした。まさに際限《アンリミテッド》なく、無数の子猫が掲載され、年齢、性別、色、毛の長さ、模様など、これまた無数のカテゴリーに分かれていた。性格（詩人タイプ、どこにでもいる親しみやすいタイプ、血気盛んなタイプ）についての説明が、おそらく一番の検討ポイントなのだろう。

私たちはとりとめもなく、ああでもない、こうでもないと言っていたが、そのうちに、ある子猫のことがどうも気になり出した。その子にどうしても目がいってしまった。私たちはアイリーン・カーシュがあまねく警告していることをまさしく、やってしまっていた。1枚の写真にひと目惚ししてしまったのだ。そして、現地に赴き、実際に子猫を見に行くべき時が来た。

この時には必ず、何度か、いや、何回でも深呼吸をして、丸一昼夜かけて話し合い、慎重に吟味してみるべきだ。しかも、現地に足を踏み入れる前に。責任について、費用について、誰が何を分担するのか、心から同意しているのか、それに、家族全体が賛成してくれているのか。なぜなら、ひとたび現地に赴いて、運命を感じる猫に出会ってしまったら、行く前は9割がた「猫なんて欲しくない」「まだ悲しみが癒えていないから、見るだけにしよう」と思っていたのに、「この子に恋をしました、探していたのはまさにこういう子です、今から連れ帰ってもいいですか？」と一も二もなく考えをコロリと変える可能性があるからだ。ペッツ・アンリミテッドは幸い、誰でもそうなるのをあらかじめ見越して厳格なルールを課している。

ペッツ・アンリミテッドのような団体と関わるメリットの中でも特に大きいのは、猫がこれまでどのような思いやりと専門知識に支えられて世話をされ、引き取られるのを待っているかが分かる点だ。こういった保護施設には仕事をテキパキこなすボランティアがいて、こうしたボランティアが子猫、それもたまに母猫がいなかったり、生まれたてのほやほやだったりする子を育てている。このボランティアたちは、生まれたばかりの子猫を扱う際にすべきことを、何から何までわきまえている。だから、こうした子猫が少しずつ、さまざまな人間と関われるように仕向け、人見知りをはじめ、子猫が社交性を身につける上で起こりうる多種多様な問題を自分で克服できるように手助けをする。

里親になることを検討している人々は、これから家に迎え入れようとしている猫が、どれだけ手間をかけて受け入れ準備を整えてきたか知らされないこともある。あなたが保護施設から猫を引き取るつもりだったら、あなたが目をつけている猫をよく知っているスタッフとじっくりと話すと、貴重な情報が得られるかもしれない。アイリーン・カーシュは子猫だったらどんな子も可愛いと、釘を刺す。そのため、まだ外に現れていない子猫の気性をじっくりと見極める必要がある。あなたが検討中の子猫の気質をはかりかね、しかも、その点について納得のいく情報が得られなかった場合は、成長した猫を引き取る選択肢を考えてみたほうがいい。成長した猫なら、しばらく一緒にいれば性格を推し量るのはそれほど難しくない。その猫がこれまでどんなふうに生きてきたのかも分かるようだったら、その情報もまた役に立つだろう。

ペッツ・アンリミテッドの譲渡センターに一歩足を踏み入れると、衛生面の意識の高さが隅々まで行きわたっていることが、はっきりと感じられる。訪れた人は皆、決められた順路と指示に従って動くことになる。来訪者は必ず、まずさしずめ「アパート」とでも呼ぶべき場所を少し歩かされる。その場には悪臭が漂っていないことに、あなたは気づく。たまに犬が吠えたてるが、ほとんどの犬が猫に劣らず大人しくしている。まだとても小さい子犬の兄弟が何組もいて、母犬が授乳している。すがるような目で見る老犬もいる。カーペット素材に覆われた小屋にひきこもっている内気な犬もいる。2、3匹単位で一緒にいる犬もいれば、兄弟犬やそうでない犬も混じり合って、はしゃいで転げ回り、取っ組み合いをしている。それに、成犬のカップルが何組か、仲睦まじく相手の毛繕いをしている。

誰かがドアを開く。そこには猫たちがいて、おもちゃもいくつか散らばっている。猫たちがあなたを見る。あなたは猫たちを見返す。はっきりと見えるわけではないが、あなたは今自分が観察されているのだと気づく。あなたは引き取る猫を品定めする一方で、スタッフは引き取ってくれる里親を品定めする。

そこには3匹いた。マレー。目も醒めるようなシルバーのトラ猫だ。テッドは焦げ茶色がかったトラ猫だった。そして、メアリー・タイラーが登場する。私たちが写真でひと目惚れしてしまった猫だ。どの子も同じ親から生まれた。子猫は3匹とも元気いっぱいで、恐れを知らず、人懐こく、抱っこされるのが好きで、機敏そうな体つきをしていた。メアリー・タイラーだけは、グラマラスで華やかな、スターの風格を備えていた。

この子はまた、私が今まで見たどの猫ともまったく違っていた。強すぎる個性が奔放に光を放ちながらも、そうした要素が調和して眩いほどのオーラが漂っていたのだ。例えば、艶やかに光る毛皮は、ヒョウの毛のように体に貼りつき、淡い褐色の毛皮の下にはメタリックシルバーの地色の上に散らばる黒い模様が見えた。外側に生えている毛の先は、日に透けてゴールドに光った。後脚が、前脚よりも長かった。目の周りにクレオパトラのように黒いラインが太く入っていた。扁平で、皮膚のガサガサしたライオンのような鼻をしていた。こうした個性はどれも、先祖であるベンガル種の特徴だというが、純血のベンガル種ではなかった。胸と腹はふわふわと柔らかい雪のように白い毛で覆われていたが、毛先に行くにつれて色が濃くなり、しまいにはキラキラと光る淡い褐色になった。また、爪の生えている部分は、丸々とした大きな雪玉のように見え、そこにぷっくりとした黒い肉球がついていた。これらはどれをとっても、ジャングルを縦横無尽に走り回れる機能美にあふれた足を持つベンガル猫とはほど遠い。どこかライオンの面影を残す気品ある鼻に、白い点々が片側にだけついていて、愛嬌があった。

そして、目だ。この猫はこちらをまっすぐに見据え、心の中をのぞき込む。もの問いたげに。その両目からは遊びたくてうずうずしている気配が見て取れた。私たちは猫がじゃれるためのおもちゃを取り上げると、この猫は野ウサギのように大きい後脚を使い、ぴょんと跳ねて身体を起こした。前脚の肉球と歯まで使ってそのおもちゃをひっつかみ、地面の上を転げ回った。その姿は、子猫そのものだった。実際、まだこの子は生後12週間だった。

間違いない。求めていたのは、この子だ。

次に、医療設備が整い、清潔で声がよく響くかしこまった部屋に通される。目の前には無機質なデスクがある。その向こう側には職務に忠実で礼儀正しい「インタビュアー」がいて、質問が並んだチェックリスト、「猫の里親プロフィール」を手にしている。両面に印刷されたこの1枚の書類は、名前や住所といった基本的な質問から始まる。ところがそのうち質問の内容は、個人的なことにどんどん踏み込んでいく。「あなたは誰のためにこのペットを引き取ろうとしているのですか?」この質問には里親候補をふるいにかけるための仕掛けが仕組まれている。選択肢の中に「プレゼント」と「その他」がある。このどちらかにチェックを入れたら、かなりの確率で質問はそこで打ち切りになる。また選択肢の中には、「家族に」もある。これにチェックをすると、相手はあなたの家族全員と会いたがり、全員が猫を引き取ることに賛成しているのかを確かめたがるだろう（賛成していない家族がいることも珍しくないのだ）。「過去10年間に、ペットを飼っていましたか？」「そのペットは犬ですか、猫ですか、それ以外ですか？」「何歳ですか？」「避妊手術、または去勢手術を受けましたか？」そして、また1つひっかけ問題がある。「今、その子たちはどこにいますか？」という質問だ。もしあなたが引っ越す時にその子たちを置いてきていたり、「おばあちゃんが寂しそうだったから」とかなんとか言って、祖母に押しつけていたり、これ以外でもペットに対する責任をあまり真面目に考えていない可能性が高いことをうかがわせる回答をしたら、それは警告サインになる。そして、その次の質問では明らかに判定を下そうとしている。「どういう状況になったら、あなたはペットを保護施設に返しますか？」質問者は里親選考のベテランなので、相手の答え方から感じられるどんな含みも見逃すまいとしている。理由が何であれ、この人たちがよもやと思ったらいつでも、譲渡は断られるのだ。

質問はまだ続く。「家に誰もいなくなる時間が1日に何時間くらいありますか？」「この猫のために必要に応じた医療を受けさせる、あるいは餌や世話にかかる費用は毎月どれくらいかかると思いますか？」その答えを知らされた人々の多くがびっくりする。

「私にとって大切なのは、私の猫が……」エリザベスは不意に、言葉に詰まった。続けるんだ、答えて。切実さを込めようとした私たちの声のトーンは悲痛だった。どの質問にも正直に答えたし、この猫を切望する気持ちはモンタナに降る雪に劣らず清らかなのです。ですから、その、この子を引き取ってもいいでしょうか？　心の中で唱える。

「いいでしょう」

豪邸の賃貸契約と同じくらい心躍る書類に署名し、クレジットカードで125ドルを決済した。そして、待った。この子は避妊手術を受けなければならなかったし、お母さんと兄弟と別れるまであと2週間は必要だったからだ。

もう一度この子を見せてもらいたいと申し出ると、私たちは再び面会室に通され、あの子とその家族もそこに連れてこられた。私があぐらをかいて床に座ると、うちの子が――うちの子なんだ！――喜々としてちょこまかやってきて私の膝の上に乗り、私の顔をのぞき込んだ。この子の問いかけに私はこう答えた。「そうだよ」

ほかの子猫たちはもじもじと、遠巻きにしていた。まるで事情を呑み込んでいるかのようだった。エリザベスが子猫を抱き上げると、子猫はエリザベスの腕の中に身体を丸めて入り込み、ちょうど関節のあたりに顔をうずめた。いい感じだ。正しい判断をした。そう確信しながら、私たちは家路についた。

私たちはこの子にイザベルという名をつけた。決め手は名前の意味ではなく、その響きやシンプルさ、つづりのバランスの良さ、メリハリの効いたリズムが気に入った。これ以外にも決め手になったのは、私たちがこの名前で呼んだらこの子がすぐに分かりそうなこと、私たちがこの名前でささやきかけたらこの子がリラックスしてくれそうなこと、それにこの名前と同じ由来を持つ名前は世界各地にあり、いずれも発音が美しいことだった。

私たちはこれからやってくる日々を一瞬たりとも忘れまいと心に決め、その時のために準備をした。とはいえ、「オーガスタ」という名前をうまく上書き消去する効果はちっともなかったのだが。

子猫が来るまでの間、私たちには宿題が出ていた。その宿題は、角を1カ所ホチキスで留めた40ページの書類の束で、両面に文字がびっしり印刷されていた。表紙のページには華々しくこんな文字が躍っていた。

おめでとうございます！
ペッツ・アンリミテッド譲渡センター
新しく里親になった皆さんのための受け入れガイド

新しい猫を迎える準備をする
引き取ることになった猫を自宅に連れて帰る
一般家庭で普通によくある危険からペットを守る
既に飼っているペットを新しい猫に紹介する
すぐに新しい猫に正しいトイレの使い方を教える

褒めて伸ばす：犬や猫にはご褒美を与え、褒めてトレーニングする
日頃の備え：自然災害と応急処置
猫のおもちゃとその使い方
猫の汚れやにおいを取るには
あなたの具合が悪い時のペットの世話について
アレルギー対策
子猫の行動と成長について理解する
猫が怯えないようにする方法
家で飼っている猫同士の争いを解決する
猫が人に向ける敵意
あなたが妊娠したら猫とどう向き合うか
ペットたちが新しく生まれる赤ちゃんを受け入れられるようにする
家族全員で引っ越す場合
もちろん、泣いても構わないのです

「もちろん、泣いても構わないのです」だって？　まだイザベルを家に迎えてもいないのに、もう、あの子が死んだ時の心がまえをしないといけないのだろうか。ところが、ここにはオー

ガスタと15年暮らした私たちでも、まだ知らなかったことがいろいろと書かれていた。チョコレートは猫にとっては毒だったのか？　輪ゴムのせいで腸閉塞を患う場合があるって？　オーガスタは何年も輪ゴムで遊んでいたのだが、そうならなかったのは単に運が良かっただけだったのだ。地震を想定した防災セットも備えておくといい（私たちは自分用すら準備していなかったが）。

手続きがすべて終わるのを待っている間、さらに別の書類の束が保護施設から届いた。ワクチンの記録、歯科医療を受ける必要があること、ペット保険会社、譲渡後の情報シート、30日間の無料診療、30日以内だったらイザベルを「返却」できるが、支払い済みの125ドルは返還されないということ——あの子を返却するだなんて——が書かれていた。

私たちはイザベルの様子を見ようと、施設に出向いた。ドングリ眼《まなこ》に耳の大きなうちの子猫が、避妊手術を受けて縫ったばかりの傷をかじらぬよう、プラスチック製のエリザベスカラーをこれ見よがしにつけていた。この子をそろそろ連れ帰ってもいいですか？　すみませんが、この襟を外してもらえませんか？

「いいですよ。でもその前に」大きな金属製のデスクに戻らされると、そこにはさらに多くの書類が待っていた。イザベルを「家のペット、そして家族の一員として」迎えることに承諾し、運動や遊び、餌、水、愛情、親身の治療、それに医療救護の費用を私たちが負担し、美容上の目的で本来の姿を変えたり、実験に用いたり、売却あるいは遺棄したりするようなことは絶対にしないと約束させられた。あらゆる法的責任を補償し、賠償し……調停し……司法手続きを経て強制できる……費用、および妥当な弁護士報酬……ひたすらサインし続けた。

「では、最後にここにある『メアリー・タイラーを家に迎えるための手引き』にざっと目を通しましょう（施設にあるデータベースの管理上、私たちがつけた新しい名前は、その後5年経つまで登録してもらえなかった）」フィラリアのこと、ノミのこと、ドライフードよりも缶入りの餌のほうが、高たんぱく質低炭水化物で優れていること、猫には力で訴えても無駄だということ、よじ登って窓の外を見る場所やメアリー・タイラー専用の部屋、またはスペースを用意すること、トイレに関する問題を防ぐには、最初のしつけが肝心だということ、噛みついた時はどうするかなどなど。ハーバード大学の新入生でもこれほど大量の書類攻めになるだろうか？　そろそろ、うちの子を連れ帰ってもいいですか？

ボランティアが1人、ニコニコしながら、「メアリー・タイラー」と書かれた段ボールでできたキャリーケースを小脇に抱えて運んできた。家までは車で3分もあれば着く。あらかじめベッドルームに餌や水、爪研ぎ用のスペース、トイレ、ブランケットを敷いたベッドを用意していた。私たちはキャリーケースを2階まで運び、ふたを開けると、中からイザベルがとことこと出てきた。

イザベル！　イザベル、ようこそ我が家へ！

イザベルはあたりを見回した。怖がっている様子など、表情からも体のどこからも少しも感じられなかった。イザベルはしっぽを高く上げて歩き出した。「ここ、気に入ったわ」爪研ぎスペースにまっすぐ進むと、機嫌よくしきりに引っかいた。これを見れば、ちゃんとしつけられているのが分かる。私を見ると、腰を下ろし、上半身を起こし前足の肉球を両方とも高く上げた。「抱っこして！」抱き上げると、私の胸に身を預けた。白い後脚を私の片方の腕にのせ、伸びた前脚を私の胸の上に置き、ほっぺたを私の心臓のあたりにつけた。ずっとこうしていられそうな動きと姿勢だった。何て可愛いんだ！

細々とした説明やあらゆるアドバイス、要求、さまざまなリストや書類、書かされた数々の署名など、ペッツ・アンリミテッドは細かいことにこだわりすぎているように思えた。あれほどまでに煩雑で無駄な手続きを踏んでいるほかの保護施設や里親がどれだけ存在するのだろう？　あれは必要だろうか？　私自身の経験からは、あの施設はただ、この大胆で、物静かで、頭がよく、人懐こく、おっとりとした、健康で、愛すべき猫を私に授けてくれた施設としか言えない。それもほぼ無料で。ペッツ・アンリミテッドに保護されていなければ、イザベルは野良猫になり、1歳の誕生日を迎えることもなく惨めな死を迎えていたかもしれない。

そこで、考える。この、幼気《いたいけ》な小さな生き物を1匹引き取るのと同時に、私たちが請け負った責任の深さを。法的にはこの猫は私たちの所有物になった。ならば、道徳的に見たら何だろう？　おそらく、いくら考えてもそれをずばり言い表す適切な言葉は見つからない。考えだすと、うまく言い表せない人が大勢いるだろう。例えば、ある朝、猫が逃げ出したり、病気にかかったり、目に余るいたずらばかりして、それをやめようとしないこともあるだろう。そんな時、私たちはやぶから棒に「あー、やってられない。どこがいけなかったんだろう？」などと言い出す。そして気づくのだ。この小さな生き物を今まで味わったことがないほど愛していることに。トラブルがまだ芽の段階のうちに、ちゃんと気づけるように、ちょっとしたことでももっと気をつけておくべきだったと後悔することもあるだろう。あるいはそもそも、この子を引き取るべきじゃなかったことに気づいたりすると、今度は罪悪感に苛まれ、途方に暮れ、何らかの壁にぶち当たるのだ。

そんな日々がこれから何年も続くだろう。この子はこれから何から何まで、私たちに頼って生きる。今、この瞬間から。つまり、この最初の数週間と数カ月の間の私たちの行動が、この子のこれからの行動や、私たちとの関係性を形作る。私たちは、細かいところにも気を配らなければならない。イザベル？　これが君のトイレ、君の餌、君のブランケットだよ。いい子だ。かき消えてしまったと思っていた光にまた、私たちは照らされている。

世界中どこに行っても、人々の生活に、猫は朝から晩まで溶け込んでいる。そこにいるのは子猫、中年猫、老猫、ケガをしている猫、仏頂面の猫、物静かな猫、毛並みが艶やかな猫、ガリガリの猫、デブ猫、疑い深い猫、信じやすい猫、落ち着きがない猫、怖がりな猫、不平屋の猫、感動屋の猫、臆病者の猫、愚か者の猫、イカレた猫、キザな猫、望まれた猫、望まれていない猫、そして、虐待されてしまう猫もいる。無視される猫もいる。正しく理解してもらえていない猫はたくさんいる。孤立させられる猫もいる。悲しみに暮れる猫もいる。逃げ出す猫、そして、車に轢かれてしまう猫もいるだろうし、病気になって死んでしまう猫もいるだろう。幸福ではない日なんて味わうことなく過ごせる猫もいて、ずっと穏やかに、暮らすことになる。そして、どの猫もほぼ必ず、誰かを愛するだろう。

「君をもっと深く愛せたはずなのに」とオーガスタが生きていた頃、私はよくトム・パクストンの歌を口ずさんでいた。「冷たくするつもりじゃなかったんだ。そんなこと、考えるはずがないじゃないか」おそらく「考えるはずがない」のではなく、それよりもひどかったかもしれない。僕は気をつけて見ていなかったのだよ、オーガスタ。僕たちがどこかに行ってしまった時、君はどんな気持ちだったのだろう？　それを僕は、考えもしなかった。僕たちが戻ってきた時に喜んでいたけれど、それを見た僕たちはうかつにも何も問題はなかったのだと思い込んでしまった。「何といっても、オーガスタは猫なのだから」と。

冷たくするつもりなんてなかった。オーガスタは何があっても私たちを愛してくれていた。それ以外に、オーガスタに何ができただろう？　ほかに誰を愛せただろう？　オーガスタには、生まれながらに愛があった。だから、その愛を何かに注ぐしかなかったのだ。

イザベルを家に迎え入れた時、私たちは以前よりもいろいろなことについて身をもって学んでいた。だから、イザベルはある程度、知識の恩恵をこうむるだろうし、私たちも責任を引き受けたことで得られた恩恵をこうむっている。

猫の生涯は人よりも短い。私たちは猫の一生を最初から最後まで見届けられる。見届けるというよりも、この子たちと共に生きる。名前をつけるところから始まって、多くを知り、驚きが愛に変わり、1つの命が完結し、そしてまた——今まさに——別の命が目の前に現れる。私たちは猫に優しくできるし、優しさを心がけなければならない。子猫から大人の猫になるまでのイザベルの毎日は、私たちにとってそうするだけの価値があるのだから。

とある納屋に群れを成して暮らす三毛猫たち。子ども用の癌病棟に居つき、子どもたちを癒し、安らぎを与える使命を帯びた毛むくじゃらのプロ集団。ガリガリに痩せた老猫が、この猫の名前すらすっかり出てこなくなってしまった高齢の女性に世話をしてもらっている。

厄介者ばかりが溜まる居住区の界隈では、友達がいない愛想のない害虫駆除作業員の飼っている猫がいじめられているが、この害虫駆除作業員はこの大きな雄猫を夜な夜な抱きしめ、赤ちゃん言葉で話しかけながら一緒に眠りに落ちている。とあるローマの遺跡では、猫はたっぷりと餌を与えられ、熱心なガッターレがどんな欲求でも満たしてくれるが、この猫たちは遠くローマ帝国の時代にまでさかのぼる血筋を持つがゆえに、毎晩夜更けになると生き残りを賭けた決死の争いを繰り広げる。独眼で生まれつき足が不自由だった雌猫が、車の事故から助け出されて保護施設に預けられた。その雌猫は引き取り手を待ちわびながらそこで長らく細々と過ごし、あわや殺処分というタイミングで内気な若い女性が現れて里親に決まる。その女性自身も足が不自由だった。雪の中に取り残された子猫、温かな家族に囲まれて育てられた子猫、何千、何万、何百万という猫が人間の飼い主と共存しながら自分たちの立場を覚え、自分たちの内面を見抜く洞察力のある人間の飼い主と肩を寄せ合い、優しさとは何かを互いに教え、今までどちらも味わったことのない愛情に目覚めていく。

❋

イザベルは最初から私たちを信頼してくれた。誰かが自分につまずく可能性など考えもせず、床のど真ん中でだらしなく伸びていた。それでも、互いが心から安心しきっているのを実感できるようになるまで2年以上かかった。ある晩、私がソファーの上に座って映画を観ている横で、イザベルは丸くなって寝そべっていた。ソファーに無造作に置いた左手に、空気がそよいだように柔らかな何かが微かに触れるのを感じて見下ろしてみると、イザベルが片方の手を伸ばして私の手の甲に触れようとしていた。左手は決して動かすまい、と私は心に決めた。

そのうちイザベルは眠りに落ち、その手は眠ろうとして身体を丸めた輪の中に引っ込んだ。イザベルはたまに、しっぽをこの輪の中に巻き込むこともあったが、その晩しっぽは巻き込まず、だらりとさせていた。この子がぐっすり眠っている時に話しかけると、しっぽでそれに応えてくれることに私は少し前から気づいていた。

「イーザベル」と私は呼びかける。アクセントを最初の子音に置いて。すると、しっぽの先のほうがピンと持ち上がり、2回ほど微かにピクピクッと動いた後に、すっと力が抜けた。自分の名前のリズムを再現したのだ。

「イザベール」リズムを変えて呼んでみる。するともちろん、あの子のしっぽは、リズムにあわせて返答してきた。

「アイ・ラブ・ユー」弱くピクッ、強くピクッ、消え入りそうにピクッ。

不思議だ。私は手のひらをイザベルの脇腹に置いてみた。イザベルはそれには反応せず、深い息をして、ぐっすり眠っていた。私がそのまま話しかけ続けると、あの子はしっぽを使った合図で返してくれた。

こういった現象はすべて、ミラーニューロン［高等生物の脳にある、自分が行動する時だけではなく他者の行動にも活動電位を発生させる神経細胞。共感細胞とも呼ばれる］の働きだと言われ、さまざまな高度な機能を果たしているため、関係分野の科学者たちの間では、ずいぶんと議論がなされてきた。この程度の反応であれば、他人が腕を組むのを見るとついつられて自分も腕組みしてしまったり、一緒にあくびをしたりしてしまうメカニズムと同じで、ミラーニューロンが反応しただけかもしれない。

そういった専門知識によってこの現象が示す絆の神秘性が失われてしまうのか、それとも、科学が介入することで、ますますその謎は深まるのか、どちらだろう？　私は後者だと思う。

イザベルが呼吸をするたびに、あの子の温かい脇腹がゆっくりと膨れ、へこむのが手の平を通して伝わってくると、私は揺るぎない、穏やかな愛情を感じた。これはイザベルが教えてくれた愛であり、私が今まで知りえなかった愛だ。

サンフランシスコのダウンタウン。その混雑した歩道の上に、統合失調症の女の人と一緒に1匹の猫がいる。お金を入れてもらうための箱を横に置いていたが、何人かの人はその女性が清潔で身なりもきちんとしているのに気づくと、話しかけようとする。ところがこの女の人がよどみなくまくしたてるのは、意味を成さないことばかりだった。猫はその間、何が起きようと、クールな落ち着きを少しも崩さない。

オーガスタは死期が間近に迫り、ひどい痛みに苦しんでいる時でも、そんな素振りはほとんど見せなかった。何年もの間、あの子は朗らかな充実感を少しも失わずに、病気と共に生き、喉をゴロゴロと鳴らし、静かに消えていった。犬だったら、雷鳴がとどろいて豪雨が降ったらクンクン鳴きながらベッドの下にもぐり込むが、猫はそんな中でもこんこんと眠る。

その昔、やはりとある路上で、施しを乞うでもなく、ただ募金箱を持って座っている男がいた。男のそばには、男のシルクハットの縁を歩き回るが下には決して飛び落りない白いネズミと、泰然自若《たいぜんじじゃく》とした猫がいた。とある高級食材店、オーナーは誰が見てもわがままな人だったところが、飼っていた猫のほうはチベットの高僧のように物静かだった（自分の定位置と決めた場所、例えばグレープフルーツ売り場から意地でも動こうとしない頑固なところもたまに見せたが）。

安心だと感じられたら、猫は眠り、そして夢を見る。夢の中でも完全に意識は覚醒し、自覚も十分にあり、何かをしようと考えたり、時には検討した上でそれをしないことに決めたりする。そうかと思えば猫が飼い主に甘えて安心感や愛情を求め、状況によっては混乱しているからどうにかしてくれと、頼ってきたりすることもあるだろう。そうされると、人は慰められ、愛されていると実感し、心が和む。猫と人が同時に眠りに落ちることがある。この上なく平和な気持ちのまま、潜在意識の中で互いに調和しながら。

ぐっすりと眠る猫の姿は平穏そのものだ。どの猫にも備わっているこの穏やかさこそが、猫の精神世界を豊かにしているのかもしれない。不安感は悩みを作り出すが、落ち着きは穏やか

the Inner Life of Cats

8

猫と育む無償の愛

さを育む。1匹の猫の心の落ち着きが、私たちを穏やかな気持ちにすることはないだろうか？
火の輪をくぐるトレーニングを受けている猫もいるが、そういった猫はステージを離れれば一転、驚くほど穏やかだ。本屋にいる猫がとりわけ大人しいのはよく知られている。眠っているイザベル、街角の猫、本屋の猫、ステージに立つ猫、生涯を終えようとしていたオーガスタ。こうした猫はみな、それぞれ置かれた場所で生きていく。でも、帰るところは一緒だ。

こうした猫たちを心から愛して育てられたら、これこそが、人間が猫に与え、猫も飼い主である人間にお返しに与える「贈り物《ギフト》」になる。この贈り物とは、生き物の種を超えて互いに愛情を伝え合う中で、猫たちの内なる世界から滲み出る、持って生まれた心の穏やかさである。

ますますたくさんの猫が幸運にも、優しさと心からの思いやりに包まれてこの世に生まれ、育てられるようになったら、人は飼っている猫と分かち合う慈愛の心を人間同士でも分かち合えるようになるだろうか。

黒い子猫。白い雪。魂よ安らかに。

謝辞

ある時、私の担当をしてくれていたフリープレス社の編集者エミリー・ルースと私は、この本の構想を思いついた。ところが、2人でこの企画をどう提案するか知恵を絞っていた矢先に同社の親会社に足をすくわれた。エミリーだけではない。彼女の会社ごとだ。昨日まで存在していた会社が今日は影も形もなくなる。それが今日の出版業界だ。

私の版権エージェントであるデイヴィッド・マコーミックを満足させられるまでに、一体何回企画書を書き直したことだろう。デイヴィッドは情け容赦のない完璧主義者だった。「もっと科学的な話を載せて。君と例の猫の話は減らすんだ」そんなことも言われたが、今でもデイヴィッドを大好きだし、心の底から尊敬していることに変わりはない。

この提案を受け入れてくれたマウロ・ディプレタとステイシー・クリーマーにも感謝している。ステイシーは「オーガスタの話、大好きよ。もっと載せられるエピソードはない？」と言ってくれた。本書について、私たちはありとあらゆる点で意見が合った。それなのに、ステイシーは転職してしまった。しつこいようだが、これが今日の出版業界だ。

企画が宙に浮いた状態になり、不安を抱えていた私は「絶対に猫が嫌いな編集者だけは雇わないでくれ」とマウロにすがりついていた。そこへやって来たのが、ミシェル・ハウリーだ。何とこの3人目の編集者も、作家が求めるすべての資質を備えていた。確かなスキルと頭脳、超人的な文学的教養に加え、私自身がうまく言い表せないでいる考えを正確に読み取る、不思議な力を持っていた。

出版社であるアシェット社のほかのスタッフも決まり、えり抜きのチームが出来上がった。どんなにたくさんの複雑な作業も同時に軽々とこなしてしまうローレン・ハンメル、マーケティングの達人ハリー・パターソン、みんなをまとめる指揮者役のミシェル・アイリ、そして、どんな仕事にも対応できる多才なマウロ・ディプレタといった面々だ。

科学者の中でも、アイリーン・カーシュとエウジェーニア・ナトーリの2人には特にお世話になった。カーシュは、幼い猫について、どの段階がその後の子猫と飼い主の生活に決定的な違いをもたらすか正確に特定した。一方、ナトーリはローマの野良猫やそのコロニーをめぐる問題を研究し、単純化されがちな問題をつまびらかにし、賢明な提案を行った。

そして、いつものことながら、私にとって最高の編集者である妻エリザベスには、言葉では言い表せないほど感謝している。

Van Neer, Wim, Veerle Linseele, Renée Friedman, and Bea De Cupere. "More Evidence for Cat Taming at the Predynastic Elite Cemetery of Hierakonpolis (Upper Egypt)." Journal of Archaeological Science 45, 2014.

Vigne, Jeyan-Denis, et al. "Earliest 'Domestic' Cats in China Identified as Leopard Cat (Prionailurus bengalensis)." PLOS ONE 11, January 22, 2016.

Villalobos, Alice. "Quality of Life Scale" from Canine and Feline Geriatric Oncology: Honoring the Human–Animal Bond. Ames, IA: Blackwell Publishing, 2007. Revised for the International Veterinary Association of Pain Management 2011 Palliative Care and Hospice Guidelines.

Vogelsang, Jessica. "How to Discover Your Pet's Secret Pain." PetMD .com, December 31, 2015.

Vogelsang, Jessica. "'Miracle' Technology Is Available to Save Your Pet, but Can You Afford It?" PetMD.com, February 19, 2016.

Vogt, Amy Hoyumpa, et al. "Feline Life Stage Guidelines." Journal of Feline Medicine and Surgery 12, 2010.

Voith, Victoria L., and Peter L. Borchelt. "Social Behavior of Domestic Cats." In Voith, V. L., and P. L. Borchelt, eds., Readings in Companion Animal Behavior. Trenton, NJ: Veterinary Learning Systems, 1996.

Voith, Victoria L. "Attachment of People to Companion Animals." Veterinary Clinics of North America: Small Animal Practice 15, no. 2, 1985.

Wade, Nicholas. "DNA Offers New Insight Concerning Cat Evolution." New York Times, January 6, 2006.

Walker, James. "Wildcat Haven–Saving a Species on the Brink of Extinction." Conservation-careers.com, December 31, 2015.

Weir, Kirsten. "The Cat Whisperer." Salon.com, March 18, 2008.

Whilde, A. "The Prey of Two Rural Domestic Cats." The Irish Naturalists' Journal 24, 1992.

Whitaker, Julie, and William Steinkraus: The Horse: A Miscellany of Equine Knowledge. Lewes, East Sussex, UK: Ivy Press Ltd., 2007.

Wilken, Rachel L. M. "Feral Cat Management: Perceptions and Preferences (A Case Study)." M.S. Thesis. San Jose State University, 2012.

Willson, S. K., I. A. Okunlola, and J. A. Novak. "Birds Be Safe: Can a Novel Cat Collar Reduce Avian Mortality by Domestic Cats (Feliscatus)?" Global Ecology and Conservation, January 2015.

Wiman, Christian. My Bright Abyss: Meditation of a Modern Believer. New York: Farrar, Straus and Giroux, 2013.

Yates, Diana. "Researchers Track the Secret Lives of Feral and Free-Roaming House Cats." University of Illinois News Bureau, 2011.

Zak, Paul. "Dogs (and Cats) Can Love." The Atlantic, April 2014.

2, 1979.

Tellington-Jones, Linda. The Tellington TTouch for Happier, Healthier Cats, DVD. Ttouch.com.

Tellington-Jones, Linda, with Sybil Taylor. The Tellington TTtouch: Caring for Animals with Heart and Hands. New York: Penguin Books, 1992.

Thomas, Ben. "What's So Special about Mirror Neurons?" blogs.scientificamerican.com, November 6, 2012.

Thomas, Elizabeth Marshall. The Tribe of Tiger: Cats and Their Culture. New York: Simon and Schuster, 1994.

Thompson, Andrea. "What's the Most Popular Pet?" Livescience.com, January 15, 2013.

Thornton, Alex, and Dieter Lukas. "Individual Variation in Cognitive Performance: Developmental and Evolutionary Perspectives." Philosophical Transactions of the Royal Society B 367, 2012.

Tolford, Katherine. "Do Cats Dream?" Pet360.com. July 26, 2016.

Toukhatsi, Samia R., Pauleen C. Bennett, and Grahame J. Coleman. "Behaviors and Attitudes toward Semi-Owned Cats." Anthrozoös 20,2007.

Trumps, Valerie. "Fifteen Surefire Ways to Bond with Your Cat." Pet360.com, August 2015.

Tschanz, Britta, et al. "Hunters and Nonhunters: Skewed Predation Rate by Domestic Cats in a Rural Village." European Journal of Wildlife Research 57, June 2011.

Tucker, Arthur O., and Sharon S. Tucker. "Catnip and the Catnip Response." Economic Botany 42, 1988.

Turner, Dennis C., and Gerulf Rieger. "Singly Living People and their Cats, a Study of Human Mood and Subsequent Behavior." Anthrozoös 14, 2001.

Turner, Dennis C., and Othmar Meister. "Hunting Behaviour of the Domestic Cat." In Turner and Bateson, 1988.

Turner, Dennis C., and P. P. G. Bateson. The Domestic Cat: the Biology of Its Behaviour. Cambridge, UK: Cambridge University Press, 1988.

Turner, Dennis C., Gerulf Rieger, and Lorenz Gygax. "Spouses and Cats and their Effects on Human Mood." Anthrozoös 16, 2003.

Turner, Dennis C. "Noncommunicable Diseases: How Can Companion Animals Help in Connection with Coronary Heart Disease, Obesity, Diabetes, and Depression?" In J. Zinsstag et al., One Health: The Theory and Practice of Integrated Health Approaches. Oxfordshire, UK: CAB International, 2015.

Turner, Dennis. C. "The Ethology of the Human–Cat Relationship." Schweizer Archiv für Tierheilkunde 133, 1991.

University of Illinois at Champaign-Urbana. "Cats Pass Diseases to Wildlife, Even in Remote Areas." Science Daily, May 12, 2011.

Schötz, Susanne, and Joost van de Weijer. "Human Perception of Intonation in Domestic Cat Meows." Proceedings from Fonetik 2014, Department of Linguistics, Stockholm University.

Schötz, Susanne, and Robert Eklund. "A Comparative Acoustic Analysis of Purring in Four Cats." Proceedings from Fonetik 2011, Department of Speech, Music, and Hearing, and Centre for Speech Technology, Royal Institute of Technology, Stockholm.

Schötz, Susanne. "A Phonetic Pilot Study of Chirp, Chatter, Tweet, and Tweedle in Three Domestic Cats." Proceedings of Fonetik 2013, Linköping University, Sweden.

Schötz, Susanne. "A Phonetic Pilot Study of Vocalisations in Three Cats." Fonetik 2012: Proceedings of the XXVth Swedish Phonetics Conference, May 30–June 1, 2012.

Segelken, Roger. "It's the Cat's Meow: Not Language, Strictly Speaking, but Close Enough to Skillfully Manage Humans, Communication Study Shows." Cornell Chronicle, May 20, 2002.

Seymour, Gene. "They're Purr-fect as Pals: Temple Research Project Matching Pussycats with People." Philadelphia Daily News, March 5, 1986.

Shepherdson, D. J., et al. "The Influence of Food Presentation on the Behavior of Small Cats in Confined Environments." Zoo Biology 12, 1993.

Siegal, Mordecai, ed. The Cornell Book of Cats: A Comprehensive Medical Reference for Every Cat and Kitten. New York: Villard Books, 1991.

Silva-Rodriguez, Eduardo A., and Kathryn E. Sieving. "Influence of Care of Domestic Carnivores on their Predation on Vertebrates." Conservation Biology 25, 2011.

Singer, Jo. "How to Recognize an Emergency." Catnip 24, March 2016.

Skoglund, Pontus, et al. "Ancient Wolf Genome Reveals an Early Divergence of Domestic Dog Ancestors and Admixture into High-Latitude Breeds." Current Biology 25, 2015.

Slack, Gordy. "The Rights (and Wrongs) of Cats." California Wild, the Magazine of the California Academy of Sciences 51, 1998.

Spinka, Marek, Ruth C. Newberry, and Marc Bekoff. "Mammalian Play: Training for the Unexpected." The Quarterly Review of Biology 76, 2001.

Squires, Nick. "Stray Cat Colony in Ancient Roman Temple Is Declared a Health Hazard." The Telegraph, November 3, 2012.

Stewart, Mary. "Loss of a Pet–Loss of a Person." In Katcher and Beck, 1983.

Sugden, Karen, et al. "Is Toxoplasma Gondii Infection Related to Brain and Behavior Impairments in Humans? Evidence from a Population-representative Birth Cohort." PLOS ONE 11, February 2016.

Sydney Morning Herald. "Savannah Cats Banned from Australia," August 3, 2008.

Taylor, R. H. "How the Macquarie Island Parakeet Became Extinct." New Zealand Journal of Ecology

Pryor, Karen, Getting Started: Clicker Training for Cats. Waltham,MA: Karen Pryor Books, 2003.
（プライア、カレン『猫のクリッカートレーニング』カレン・プライア著、杉山尚子、鉾立久美子訳、二瓶社、2006年）

Quackenbush, James, and Lawrence Glickman. "Social Work Services for Bereaved Pet Owners: A Retrospective Case Study in a Veterinary Teaching Hospital" in Katcher and Beck, 1983.

Quackenbush, Roger E. "Genetics of the Domestic Cat: A Lab Exercise." The American Biology Teacher 54, 1992.

Quammen, David. The Flight of the Iguana. New York: Delacorte Press, 1988.

Quito, Anne. "Glass Architecture Is Killing Millions of Migratory Birds." Citylab.com, March 31, 2015.

Qureshi, Adnan, et al. "Cat Ownership and the Risk of Fatal Cardiovascular Diseases." Journal of Vascular and Interventional Neurology, January 2009.

Ramzy, Austin. "Australia Defends Plan to Cull Cats." New York Times, October 16, 2015.

Ratcliffe, Norman, et al. "The Eradication of Feral Cats from Ascension Island and Its Subsequent Recolonization by Seabirds." Oryx 44, 2009.

Reis, Pedro M., et al. "How Cats Lap: Water Uptake by Felis catus." Science, November 26, 2010.

Remitz, Jessica. "Defining Senior Age in Cats." PetMD.com, April 21, 2016.

Remitz, Jessica. "Does My Senior Cat Hate Me?" Pet360.com, March 8, 2016.

Rochlitz, Irene. "A Review of the Housing Requirements of Domestic Cats (Felis silvestris catus) Kept in the Home." Applied Animal Behaviour Science, September 2005.

Roe, Barbara. "Keeping a Bobcat or Canadian Lynx as a Pet." Bitterroot Bobcat & Lynx, Stevensville, Montana, 掲載日不明。

Rollin,Bernard E. "Morality and the Human-Animal Bond." In Katcher and Beck, 1983
（ローリン、バーナード・E「道徳と、人間と動物のきずな」A・H・キャッチャー、A・M・ベック編、『コンパニオン・アニマル』コンパニオン・アニマル研究会訳、誠信書房、1994年）

Royal Society for the Protection of Birds. "Are Cats Causing Bird Declines?" https://www.rspb.org.uk/get-involved/community-and-advice/garden-advice/unwantedvisitors/cats/birddeclines.aspx.

Savage, R. J. G., and M. R. Long. Mammal Evolution—An Illustrated Guide. New York: Facts on File, 1986.

Say, Ludovic, Dominique Portier, and Eugenia Natoli. "High Variation in Multiple Paternity of Domestic Cats (Felis catus L.) in Relation to Environmental Conditions." Proceedings of the Royal Society B, 1999.

Schmidt, Paige M., et al. "Evaluation of Euthanasia and Trap-Neuter-Return (TNR) Programs in Managing Free-Roaming Cat Populations." Wildlife Research 36, 2009.

Nogales, Manuel, et al. "Feral Cats and Biodiversity Conservation: The Urgent Prioritization of Island Management." BioScience 63, 2013.

Nutter, Felicia B., Jay F. Levine, and Michael K. Stoskopf. "Reproductive Capacity of Free-Roaming Domestic Cats and Kitten Survival Rate." Journal of the American Veterinary Medical Association 225, 2004.

O'Brian, Patrick. The Far Side of the World. London: William Collins Sons & Co. Ltd., 1984.

Owren, Michael J., Drew Rendall, and Michael J. Ryan. "Redefining Animal Signaling: Influence versus Information in Communication." Biological Philosophy 25, 2010.

Patronek, Gary J., A. M. Beck, and L. T. Glickman. "Dynamics of Dog and Cat Populations in a Community." Journal of the American Veterinary Medical Association, March 1, 1997.

Patronek, Gary J. "Mapping and Measuring Disparities in Welfare for Cats across Neighborhoods in a Large U.S. City." American Journal of Veterinary Research 71, February 2010.

Paul, Caroline. Lost Cat: A True Story of Love, Desperation, and GPS Technology. New York: Bloomsbury, 2013.

Paxton, Tom. "The Last Thing on My Mind" (lyrics). United Artists Music Co., 1964.

People for the Ethical Treatment of Animals. "Animal Rights Uncompromised: Feral Cats." Peta.org, 掲載日不明。

People for the Ethical Treatment of Animals. "Feral Cats: Trapping Is the Kindest Solution." Peta.org, 掲載日不明。

Peterson, Ernest A., W. Carlos Heaton, and Sydney W. Wruble. "Levels of Auditory Response in Fissiped Carnivores." Journal of Mammalogy 50, 1969.

Peterson, M. Nils, et al. "Opinions from the Front Lines of Cat Colony Management Conflict." PLOS ONE 7, 2012.

PetMD.com. "How to Walk a Cat (and Live to Tell about It)." www.petmd.com/cat/training/evr_ct_how_to_walk_you_walk_your_cat?page=show, 掲載日不明。

Pontier, Dominique, et al. "Retroviruses and Sexual Size Dimorphism in Domestic Cats." Proceedings of the Royal Society B 265, 1998.

Potter, Alice, and Daniel Simon Mills. "Domestic Cats (Felis silvestris catus) Do Not Show Signs of Secure Attachment to their Owners." PLOS ONE 10, 2015.

Poucet, B. "Spatial Behavior of Cats in Cue-Controlled Environments." Quarterly Journal of Experimental Psychology 37, 1985.

Provincia di Roma. "Il decalogo della perfetta gattara" in Mici Amici: Una Guida ai Doveri, agli Obblighi, ma Anche ai Diritti per una Convivenza Solidale e Informata fra Gatti e Umani. Rome: Province of Rome, Office of Animal Protection, 2006.

Monk, Caroline. "The Effects of Group Housing on the Behavior of Domestic Cats (Felis silvestris catus) in an Animal Shelter." Honors Thesis. Ithaca, NY: College of Agricultural and Life Sciences, Animal Science, Cornell University, 2008.

Montague, Michael J., et al. "Comparative Analysis of the Domestic Cat Genome Reveals Genetic Signatures Underlying Feline Biology and Domestication." Proceedings of the National Academy of Sciences 111, December 2, 2014.

Montana Pioneer. "Livingston Man Sentenced: Durfey Case Generates National Interest." Montana Pioneer, January 2007.

Mooney, Chris. "The Science of Why We Don't Believe Science." Mother Jones, May/June 2011.

Morell, Virginia. Animal Wise: The Thoughts and Emotions of Our Fellow Creatures. New York: Crown, 2013.

Morris, James G., and Quinton R. Rogers. "Assessment of the Nutritional Adequacy of Pet Foods through the Life Cycle." Journal of Nutrition, December 1994.

Morris, James G. "Idiosyncratic Nutrient Requirements of Cats Appear to Be Diet-Induced Evolutionary Adaptations." Nutrition Research Reviews 15, 2002.

Mott, Maryann. "U.S. Faces Growing Feral Cat Problem." National Geographic News, October 28, 2010.

Nagelschneider, Mieshelle. The Cat Whisperer: Why Cats Do What They Do–and How to Get Them to Do What You Want. New York: Bantam, 2013.

Natoli, Eugenia, Alessandra Baggio, and Dominique Pontier. "Male and Female Agonistic and Affiliative Relationships in a Social Group of Farm Cats (Felis catus L.)." Behavioural Processes 53, 2001.

Natoli, Eugenia, and Emanuele De Vito. "The Mating System of Feral Cats Living in a Group." In Turner and Bateson, 1988.

Natoli, Eugenia, Emanuele De Vito, and Dominique Pontier. "Mate Choice in the Domestic Cat (Felis silvestris catus L.)." Aggressive Behavior 26, 2000.

Natoli, Eugenia, et al. "Management of Feral Domestic Cats in the Urban Environment of Rome (Italy)." Preventive Veterinary Medicine 30, 2006.

Natoli, Eugenia, et al. "Relationships between Cat Lovers and Feral Cats in Rome." Anthrozoös 12, 1999.

Natoli, Eugenia. "Urban Feral Cats (Felis catus L.): Perspectives for a Demographic Control Respecting the Psychobiological Welfare of the Species." Annali dell'Istituto Superiore di Sanità 30, no. 2, 1994.

Newman, Aline Alexander, and Gary Weitzman. How to Speak Cat: A Guide to Decoding Cat Language. Washington, DC: National Geographic Society, 2015.

Nogales, Manuel, et al. "A Review of Feral Cat Eradication on Islands." Conservation Biology 18, April 2004.

Marek, Ramona. "Purring: The Feline Mystique." Catnip, September 2015. Martin, P., and P. Bateson. "The Ontogeny of Locomotor Play Behaviour in the Domestic Cat." Animal Behaviour 33, 1985.

Mayon-White, Richard. "Pets–Pleasures and Problems." The BMJ (formerly British Medical Journal) 331, 2005.

McCleery, Robert A., et al. "Understanding and Improving Attitudinal Research in Wildlife Sciences." Wildlife Society Bulletin 34, 2006.

McComb, Karen, et al. "The Cry Embedded within the Purr." Current Biology 19, 2009.

McDonald, Jennifer L., et al. "Reconciling Actual and Perceived Rates of Predation by Domestic Cats." Ecology and Evolution 5, 2015.

McNicholas, June, et al. "Pet Ownership and Human Health: A Brief Review of Evidence and Issues." The BMJ (formerly British Medical Journal) 331, 2005.

Medina, Félix M., et al. "A Global Review of the Impacts of Invasive Cats on Island Endangered Vertebrates." Global Change Biology 17, 2011.

Meehl, Cindy, dir. Buck (documentary film). Georgetown, CT: Cedar Creek Productions LLC, 2011.

Mendl, Michael, and Robert Harcourt. "Individuality in the Domestic Cat." In Turner and Bateson, 1988.

Merola, Isabella, and Daniel S. Mills. "Behavioural Signs of Pain in Cats: An Expert Consensus." PLOS ONE 11, 2016.

Mertens, C., and D. C. Turner. "Experimental Analysis of Human–Cat Interactions during First Encounters." Anthrozoös 2, 1988.

Mertens, Claudia. "Human–Cat Interactions in the Home Setting." Anthrozoös 4, 1991.

Milius, Susan. "Social Cats." Science News 160, 2001.

Miller, Mary Anne. "How to Find a Lost Cat." MyPetMD.com, n.d. Miller, Paul. "Why Do Cats Have an Inner Eyelid as Well as Outer Ones?" Scientific American, November 20, 2006.

Miller, Philip S., et al. "Simulating Free-Roaming Cat Population Management Options in Open Demographic Environments." PLOS ONE 10, 2014.

Mishra, Vyvyan, with Bonnie Schroeder. Measuring the Benefits: Companion Animals and the Health of Older Persons. Toronto: International Federation on Aging, 2014.

Moelk, Mildred. "The Development of Friendly Approach Behavior in the Cat: A Study of Kitten–Mother Relation and the Cognitive Development of the Kitten from Birth to Eight Weeks." Advances in the Study of Behavior 10, 1979.

Moelk, Mildred. "Vocalizing in the House Cat; A Phonetic and Functional Study." American Journal of Psychology 57, 1944.

Management of Feral Cats by Trap-Neuter-Return." Conservation Biology 23, 2009.

Lord, Linda K., et al. "Search and Identification Methods that Owners Use to Find a Lost Cat." Journal of the American Veterinary Medical Association 230, no. 2, 2007.

Loss, Scott R., et al. "Bird–Building Collisions in the United States: Estimates of Annual Mortality and Species Vulnerability." The Condor 116, 2014.

Loss, Scott R., Tom Will, and Peter P. Marra. "Estimation of Bird–Vehicle Collision Mortality on U.S. Roads." Journal of Wildlife Management 78, 2014.

Loss, Scott R., Tom Will, and Peter P. Marra. "The Impact of Free-Ranging Domestic Cats on Wildlife of the United States." Nature Communications 4, 2013.

Loveridge, G., L. J. Horrocks, and A. J. Hawthorne. "Environmentally Enriched Housing for Cats When Housed Singly." Animal Welfare 4, 1995.

Loveridge, G. "Provision of Environmentally Enriched Housing for Cats." Animal Technology: Journal of the Institute of Animal Technology 45, 1994.

Loxton, Howard. The Noble Cat. New York: Portland House, 1990.

Loyd, K. A. T., and J. L. DeVore. "An Evaluation of Feral Cat Management Options Using a Decision Analysis Network." Ecology and Society 15, 2010.

Loyd, K. A. T., and S. M. Hernandez. "Public Perceptions of Domestic Cats and Preferences for Feral Cat Management in the Southeastern United States." Anthrozoös 25, 2012.

Loyd, K. A. T., et al. "Quantifying Free-Roaming Domestic Cat Predation Using Animal-Borne Video Cameras." Biological Conservation 160, 2013.

Loyd, K. A. T., et al. "Risk Behaviours Exhibited by Free-Roaming Cats in a Suburban U.S. Town." Veterinary Record 10, 2013.

Lue, Todd W., Debbie P. Pantenburg, and Phillip M. Crawford. "Impact of the Owner–Pet and Client–Veterinarian Bond on the Care that Pets Receive." Journal of the American Veterinary Medical Association 232, "Vet Med Today: Special Report," 2008.

Luescher, U. A., D. B. McKeown, and J. Halip. "Stereotypic or Obsessive-Compulsive Disorders in Dogs and Cats." Veterinary Clinics of North America: Small Animal Practice 21, 1991.

Macdonald, David, and Andrew Loveridge. The Biology and Conservation of Wild Felids. New York: Oxford University Press, 2010.

Maldarelli, Claire. "Although Purebred Dogs Can Be Best in Show, Are They Worst in Health?" Scientific American, February 2014.

Manning, Sue. "Kittens Dropped at Shelters Are Often Euthanized." Associated Press, April 9, 2014.

Marek, Ramona. "Experts Find New Ways to Assess Pain." Catnip, September 2016.

Kupper, W. "Keeping Laboratory Cats under the Right Conditions." (Zur artgemassen und verhaltensgerechten Unterbringung von Versuchskatzen.) Du und das Tier 9, 1979.

Lauber, T. Bruce, and Barbara A. Knuth. "The Role of Ethical Judgments Related to Wildlife Fertility Control." Society and Natural Resources 20, 2007.

Lazenby, Billie T., Nicholas J. Mooney, and Christopher R. Dickman. "Effects of Low-Level Culling of Feral Cats in Open Populations: A Case Study from the Forests of Southern Tasmania." Wildlife Research 41, 2014.

Leary, Steven, et al. AVMA Guidelines for the Euthanasia of Animals: 2013 Edition. Schaumburg, IL: American Veterinary Medical Association, 2013.

Legambiente. IV Rapporto Nazionale: Animali in Città. March 3, 2015.

Lei, Weiwei. "Functional Analyses of Bitter Taste Receptors in Domestic Cats (Felis catus)." PLOS ONE 10, 2015.

Levine, Emily D., et al. "Owner's Perception of Changes in Behaviors Associated with Dieting in Fat Cats." Journal of Veterinary Behavior 11, 2016.

Levinson, Boris M. "The Future of Research into Relationships between People and their Animal Companions." International Journal for the Study of Animal Problems 3, 1982.
(ボリス・M・レビンソン「人とコンパニオン・アニマルとの関係についての研究の将来」A・H・キャッチャー、A・M・ベック編『コンパニオン・アニマル』)

Levy, Ariel. "Living-Room Leopards." The New Yorker, May 6, 2013.

Levy, Julie K., David W. Gale, and Leslie A. Gale. "Evaluation of the Effect of a Long-Term Trap-Neuter-Return and Adoption Program on a Free-Roaming Cat Population." Journal of the American Veterinary Medical Association 222, 2003.

Levy, Julie K., et al. "Number of Unowned Free-Roaming Cats in a College Community in the Southern United States and Characteristics of Community Residents Who Feed Them." Journal of the American Veterinary Medical Association 223, 2003.

Liberg, Olof, and Mikael Sandell. "Density, Spatial Organisation, and Reproductive Tactics in the Domestic Cat and Other Felids." In Turner and Bateson, 1988.

Lindner, Larry. "Creating the Trauma Initiative." Catnip. April 24, 2016. Lipinski, Monika J., et al. "The Ascent of Cat Breeds: Genetic Evaluations of Breeds and Worldwide Random Bred Populations." Genomics 91, 2008.

Lock, Cheryl. "How to Socialize a Kitten with New People." PetMD .com, October 8, 2015.

Lohr, Cheryl A., Linda J. Cox, and Christopher Al Lepczyk. "Costs and Benefits of Trap-Neuter-Release and Euthanasia for Removal of Urban Cats in Oahu, Hawaii." Conservation Biology 27, 2012.

Longcore, Travis, Catherine Rich, and Lauren M. Sullivan. "Critical Assessment of Claims Regarding

Kaplan, Megan. "The Top 10 Pet-Owner Mistakes." Articles.cnn.com, 2011.

Karagiannis, Christos, and Daniel Mills. "Feline Cognitive Dysfunction Syndrome." Veterinary Focus 24, 2014.

Karsh, E. B. "The Effects of Early Handling on the Development of Social Bonds between Cats and People." In Katcher and Beck, New Perspectives on Our Lives with Companion Animals. Philadelphia: University of Pennsylvania Press, 1983.

Karsh, E. "Factors Influencing the Socialization of Cats to People." In Anderson, R. K., B. L. Hart, and L. A. Hart, eds. The Pet Connection: Its Influence on Our Health and Quality of Life. Minneapolis: University of Minnesota Press, 1984.

Karsh, Eileen B., and Dennis C. Turner. "The Human–Cat Relationship." In Turner and Bateson, The Domestic Cat: The Biology of Its Behaviour. Cambridge, UK: Cambridge University Press, 1988.

Katcher, Aaron Honori. "Man and the Living Environment: An Excursion into Cyclical Time."InKatcher and Beck, 1983.
（キャッチャー、A・H「人と生き物環境――周期的時間について」
A・H・キャッチャー、A・M・ベック編『コンパニオン・アニマル』）

Katcher, Aaron Honori, and Alan M. Beck, eds., New Perspectives on Our Lives with Companion Animals. Philadelphia: University of Pennsylvania Press, 1983.
（『コンパニオン・アニマル――人と動物のきずなを求めて』A・H・キャッチャー、A・M・ベック編、コンパニオン・アニマル研究会訳、誠信書房、1994年）

Kays, Roland, et al. "Cats are Rare where Coyotes Roam." Journal of Mammalogy 96, June 2015.

Khuly, Patty. "Should We Let Pets Have Sex with Each Other?" PetMD .com, January 5, 2016.

King, Barbara J. "When Animals Mourn." Scientific American, July 2013.

Kitchener, Andrew. The Natural History of the Wild Cats. Ithaca, NY: Comstock Publishing Associates, 1991.

Knight, James A. "Comments on Aaron Katcher's 'Excursion into Cyclical Time.'" In Katcher and Beck, 1983.

Koivusilta, Leena K., and Ansa Ojanlatva. "To Have or Not to Have a Pet for Better Health?" PLOS ONE 1, 2006.

Kramer, David F. "Is It Safe for Your Cat to Eat Bugs?" PetMD.com, August 15, 2016.

Krieger, Marilyn. "Why Do Cats Purr?" Catster, March 21, 2014.

Kristensen, F. and J. A. Barsanti. "Analysis of Serum Proteins in Clinically Normal Pet and Colony Cats, using Agarose Electrophoresis." American Journal of Veterinary Research 38, 1977.

Kubota, K. "Physiology of the Brain: Intelligent Behavior and Brain." Nippon Rinsho 45, 1987.

Herron, Meghan E., and C. A. Tony Buffington. "Environmental Enrichment for Indoor Cats." Compendium: Continuing Education for Veterinarians. American Association of Feline Practitioners, December 2010.

Heuer, Victoria. "Crate Traveling for Cats." PetMD.com, July 19, 2016.

Heuer, Victoria. "Ten Things to Consider before Bringing a New Pet Home." PetMD.com, April 12, 2016.

Hewson-Hughes, Adrian K., et al. "Balancing Macronutrient Intake in a Mammalian Carnivore: Disentangling the Influences of Flavour and Nutrition." Royal Society Open Science, June 15, 2016.

Hildreth, Aaron M., Stephen M. Vantassel, and Scott E. Hygnstrom. "Feral Cats and Their Management." University of Nebraska, Lincoln Extension, 2010.

Holland, Jennifer S. "Watch: How Far Do Your Cats Roam? The New Cat Tracker Project Maps Outdoor Movements of Pet Felines." NationalGeographic.com News, August 8, 2014.

Horn, Jeff A., et al. "Home Range, Habitat Use, and Activity Patterns of Free-Roaming Domestic Cats." Journal of Wildlife Management 75, 2011.

Horowitz, Alexandra. Inside of a Dog: What Dogs See, Smell, and Know. New York: Scribner, 2009.

Houser, Susan. "Counting Feral Cats." Huffington Post, February 29,2016.

Hu, Yaowu, et al. "Earliest Evidence for Commensal Processes of Cat Domestication." Proceedings of the National Academy of Sciences, Early Edition, November 13, 2013.

Hughes, Nelika K., Catherine J. Price, and Peter B. Banks. "Predators Are Attracted to the Olfactory Signals of Prey." PLOS ONE 5, 2010.

Humane Society of the United States. "How to Keep Your Cat Happy Indoors." Humanesociety.org, July 2013.

Humane Society of the United States. "Pets by the Numbers: U.S. Pet Ownership, Community Cat and Shelter Population Estimates." 2016.

Indiana University. "Not-So-Guilty Pleasure: Viewing Cat Videos Boosts Energy and Positive Emotions, IU Study Finds." Press Release, June 18, 2015.

Intile, Joanne. "How the 'Will Rogers Phenomenon' Affects Your Pet's Cancer Diagnosis." PetMD.com, March 30, 2016.

Ioannidis, John P. A. "Why Most Published Research Findings are False." PLOS Medicine 2, August 2005.

Jackson, Peter, and Kristin Nowell. "Wild Cats: Status Survey and Conservation Action Plan." IUCN/SSC Action Plans for the Conservation of Biological Diversity. June 28, 1996.

Johns, Catherine. "The Tombstone of Laetus' Daughter: Cats in Gallo-Roman Sculpture." Britannia 34, 2003.

R. Krausman. "Observations of Coyote–Cat Interactions." Journal of Wildlife Management 73, 2009.

Guyot, G. W., T. L. Bennett, and H. A. Cross. "The Effects of Social Isolation on the Behavior of Juvenile Domestic Cats." Developmental Psychobiology 13, 1980.

Hall, Catherine M., et al. "Community Attitudes and Practices of Urban Residents Regarding Predation by Pet Cats on Wildlife: An International Comparison." PLOS ONE 10, 2016.

Hanna, Jack, with Amy Parker. Jungle Jack: My Wild Life. Nashville: Thomas Nelson, 2008.

Hart, B. L. Feline Behavior: Collected Columns from Feline Practice Journal. Santa Barbara, CA: Veterinary Practice Publishing Co., 1978.

Hartwell, Sarah. "Cat Communication." Messybeast.com, 1995–2012.

Hartwell, Sarah. "Do Cats Have Emotions?" Messybeast.com, 2001–2013.

Hattam, Jennifer. "The Extraordinary Lives of Istanbul's Street Cats." Citylab.com, April 26, 2016.

Hauser, Marc D. Wild Minds: What Animals Really Think. New York: Henry Holt, 2000.

Hayes, A. A. "Keeping Your Cat Healthy: Play/Exercise" in Kay, W. J., and E. Randolph, eds., The Complete Book of Cat Health. New York: Macmillan, 1985.

Heath, Chris. "18 Tigers, 17 Lions, 8 Bears, 3 Cougars, 2 Wolves, 1 Baboon, 1 Macaque, and 1 Man Dead in Ohio." GQ, March 2012.

Heffner, Henry E., and Rickye S. Heffner. "The Behavioral Study of Mammalian Hearing." In Popper, Arthur N., and Richard R. Fay, eds. Perspectives on Auditory Research. New York: Springer Science+ Business Media, 2014.

Heffner, Rickye S., and Henry E. Heffner. "Hearing in Mammals: The Least Weasel." Journal of Mammalogy 66, 1985.

Heffner, Rickye S., and Henry E. Heffner. "Hearing Range of the Domestic Cat." Hearing Research 19, 1985.

Heffner, Rickye S., and Henry E. Heffner. "Sound Localization Acuity in the Cat: Effect of Azimuth, Signal Duration, and Test Procedure." Hearing Research 36, 1988.

Heffner, Rickye S., and Henry E. Heffner. "The Sound-Localization

Ability of Cats." Letter to the Editor. Journal of Neurophysiology 94, 2005.

Heffner, Rickye S., and Henry E. Heffner. "Visual Factors in Sound Localization in Mammals." Journal of Comparative Neurology 317, 1992.

Hendricks, Cleon G., et al. "Tail Vaccination in Cats: A Pilot Study." Journal of Feline Medicine and Surgery. 2013年10月、出版に先立ちインターネットで公開。

Herrick, Francis H. "Homing Powers of the Cat." The Scientific Monthly, June 1922.

Field, Nigel P., et al. "Role of Attachment in Response to Pet Loss." Death Studies 33, 2009.

Fisher, Helen. Why We Love: The Nature and Chemistry of Romantic Love. New York: Henry Holt and Co., 2004.

Foderaro, Lisa W. "At a Long Island Beach, Human Tempers Flare over Claws and Feathers." New York Times, April 18, 2015.

Fogle, Bruce. The Cat's Mind: Understanding Your Cat's Behavior. New York: Howell Book House, 1992.

Fogle, Bruce. The Complete Illustrated Guide to Cat Care and Behavior. San Diego: Thunder Bay Press, 1999.

Foster, Derek, et al. "'I Can Haz Emoshuns?'–Understanding Anthropomorphosis of Cats among Internet Users." IEEE (Institute of Electrical and Electronics Engineers Computer Society) International Conference on Privacy, Security, Risk, and Trust, and IEEE International Conference on Social Computing. 2011.

Fox, M. W. "The Behavior of Cats." In E. S. E. Hafez, ed., The Behavior of Domestic Animals, 3rd ed. London: Bailliere Tindall, 1975.

Frazer Sissom, Dawn E., D. A. Rice, and G. Peters. "How Cats Purr." Journal of Zoology 223, 1991.

Frazier, A., and N. Eckroate. "Desirable Behavior in Cats and Owners." In Frazier, Anitra, and Eckroate, The New Natural Cat: A Complete Guide for Finicky Owners. New York: Penguin Books, 1990.

Freedman, Adam H., et al. "Genome Sequencing Highlights the Dynamic Early History of Dogs." PLOS Genetics 10, 2014.

Galaxy, Jackson, and Kate Benjamin. Catification: Designing a Happy and Stylish Home forYour Cat (and You!). New York: Jeremy P. Tarcher / Penguin, 2014.
(『猫のための部屋づくり』ジャクソン・ギャラクシー、ケイト・ベンジャミン著、小川浩一訳、エクスナレッジ 2017年)

Galaxy, Jackson, with Joel Derfner. Cat Daddy: What the World's Most Incorrigible Cat Taught Me about Life, and Coming Clean. New York: Jeremy P. Tarcher / Penguin, 2012.
(『ぼくが猫の行動専門家になれた理由』ジャクソン・ギャラクシー著、白井美代子訳、パンローリング、2015年)

Gerhold, R. W., and D. A. Jessup. "Zoonotic Diseases Associated with Free-Roaming Cats." Zoonoses and Public Health. Blackwell Verlag GmbH, 2012.

Gehrt, Stanley D., et al. "Population Ecology of Free-Roaming Cats and Interference Competition by Coyotes in Urban Parks." PLOS ONE 8, 2013.

Glass, Gregory E., et al. "Trophic Garnishes: Cat–Rat Interactions in an Urban Environment." PLOS ONE 4, 2009.

Grant, Kelli B. "Ten Things Cats Won't Tell You." Marketwatch.com. 2013. Grubbs, Shannon E., and Paul

Darnton, Robert. The Great Cat Massacre: And Other Episodes in French Cultural History. New York: Basick Books, 1985.
(『猫の大虐殺』ロバート・ダーントン著、海保真夫、鷲見洋一訳、岩波書店、1986年)

Darwin, Charles. The Expression of the Emotions in Man and Animals. New York: Penguin Classics,2009.(『人及び動物の表情について』ダーウィン著、浜中浜太郎訳、岩波書店、1991年)

DeLuca, A. M., and K. C. Kranda. "Environmental Enrichment in a Large Animal Facility." Lab Animal 21, 1992.

Disboards.com. "Crazy Things Your Cat Does." http://www.disboards.com/threads/crazy-things-your-cat-does.698221/.

Dore, F. Y. "Search Behavior of Cats (Felis catus) in an Invisible Displacement Test: Cognition and Experience." Canadian Journal of Psychology 44, 1990.

Driscoll, Carlos A., et al. "From Wild Animals to Domestic Pets, an Evolutionary View of Domestication." Proceedings of the National Academy of Sciences of the United States of America, 2009.

Driscoll, Carlos A., et al. "The Near Eastern Origin of Cat Domestication." Science, July 27, 2007.

Driscoll, Carlos A., et al. "The Taming of the Cat." Scientific American, June 2009.

Drouard, C. M. "Behavior of Housed and Stray Cats." ("Le Comportement du Chat et les Chats Errants.") Thesis. Alfort, France: École Nationale Vétérinaire, 1979.

Eliot, T. S. "In Respect of Felines." New York Review of Books, January 14, 2016.

Eliot, T. S. Old Possum's Book of Practical Cats. London: Faber & Faber,1939.
(『キャッツ――ポッサムおじさんの猫とつき合う法』T.S.エリオット著、池田雅之訳、筑摩書房、1995年)

Ellis, Sarah L. H., et al. "AAFP (American Association of Feline Practitioners) and ISFM (International Society of Feline Medicine) Feline Environmental Needs Guidelines." Journal of Feline Medicine and Surgery 15, 2013.

Epstein, Mark E., et al. "2015 AAHA/AAFP Pain Management Guidelines for Dogs and Cats." Journal of Feline Medicine and Surgery 17, 2015.

Ewing, Tom. "Anti-Anxiety Medication for Cats." Catnip (newsletter of the Cummings School of Veterinary Medicine at Tufts University), February 24, 2016.

Examiner.com. "University of Nebraska Report Recommends Killing Feral Cats for Control." December 2, 2010.

Farm Animal Welfare Council. Farm Animal Welfare in Great Britain: Past, Present, and Future. London: Farm Animal Welfare Council, 2009.

Ferrari, Pier Francesco, and Giacomo Rizzolatti. "Mirror Neuron Research: The Past and the Future." Philosophical Transactions of the Royal Society B: Biological Sciences 369, 2014.

24, 2016.

Cheney, Carolyn M., et al. "A Large Granular Lymphoma and Its Derived Cell Line." In Vitro Cellular & Developmental Biology 26, 1990.

Chu, Karyen, Wendy M. Anderson, and Micha Y. Rieser. "Population Characteristics and Neuter Status of Cats Living in Households in the United States." Journal of the American Veterinary Medical Association 234, 2009.

Clark, Eleanor. Rome and a Villa. New York: Atheneum, 1962.

Clower, Terry L., and Tonya T. Neaves. "The Health Care Cost Savings of Pet Ownership." Human Animal Bond Research Initiative Foundation, December 2015.

Coates, Jennifer. "Defining an Adoptable Animal." PetMD.com, January 17, 2016.

Coates, Jennifer. "How to Know When a Cat is Hurting." PetMD.com, April 11, 2016.

Coates, Jennifer. "Veterinary Hospice Care Is Beautiful When Done Well." PetMD.com, March 21, 2016.

Cohen, Jennie. "Julius Caesar's Stabbing Site Identified." History.com,

Coleman, John S., and Stanley A. Temple. "Rural Residents' Free-Ranging Domestic Cats: A Survey." Wildlife Society Bulletin 21, 1993.

Colleran, Elizabeth. "Feline Posture: A Visual Dictionary." Dvm360 .com, 2015.

Collier, Glen E., and Stephen J. O'Brien. "A Molecular Phylogeny of the Felidae: Immunological Distance." Evolution 39, 1985.

Cornell University College of Veterinary Medicine. "Cats and Cucumbers–So What's the Big Deal?" Vet.cornell.edu, December 7, 2015.

Cornell University College of Veterinary Medicine Feline Health Center. "Is It Dementia or Normal Aging?" CatWatch, May 2016.

Cornell University College of Veterinary Medicine Feline Health Center. "Shelter Alternatives Can Save Lives." CatWatch, February 2016.

Courchamp, Franck, Michel Langlais, and George Sugihara. "Cats Protecting Birds: Modelling the Mesopredator Release Effect." Journal of Animal Ecology 68, 1999.

Cox, Ana Marie, Interviewer. "Jackson Galaxy Thinks Cats Saved His Life." New York Times Magazine, December 17, 2015.

Crank, Cindy. "Horse Whisperers Part 1: Origins, Societies, and Secrets." In Horses and History throughout the Ages, Horsesandhistory .wordpress.com, April 5, 2011.

Crooks, Kevin R., and Michael E. Soulé. "Mesopredator Release and Avifaunal Extinctions in a Fragmented Ecosystem." Nature 400, 1999.

Bradshaw, John W. S. Cat Sense: How the New Feline Science Can Make You a Better Friend to Your Pet. New York: Basic Books,2013.
(『猫的感覚——動物行動学が教えるネコの心理』ジョン・ブラッドショー著、羽田詩津子訳、早川書房、2014年)

Bradshaw, John W. S. The Behaviour of the Domestic Cat. Wallingford, UK: CAB International, 1992.

Brannaman, Buck, and William Reynolds. Believe: A Horseman's Journey. Guilford, CT: The Lyons Press, 2004.

Broad, Michael. "Some Indoor/Outdoor Cat Facts." Pictures-of-cats.org, July 30, 2012.

Brody, Jane E. "Coloring Your Way through Grief." New York Times, May 17, 2016.

Bryan, Kathleen J. "Butte Cat Hoarder Gets Suspended Sentence for 'Severe' Neglect, Abuse of Felines." Montana Standard, May 13, 2016.

Budiansky, Stephen. If a Lion Could Talk: Animal Intelligence and the Evolution of Consciousness. New York: Free Press, 1998.

Budiansky, Stephen. The Character of Cats: The Origins, Intelligence, Behavior, and Stratagems of Felis silvestris catus. New York: Viking, 2002.

Budiansky, Stephen. The Nature of Horses: Exploring Equine Evolution, Intelligence, and Behavior. New York: Free Press, 1997.

Budiansky, Stephen. The World According to Horses: How They Run, See, and Think. New York: Henry Holt, 2000.

Burns, Katie. "AVMA Revises Policy on Feral Cats to Encourage Collaboration." Journal of the American Veterinary Medical Association, March 1, 2016.

Cafazzo, S., and E. Natoli. "The Social Function of Tail Up in the Domestic Cat." Behavioural Processes 80, 2009.

Calver, Michael, et al. "Reducing the Rate of Predation on Wildlife by Pet Cats: The Efficacy and Practicability of Collar-Mounted Pounce Protectors." Biological Conservation 137, 2007.

Carlstead, K., J. L. Brown, and W. Strawn. "Behavioral and Physiological Correlates of Stress in Laboratory Cats." Applied Animal Behaviour Science 38, 1993.

Caro, T. M., and M. D. Hauser. "Is There Teaching in Nonhuman Animals?" The Quarterly Review of Biology 67, 1992.

Caro, T. M. "Predatory Behaviour and Social Play in Kittens." Behaviour 76, 1981.

Centonze, L. A., and J. K. Levy. "Characteristics of Free-Roaming Cats and Their Caretakers." Journal of the American Veterinary Medical Association, June 2002.

Chaban, Matt A. V. "Gentrification's Latest Victims: New York's Feral Cats." New York Times, May

Barcott, Bruce. "Kill the Cat that Kills the Bird?" New York Times, December 2, 2007.

Barratt, David G. "Home Range Size, Habitat Utilisation, and Movement Patterns of Suburban and Farm Cats Felis catus." Ecography 20, 1997.

Bateson, P., M. Mendl, and J. Feaver. "Play in the Domestic Cat Is Enhanced by Rationing of Mother during Lactation." Animal Behaviour 40, 1990.

Beadle, Muriel. The Cat: History, Biology, and Behavior. New York: Simon and Schuster, 1977.

『臨床獣医師のための猫の行動学』Bonnie V. Beaver著、森裕司監訳、文永堂出版、1997年

Beckerman, A. P., M. Boots, and K. J. Gaston. "Urban Bird Declines and the Fear of Cats." Animal Conservation 10, 2007.

Behrend, K., and M. Wegler. Complete Book of Cat Care: How to Raise a Happy and Healthy Cat. Hauppauge, NY: Barron's Educational Series, Inc., 1991.

Bekoff, Marc. The Emotional Lives of Animals. Novato, CA: New World Library, 2007.

Belin, Pascal, et al. "Human Cerebral Response to Animal Affective Vocalizations." Proceedings of the Royal Society B 275, 2008.

Bellows, Jan, et al. "Evaluating Aging in Cats: How to Determine What Is Healthy and What Is Disease." Journal of Feline Medicine and Surgery, July 2016.

Belluck, Pam. "A Cat's 200-Mile Trek Home Leaves Scientists Guessing." New York Times, January 19, 2013.

Bergstrom, Dana M., et al. "Indirect Effects of Invasive Species Removal Devastate World Heritage Island." Journal of Applied Ecology 46, 2009.

Bilefsky, Dan. "London's Cats Are Falling Victim to a Two-Legged Predator." New York Times, May 13, 2016.

Blackshaw, J. K. "Abnormal Behavior in Cats." Australian Veterinary Journal 65, 1988.

Blumenstock, Kathy. "Senior Moments: Keeping Your Older Cat Young at Heart." Pet360.com, March 8, 2016.

Blumenstock, Kathy. "Ten Ways to Unknowingly Crush Your Cat's Spirit." Pet360.com, April 20, 2015.

Bonanni, Roberto, et al. "Feeding Order in an Urban Feral Domestic Cat Colony: Relationship to Dominance Rank, Sex, and Age." Animal Behaviour 74, 2007.

Borchelt, Peter L., and Victoria L. Voith. "Aggressive Behavior in Cats" in Readings in Companion Animal Behavior. Trenton, NJ: Veterinary Learning Systems, 1996.

Borchelt, Peter L., and Victoria L. Voith. "Elimination Behavior Problems in Cats." In Readings in Companion Animal Behavior. Trenton, NJ: Veterinary Learning Systems, 1996.

参考文献

Abbe, Mary. "Goodbye, Kitty: Walker Art Center is Ending Internet Cat Video Festival." Minneapolis Star Tribune, March 16, 2016.

Alley Cat Allies. "Case Study of a Feral Cat Sanctuary." http://www.alleycat.org/resources/feral-cat-activist-winter-2008/, February 2008.

Alley Cat Allies. "Cat Licensing: A License to Kill." http://www.alleycat.org/resources/cat-licensing-a-license-to-kill/. 掲載日不明。

Alley Cat Allies. "The University of Nebraska is Dangerously Wrong about Feral Cats." Alleycat.org, 2010.

American Bird Conservancy. "Human Attitudes and Behavior Regarding Cats." 1997. www.njaudubon.org/portals/10/catsindoors/pdf/attitude.pdf.に再掲載。

American Bird Conservancy. "Letter to Secretary of the Interior Sally Jewell, Urging Swift Action to Address the Threat to Wildlife Populations and Human Health Posed by Feral Cats." January 28, 2014.

American Veterinary Medical Association. "Free-Roaming and Abandoned Cats." Policy Statement. February 10, 2016.

American Veterinary Medical Association. "Raw or Undercooked Animal-Source Protein in Cat and Dog Diets." August 2012.

Angier, Natalie. "That Cuddly Kitty Is Deadlier than You Think." NewYork Times, January 29, 2013.

Animal Welfare Institute. "Cats" in Comfortable Quarters for Laboratory Animals. Washington, DC: Animal Welfare Institute, 1979.

Aschwanden, Christie. "Science Isn't Broken, It's Just a Hell of a Lot Harder than We Give It Credit for." FiveThirtyEight.com, August 19, 2015.

Ash, Sara J., and Clark E. Adams. "Public Preferences for Free-Ranging Domestic Cat (Felis catus) Management Options." Wildlife Society Bulletin 31, 2003.

ASPCA.org. "Shelter Intake and Surrender."

Associated Press. "Feral Cats Should Be Killed with 'a Gunshot to the Head' to Control Population: UNL Undergraduates Report." Huffington Post, December 2, 2010.

Association for Pet Obesity Prevention. "An Estimated 58% of Cats and 54% of Dogs in the United States are Overweight or Obese." Petobesityprevention.org.

Axelrod, Julie. "Grieving the Loss of a Pet." PsychCentral.com, October 2015.

Bahlig-Pieren, Zana, and Dennis C. Turner. "Anthropomorphic Interpretations and Ethological Descriptions of Dog and Cat Behaviour by Lay People." Anthrozoös 12, 1999.

5 Epstein, et al. "2015 AAHA/AAFP Pain Management Guidelines." 2015.
6 Singer. "How to Recognize an Emergency," 2016.
7 Merola and Mills. "Behavioural Signs of Pain," 2016.
8 Lindner. "Creating the Trauma Initiative," 2016
9 Blumenstock. "Senior Moments," 2016.
10 Remitz. "Defining Senior Age in Cats," 2016.
11 Intile. "How the 'Will Rogers Phenomenon,'" 2016.
12 Vogelsang. "'Miracle' Technology," 2016.
13 Villalobos. "Quality of Life Scale" from Canine and Feline Geriatric Oncology, 2007. Revised 2011.
14 Leary et al. AVMA Guide lines for the Euthanasia, 2013.
15 Stewart. "Loss of a Pet–Loss of a Person" in Katcher and Beck, 1983.
16 Ibid.
17 Fieldetal."RoleofAttachmentinResponsetoPetLoss,"2009.
18 Quackenbush and Glickman. "Social Work Services," in Katcher and Beck, 1983.

第8章

1 www.humanesociety.org/issues/pet_overpopulation/facts/pet_ownership_statistics.html.
2 www.aspca.org/animal-homelessness/shelter-intake-and-surrender/pet-statistics.
3 www.mapsofworld.com/world-top-ten/countries-with-most-pet-cat-population.html.
4 Katcher. "Man and the Living Environment,"in Katcher and Beck, 1983. 以下、キャッチャーの言葉はすべて同論文より引用。
5 Voith. "Attachment of People to Companion Animals," 1985.
6 Fisher. Why We Love, 2004.
7 Zak. "Dogs (and Cats) Can Love," 2014.
8 Knight. Comments on Katcher's "Excursion into Cyclical Time," in Katcher and Beck, 1983.
9 Wiman. My Bright Abyss, 2013.

第6章

1 Loyd et al. "Quantifying Free-roaming Domestic Cat Predation," 2013.
2 Horn et al. "Home Range, Habitat Use, Activity Patterns," 2011.
3 McDonald et al. "Reconciling Actual and Perceived Rates," 2015.
4 Tschanz et al. "Hunters and Non-hunters," 2011.
5 Loss, Will, and Marra, "Impact of Free-ranging Domestic Cats," 2013.
6 American Bird Conservancy. "Human Attitudes and Behavior Regarding Cats," 1997.
7 Patronek, Beck, and Glickman. "Dynamics of Dog and Cat Populations," 1997.
8 Hall et al. "Community Attitudes and Practices," 2016.
9 PetMD.com. "How to Walk a Cat (and Live to Tell about It)." www.petmd.com/cat/training/evr_ct_how_to_walk_you_walk_your_cat?page=show.
10 Lord et al. "Search and Identification Methods," 2007.
11 Belluck. "A Cat's 200-Mile Trek," 2013.
12 Holland. "Watch," 2014.
13 アドバイスの多くは次のウェブページを参照。
Miller. "How to Find a Lost Cat." MyPetMD.com.
14 Lord et al. "Search and Identification Methods," 2007.
15 Morris. "Idiosyncratic Nutrient Requirements," 2002.
16 Bradshaw. Behaviour of the Domestic Cat, 1992.
17 Hewson-Hughes et al. "Balancing Macronutrient Intake," 2016.
18 Association for Pet Obesity Prevention. "An Estimated 58% of Cats and 54% of Dogs."
19 Pryor. Getting Started:Clicker Training for Cats, 2003
20 Tellington-Jones with Taylor. The Tellington TTtouch [sic]: Caring for Animals, 1992.
21 Tellington-Jones. The Tellington TTouch [sic] for Happier, Healthier Cats.
22 Ellis et al. "AAFP and ISFM...Needs Guidelines,"2013.
23 Bradshaw. Cat Sence, 2013
24 ASPCA.org. Shelter intake and surrender.
25 Abbe."WalkerArtCenter,"2016..
26 http://tubularinsights.com/2-million-cat-videos-youtube/.

第7章

1 Bellows et al. "Evaluating Aging in Cats: How to Determine What Is Healthy and What Is Disease," 2016.
2 Merola and Mills. "Behavioural Signs of Pain," 2016.
3 Coates. "How to Know When a Cat Is Hurting." 2016.
4 Marek. "Experts Find New Ways to Assess Pain," 2016.

and Bateson, 1988, and Natoli. "Urban Feral Cats," 1994.

13 Clark. Rome and a Villa. 1962.

14 http://twenty-somethingtravel.com/2013/04/keats-shelley-and-the-prettiest-cemetery-in-rome/.

15 Say,Portier,andNatoli."HighVariation in Multiple Paternity," 1999.

16 Ibid.

17 Levyetal."NumberofUnownedFree-RoamingCats,"2003.

18 Ramzy. "Australia Defends Plan to Cull Cats." 2015.

19 Toukhatsi, Bennett, and Coleman. "Behaviors, Attitudes toward Semi-owned Cats," 2007.

20 Hildreth, Vantassel, and Hygnstrom. "Feral Cats and their Management," 2010.

21 www.petmd.com/cat/conditions/musculoskeletal/c_ct_hip_dysplasia.

22 Epstein et al. "2015 AAHA/AAFP Pain Management Guidelines," 2015.

23 www.aspca.org/animal-homelessness/shelter-intake-and-surrender/pet-statistics.

24 www.pbs.org/newshour/bb/why-activists-are-fighting-over-feral-felines-2/.

25 Barcott. "Kill the Cat that Kills the Bird?" 2007.

26 Manning. "Kittens Dropped at Shelters," 2014.

27 Loss, Will, and Marra. "Impact of Free-Ranging Domestic Cats," 2013.

28 Angier."Cuddly Kitty Is Deadlier than You Think," 2013.

29 Loss, Will, and Marra. "Estimation of Bird–Vehicle Collision Mortality," 2014.

30 Lossetal."Bird–Building Collisions," 2014.

31 https://www.rspb.org.uk/get-involved/community-and-advice/garden-advice/unwantedvisitors/cats/birddeclines.aspx.

32 Nogalesetal."Feral Cats and Biodiversity Conservation," 2013.

33 Ibid.

34 Beckerman, Boots, and Gaston. "Urban Bird Declines and Fear of Cats," 2007.

35 Gerhold and Jessup. "Zoonotic Diseases," 2012.

36 Sugden et al. "Is Toxoplasma Gondii Infection Related to Brain and Behavior Impairments in Humans?" 2016.

37 Nutter, Levine, and Stoskopf. "Reproductive Capacity," 2004.

38 PETA."Feral Cats: Trapping Is Kindest Solution."

39 PETA. "Animal Rights Uncompromised."

40 PETA. "Animal Rights Uncompromised: Feral Cats."

41 PETA. "Feral Cats: Trapping Is Kindest Solution."

42 Kaysetal."CatsAreRareWhereCoyotesRoam,"2015.

43 Jonathan Young, Presidio Trust biologist, personal communication.

44 http://www.alleycat.org/resources/feral-cat-activist-winter-2008/.

45 http://www.alleycat.org/resources/cat-licensing-a-license-to-kill/.

46 www.petfinder.com/dogs/lost-and-found-dogs/microchip-faqs/.

47 http://pets.costhelper.com/spay-neuter-cat.html.

16 Lipinski et al."The Ascent of Cat Breeds," 2008.
17 Maldarelli. "Purebred Dogs Can Be Best in Show," 2014.
18 http://cfa.org/Breeders/FAQs/BreedingFAQs.aspx.
19 http://icatcare.org/advice/cat-health/scottish-fold-disease-%E2%80%93-osteochondrodysplasia.
20 http://icatcare.org/advice/cat-health/hypertrophic-cardiomyopathy-hcm-and-testing.
21 http://icatcare.org/advice/cat-health/progressive-retinal-atrophy.
22 http://pets.thenest.com/common-medical-disorders-siamese-cats-7325.html.
23 http://icatcare.org/advice/cat-breeds/inherited-disorders-cats.
24 Levy. "Living-Room Leopards," 2013.
25 http://messybeast.com/twisty.htm.
26 http://messybeast.com/squitten.htm.
27 https://en.wikipedia.org/wiki/Chausie.
28 Sydney Morning Herald. "Savannah Cats Banned from Australia," 2008.
29 www.mokavecats.com/.
30 Loxton. Noble Cat (p.51).
31 https://pethelpful.com/exotic-pets/small-exotic-cats.
32 Loxton. Noble Cat.
33 Weaver.個人的やりとりより。
34 http://bigcatrescue.org/hybrid-facts/.
35 Heath. "18 Tigers, 17 Lions, . . . 1 Man Dead in Ohio," 2012.
36 Ibid.
37 Roe. "Keeping a Bobcat or Canadian Lynx as a Pet."
38 www.humanesociety.org/animals/cats/tips/declawing.html.

第5章

1 Natoli et al. "Management of Feral Domestic Cats," 2006.
2 Natoli. "Urban Feral Cats," 1994.
3 Natoli et al. "Management of Feral Domestic Cats," 2006.
4 Cohen. "Caesar's Stabbing Site Identified." 2012.
5 www.romancats.com/torreargentina/en/history.php.
6 www.oecdbetterlifeindex.org/countries/italy/.
7 Silvia Viviani. 個人的やりとりより。
8 www.capitolium.org/eng/fori/cesare.htm.
9 Natoli. "Urban Feral Cats," 1994.
10 Natolietal."Relationships between Cat Lovers and Feral Cats," 1999.
11 Turner and Meister. "Hunting Behaviour of Domestic Cat," in Turner and Bateson, 1988.
12 例えば、Liberg and Sandell. "Density, Spatial Organisation, and Reproductive Tactics," in Turner

10 Seymour. "Purr-fect as Pals," 1986.
11 Qureshi et al."Cat Ownership and Risk,"2009.
12 Thompson. "Most Popular Pet?" 2013.
13 Humane Society of the United States. "Pets by the Numbers," 2016.
14 Voith. "Attachment...to Companion Animals," 1985.

第3章

1 Frazer Sissom, Rice, and Peters. "How Cats Purr," 1991.
2 McComb et al. "Cry Embedded within the Purr," 2009.
3 Budiansky. If a Lion Could Talk, 1998.
4 Segelken. "It's the Cat's Meow," 2002.
5 Schötz. "A Phonetic Pilot Study," 2013.
6 Schötz and van de Weijer. "Human Perception of Intonation," 2014.
7 Potter and Mills."Domestic Cats," 2015.
8 Say, Portier, and Natoli."High Variation in Multiple Paternity," 1999.
9 Eliot. "In Respect of Felines," 2016.
10 Owren, Rendall, and Ryan. "Redefining Animal Signaling," 2010.
11 Bhalig-Pieren and Turner."Anthropomorphic Interpretations," 1999.

第4章

1 Driscoll et al. "Near Eastern Origin of Cat Domestication," 2007.
2 Montague et al. "Comparative Analysis," 2014.
3 Driscoll et al. "From Wild Animals to Domestic Pets," 2009.
4 Montague et al. "Comparative Analysis," 2014.
5 Ewing. "Anti-Anxiety Medication for Cats," 2016.
6 Nagelschneider. Cat Whisperer, 2013 (p.48).
7 『猫のための部屋づくり』（ジャクソン・ギャラクシー、ケイト・ベンジャミン著、小川浩一訳、エクスナレッジ、2017年）(p. 14).
8 Nagelschneider. Cat Whisperer (p. 61-62).
9 Weir. "Cat Whisperer," 2008.
10 Cat Daddy（p. 55-63）
11 Crank. "Horse Whisperers Part 1," in Horses and History throughout the Ages, 2011.
12 Whitaker and Steinkraus. The Horse, 2007.
13 (From dust jacket) Brannaman and Reynolds. Believe: A Horseman's Journey, 2004.
14 Cat Daddy (p. 144-145)
15 www.bengalcat.co.uk/Bengal-Cat-Breed-Standards.htm.

原注

第1章

1 少数ながら、この分類に同意していない学者もいて、まだ決着していない。
彼らはイエネコを「Felis catus」として独立させるべきだと主張しているが、
そのほかの動物に関する「種か亜種か」という議論のほとんどがそうであるように、
これもそもそも答えの出しようのない問題である。
2 Huetal. "Earliest Evidence for Commensal Processes," November 2013.
3 Vigne et al. "Earliest 'Domestic' Cats in China," January 2016.
4 同上。
5 Van Neer et al. "More Evidence for Cat Taming," 2014.
6 Blumenstock. "Ten Ways to Unknowingly Crush Your Cat's Spirit," April 2015.
7 Kaplan."Top10Pet-OwnerMistakes,"2011.
8 Grant. "Ten Things Cats Won't Tell You." 2013.
9 Darwin. Expression of the Emotions, 2009.
10 Belin et al. "Human Cerebral Response," 2008.
11 Turner and Bateson. The Domestic Cat, 1988.
12 Ellis et al. "AAFP and ISFM...Needs Guidelines," 2013.
13 Lue, Pantenburg, and Crawford. "Impact of Owner–Pet Client–Veterinarian Bond," 2008.
14 Bahlig-Pieren and Turner. "Anthropomorphic Interpretations," 1999.
15 Montague et al. "Comparative Analysis of Domestic Cat Genome," December 2014.
16 Bradshaw. Behaviour of the Domestic Cat, 1992.

第2章

1 Karsh and Turner. "Human–Cat Relationship," in Turner and Bateson.
特に記載がない場合、カーシュの言葉は同書から引用した。
2 1989年9月19日号。
3 Neugarten, Havinghurst, and Tobin, 1961の満足指数を使用。
4 例えば、Mishra with Schroeder. Measuring the Benefits, 2014など。
5 Turner."Noncommunicable Diseases." in Zinsstagetal.,One Health, 2015.
6 McNicholas et al. "Pet Ownership and Human Health," 2005.
7 Koivusilta and Ojanlatva."To Have or Not to Have a Pet,"2006.
8 Mayon-White. "Pets–Pleasures and Problems," 2005.
9 Clower and Neaves. "Health Care Cost Savings," December 2015.

オーガスタ

トーマス・マクナミー
Thomas McNamee

作家。2016年にジョン・サイモン・グッゲンハイム記念財団奨学金を受給。『美味しい革命――アリス・ウォータースと〈シェ・パニース〉の人びと』(早川書房)。『グリズリーベア (Grizzly Bear)』、『自然第一主義――野生の土地と野生動物を野生に保つ (Nature First: Keeping Our Wild Places and Wild Creatures Wild)』、『イエローストーン国立公園にオオカミが戻るまで (The Return of the Wolf to Yellowstone)』ほか著書多数。サンフランシスコ在住。

［訳者紹介］

プレシ南日子
Nabiko Plessy

東京外国語大学英米語学科卒業。ロンドン大学バークベックカレッジ修士課程 (映画史) 修了。主な訳書に『愛犬を賢くする21の方法』(共訳、ゴマブックス)、『グリーンスパンの正体』、『どん底から億万長者』、『歴史を変えた!? 奇想天外な科学実験ファイル』(すべてエクスナレッジ)、『最新脳科学で読み解く0歳からの子育て』(東洋経済新報社)、『3.11 震災は日本を変えたのか』(共訳、英治出版) などがある。

安納令奈
Reina Anno

大学卒業後、アメリカン・エキスプレス日本支社に勤務。退職後、国際NGOを経て、フリーランスに。訳書に、『僕はウォーホル』(パイインターナショナル)、『ビジュアル大宇宙 (上下巻)』(日経ナショナル ジオグラフィック)、『アメリカ大統領はなぜUFOを隠し続けてきたのか』(徳間書店)、『ブッシュクラフトの教科書』(パンローリング) などがある。

猫の精神生活がわかる本

2017年12月25日　初版第1刷発行

著者　トーマス・マクナミー

訳者　プレシ南日子
　　　安納令奈

発行者　澤井聖一

発行所　株式会社エクスナレッジ
〒106-0032　東京都港区六本木7-2-26
http://www.xknowledge.co.jp/

問合先　編集　TEL：03-3403-1381　FAX：03-3403-1345
　　　　info@xknowledge.co.jp
　　　　販売　TEL：03-3403-1321　FAX：03-3403-1829